教育部人才培养模式改革和开放教育试点教材

数学与应用数学专业系列教材

数学分析专题研究

主编 高 夯

中央广播电视大学出版社

北京

图书在版编目（CIP）数据

数学分析专题研究/高夯主编．—北京：中央广播电视大学出版社，2003.7

教育部人才培养模式改革和开放教育试点教材．数学与应用数学专业系列教材

ISBN 978-7-304-02414-7

Ⅰ．数…　Ⅱ．高…　Ⅲ．数学分析—专题研究—电视大学—教材　Ⅳ．O17

中国版本图书馆 CIP 数据核字（2003）第 065838 号

教育部人才培养模式改革和开放教育试点教材
数学与应用数学专业系列教材

数学分析专题研究

主编　高　夯

出版·发行：中央广播电视大学出版社
电话：营销中心 010—66490011　　总编室：010—68182524
网址：http://www.crtvup.com.cn
地址：北京市海淀区西四环中路 45 号
邮编：100039
经销：新华书店北京发行所

印刷：北京密云胶印厂　　　　　印数：21501～22500
版本：2003 年 6 月第 1 版　　　2015 年 1 月第 6 次印刷
开本：B5　印张：19.25　　　　字数：343 千字

书号：ISBN 978-7-304-02414-7
定价：26.00 元

（如有缺页或倒装，本社负责退换）

序　言

　　21世纪,中国全面进入了一个新的发展与竞争的时代。归根结底,竞争是人才的竞争与知识的竞争,团体竞争的优胜者将是那些具有一批高水平人才的团体;个体竞争的优胜者将是那些具有现代科学知识与超群工作能力的人。在这竞争的时代,青年人渴望学习到适应工作岗位需要的知识。正是在这种环境下,中央广播电视大学与东北师范大学为满足一大批中学数学教师的要求,联合开办了(师范类)本科数学与应用数学专业。

　　本专业的开办,为追求知识的中学青年教师开辟了一条前进的道路,而知识的获取,要靠学习者的辛勤劳动。可以说,学习是一项艰苦的劳动。这项劳动与其他劳动的一个显著区别是:学习不能由别人代替来完成,甚至也不能合作完成。特别是数学知识的学习,必须经过学习者一番夜不能寐的(有时甚至是痛苦的)冥思苦想,才能掌握数学的本质,才能体会到数学的真谛,能达到由此及彼、由表及里的境界。

　　数学是众多学科中最为抽象的学科。正是因为它高度的抽象性,决定了它广泛的应用性,同时也造成了数学学习的困难。毋庸讳言,相对其他学科来说,学习数学需要花费更多的时间与精力。但是,数学并不是高不可攀的科学。数学的学习如同攀登高楼一样,只要一步一个台阶(而不是两个台阶、三个台阶,更不是飞跃)地拾级而上,我们并不觉得太困难即可攀上高楼。同样,只要学习者扎扎实实地掌握这一步知识,再去学习下一步的内容,循序渐进,数学就可以成为任你的思维纵横驰骋的自由王国。

　　作为教师,要充分地考虑到学生在自学过程中遇到的各种困难。我们在教材的编写中,尽最大可能地使教材通俗易懂,由易到难,深入浅出。为了便于自学,我们适当地作出一些注释,引导学生深入理解知识。在每章的开始,给出本章学习目标和导学;每章的结尾,做出本章的总结,指出本章的重点及难点,并安排了学习辅导内容,介绍典型例题,同时配备了自测题目。

中央广播电视大学与东北师范大学联合开办的本科数学与应用数学专业处于刚刚起步阶段。我们的教师首次编写这套教材，一切尚处于探索的过程中，因此，这套教材难免有这样或那样的不妥之处。我们热情地欢迎读者提出宝贵的批评意见和改进的建议，使我们的教师及时地改进这套教材，以不断提高学生的学习效果。

于长春

2002 年 4 月 25 日

前　言

　　本书是为中央广播电视大学开放教育数学与应用数学专业"数学分析专题研究"课程编写的文字教材.根据学生已经在专科阶段学习过数学分析课程,且正在中学从事数学教学的状况,本教材选取了中学数学作为研究对象,以数学分析的知识作为研究工具,利用高等数学的观点与方法,系统地研究中学数学.通过本课程的学习,一方面可以使学生重新复习已经学过的数学分析知识,同时可以加深对中学数学的理解.

　　全书共分六章:第1章是集合与关系,集合与关系是全书的基础;在第2章中,我们介绍了数系的扩张,重点介绍了实数理论;在第3章中,一方面,复习了函数的分析理论,同时也介绍了超越理论,并且在广泛的意义下介绍了一次函数;第4、5章用公理化方法研究了对数函数、指数函数与三角函数;第6章介绍了凸函数理论,更广泛地讨论了函数的极值问题,可供对此问题感兴趣的学生阅读.

　　在编写过程中,我们充分考虑到广播电视大学开放教育学生的自学状况,尽可能将教材写得通俗易懂,便于自学.文字教材采用"合一式"形式编写,把教学内容和辅导内容融为一体,以便于学生学习.书中标有∗号的习题,一般说来是较难的,供感兴趣的学生选做.书末附有计算题的答案,对部分证明题给予提示,供学生参考.

　　参加本书编写的有东北师范大学高夯教授、中央广播电视大学的赵坚副教授、顾静相副教授.在各自完成撰写任务后,最后由高夯教授负责统一定稿.本书从大纲审定到教材内容的确定,都得到了北京航空航天大学孙善利教授、首都师范大学王尚志教授与东北师范大学高益明教授的帮助与指导.他们为编者提出了很多宝贵的意见,使本书增色不少.在本书的编写过程中,东北师大数学系、中央电大师范部给予了大力支持.中央广播电视大学出版社的有关编辑为本书的出版付出了辛勤的劳动.在这里,对于给予本书支持与帮助的各位同志一并表示感谢.

　　由于编者水平有限, 本书一定会有许多缺点与谬误之处. 我们恳请读者不吝赐教, 批评指正!

高　夯

写于长春

2002 年 12 月

目　录

注:加 * 的节为阅读材料,仅供感兴趣的读者阅读.

第1章 集合与关系

学习目标

1. 理解集合的概念，了解元素与集合、集合与集合之间的关系，熟练掌握集合的并、交、差集运算，掌握有关运算律的证明方法.

2. 理解笛卡尔积、二元关系、映射、满射、单射、双射等概念，理解有关定理并掌握其证明方法.

3. 理解等价关系的概念，了解商集的概念，理解有关定理并掌握证明方法.

4. 理解序关系偏序集的概念，了解最大（小）元、极大（小）元的概念，知道良序集；理解有关定理并掌握其证明方法.

5. 理解等势、基数等概念，知道 Bernstein 定理.

导　学

集合论是德国数学家康托尔（G.Cantor）于 19 世纪末创立的，它在数学中占有独特的地位. 由于集合论的语言简洁，具有很强的概括性，它的基本概念已经成为全部数学的基础.

关系是一个与集合同样重要的概念. 关系是集合论的重要组成部分. 特别是等价关系，是对事物进行分类的基础. 它在数学中地位是极其重要的.

在本章学习过程中，读者要深刻理解集合理论的基础知识，特别是对概念的理解，要掌握本章的基本理论及典型的例子.

学习本章知识，不需要太多的数学基础，但要求学生要善于思考. 本章是全书的基础. 本章内容对于培养学生严密的逻辑思维能力将起到一定的作用.

1.1　集合及其运算

1.1.1　集合的概念

集合的概念是数学的一个基本的原始概念,不能用另外的概念定义它,只能给予一种描述.

集合是指具有某种共同特性的事物的全体. 例如,"中央广播电视大学数学与应用数学专业的全体学生"就是一个集合;"全体中国人"也是一个集合.

集合是由它的成员构成的. 通常称集合的成员为**元素**或**点**. 一般用大写字母 $A,B,C\cdots$ 来表示集合;用小写字母 $a,b,c\cdots$ 来表示集合的元素.

若集合的元素可以全部列出,我们通常用列举法来表示集合. 例如:

$$A = \{甲、乙、丙、丁、戊、已、庚、辛、壬、癸\},$$

$$B = \{子、丑、寅、卯、辰、巳、午、未、申、酉、戌、亥\},$$

$$C = \{a,b,c,d\}.$$

若集合中的元素不能全部列出,我们则用符号$\{x|$关于 x 的命题$\}$表示满足大括号中的命题的所有成员 x 的集合. 例如:

$$\pi = \{p|p \text{ 是平面上与定点 } O \text{ 的矩离为 } 1 \text{ 的点}\}$$

显然,π 是圆周.

设 A 是一集合,a 是一成员,若 a 是 A 的成员,记作 $a \in A$,读作 **a 属于 A**;若 a 不是 A 的成员,则记作 $a \overline{\in} A$,读作 a 不属于 A.

显然,对于任一集合 A 和任一成员 a,$a \in A$ 和 $a \overline{\in} A$ 这两者有且仅有一个成立.

如果集合 A 与集合 B 的成员完全相同,则称集合 A 与集合 B 相等,记作 $A = B$,读作 **A 等于 B**;否则,若集合 A 与集合 B 不完全相同,则称 A 与 B 不相等,记作 $A \neq B$,读作 **A 不等于 B**.

显然,$A = B \Leftrightarrow \forall x \in A$,则 $x \in B$,且 $\forall x \in B$,则 $x \in A$;$A \neq B \Leftrightarrow \exists x \in A$ 但 $x \overline{\in} B$,或 $\exists x \in B$ 但 $x \overline{\in} A$.[①]

如果集合 A 的每一成员都是集合 B 的成员,即 $\forall x \in A$,则 $x \in B$,我们记作 $A \subset B$ 或 $B \supset A$,分别读作 **A 含于 B** 或 **B 包含 A**,可图示如下:

---

① 符号"$\Leftrightarrow$"表示"当且仅当";符号"$\forall$"表示"对于任意的";符号"$\exists$"表示"存在".

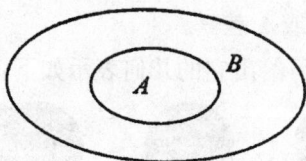

图 1-1

显然，$A \subset B \Leftrightarrow \forall x \overline{\in} B$，则 $x \overline{\in} A$.

由集合相等的定义，$A = B \Leftrightarrow A \subset B$ 且 $B \subset A$.

集合也可以没有成员，这种没有成员的集合我们称之为**空集**，记作 $\varnothing$.

按照集合的包含定义可以证明空集含于任意集合中，且空集是惟一的.

设 A, B 为两个集合，若 $A \subset B$，我们则称 A 为 B 的**子集**；若 $A \subset B$ 且 $A \neq B$，我们称 A 为 B 的**真子集**，记作 $A \subsetneqq B$.

显然，任一集合都是其自身的子集. 若 A 是 B 的真子集，则至少存在一点 $b \in B$，但 $b \overline{\in} A$.

A 是一个集合，我们称 A 的所有子集构成的子集族为 A 的**幂集**，记作 2^A（或 $P(A)$）. 例如，$A = \{a, b, c\}$，则 $2^A = \{\varnothing, \{a\}, \{b\}, \{c\}, \{a, b\}, \{a, c\}, \{b, c\}, \{a, b, c\}\}$.

注：对于集合，做如下的进一步说明：

(1)集合中的任意两个元素是不同的，也就是说，在一个集合中，任意一个元素都不会重复出现.

(2)集合中的元素是无次序的. 例如，$\{a, b, c\}, \{b, a, c\}, \{a, c, b\}$ 是同一集合.

(3)集合的元素可以是任何事物，甚至某一集合是另一集合的元素.

(4)一个集合 A 可以由满足某一命题 p 的元素来组成，换句话说，这个命题 p 决定了集合 A. 但是，并非每个命题都可以确定一个集合. 读者可参阅[7].

1.1.2　集合的运算

在这里，我们定义两个集合的并、交、补的运算.

定义 1.1.1　对于两个集合 A 与 B：

集合 $\{x \mid x \in A$ 或 $x \in B\}$ 称为 A 与 B 的**并**，记作 $A \bigcup B$，读作 **A 并 B**.

集合 $\{x \mid x \in A$ 且 $x \in B\}$ 称为 A 与 B 的**交**，记作 $A \bigcap B$，读作 **A 交 B**.

集合 $\{x \mid x \in A$ 但 $x \overline{\in} B\}$ 称为 A 与 B 的**差集**，或称为 B 相对 A 而言的**补集**，

记作 $A-B$,读作 A 减去 B 或 A 差 B.

对于这三种运算,我们可给出它的几何表示如下:

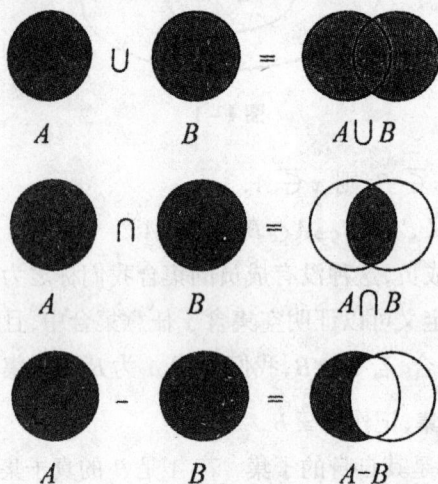

图 1-2

例 1　设集合 $A=\{a,b,c\}$,$B=\{c,d,e\}$,求 $A\bigcup B$,$A\bigcap B$,$A-B$.

解　$A\bigcup B=\{a,b,c,d,e\}$,$A\bigcap B=\{c\}$,$A-B=\{a,b\}$.

对于集合 A 与 B,若 $A\bigcap B=\varnothing$,则称 A 与 B 不相交;反之,若 $A\bigcap B\neq\varnothing$,则称 A 与 B 相交.

若 A 与 B 不相交,表明 A 与 B 没有相同的元素,即 A 与 B 是完全不同的两个集合.

我们称集合 $(A-B)\bigcup(B-A)$ 为集合 A 与 B 的**对称差**,记作 $A\triangle B$.

容易看出:$A=B\Leftrightarrow A\triangle B=\varnothing$.

关于集合的并、交、补三种运算,如下的算律成立:

定理 1.1.1　若 A,B,C 为集合,则

(1)等幂律成立,即
$$A\bigcup A=A,\quad A\bigcap A=A;$$

(2)交换律成立,即
$$A\bigcup B=B\bigcup A,\quad A\bigcap B=B\bigcap A;$$

(3)结合律成立,即
$$(A\bigcup B)\bigcup C=A\bigcup(B\bigcup C),$$
$$(A\bigcap B)\bigcap C=A\bigcap(B\bigcap C);$$

(4)分配律成立,即

$$(A \cap B) \cup C = (A \cup C) \cap (B \cup C),$$
$$(A \cup B) \cap C = (A \cap C) \cup (B \cap C);$$

(5)De Morgan 律成立,即

$$A - (B \cup C) = (A - B) \cap (A - C),$$
$$A - (B \cap C) = (A - B) \cup (A - C).$$

证 这里我们只证明两个等式.先证(3)中的第二式.

设 $x \in (A \cap B) \cap C$,按定义,$x \in A \cap B$ 且 $x \in C$,也就是 $x \in A$ 且 $x \in B$ 且 $x \in C$.由此得 $x \in A$ 且 $x \in B \cap C$.由交集的定义,$x \in A \cap (B \cap C)$.这就证明了 $(A \cap B) \cap C \subset A \cap (B \cap C)$.同理可证 $(A \cap B) \cap C \supset A \cap (B \cap C)$.两者合起来即得 $(A \cap B) \cap C = A \cap (B \cap C)$.

再证(5)中的第一个等式.

设 $x \in A - (B \cup C)$,即 $x \in A$ 但 $x \overline{\in} B \cup C$,也就是 $x \in A$ 但 $x \overline{\in} B$ 且 $x \overline{\in} C$.由此得 $x \in A - B$ 且 $x \in A - C$.由交集的定义,$x \in (A - B) \cap (A - C)$.按照包含的定义,$A - (B \cup C) \subset (A - B) \cap (A - C)$.同样方法可以证明 $A - (B \cup C) \supset (A - B) \cap (A - C)$.两者合起来即得到 $A - (B \cup C) = (A - B) \cap (A - C)$.

其余各款的证明都是类似的,留给读者自行完成.

1.2 关系与映射

1.2.1 二元关系

我们在数学的学习中,已经熟悉了一些关系,如直线的平行关系、垂直关系,实数的相等关系、大小关系,集合的包含关系,等等.这些表面看起来似乎无关的内容,本质上却有其共性,可以用统一的数学语言来刻划.

定义 1.2.1 设 A,B 为任意两个集合,集合 $\{(a,b) \mid a \in A, b \in B\}$ 称为 A 与 B 的**笛卡尔(Rene Descartes)积**,记作 $A \times B$,读作 **A 乘 B**.其中 (a,b) 为有序的元素偶,a 称为 (a,b) 的第一个坐标,b 称为 (a,b) 的第二个坐标,特别地,$A \times A$ 记作 A^2.

例1 $A = \{a,b\}, B = \{c,d\}$,求 $A \times B, B \times A$.

解 $A \times B = \{(a,c),(a,d),(b,c),(b,d)\}$,
$B \times A = \{(c,a),(c,b),(d,a),(d,b)\}$.

例2　已知 $A = \{$甲、乙、丙、丁、戊、己、庚、辛、壬、癸$\}$，$B = \{$子、丑、寅、卯、辰、巳、午、未、申、酉、戌、亥$\}$，求 $A \times B$.

解　$A \times B = \{($甲，子$)$，$($甲，丑$)$，$($甲，寅$)$，$($甲，卯$)$，……，$($乙，子$)$，$($乙，丑$)$，……，$($癸，子$)$，$($癸，丑$)$，……，$($癸，亥$)\}$.

由例1可以看出 $A \times B \neq B \times A$. 这就是说，交换律不成立.

定义 1.2.2　设 A, B 是两个非空的集合，$A \times B$ 中的每一个子集 R 称为从 A 到 B 中的(二元)关系. 若 $(a, b) \in R$，则称 a 与 b 是 R-相关的，记作 aRb.

集合 $\{a \mid a \in A,$ 存在 $b \in B,$ 使 $aRb\}(\subset A)$ 称为关系 R 的定义域，记作 $\text{Dom}(R)$.

集合 $\{b \mid b \in B,$ 存在 $a \in A,$ 使 $aRb\}(\subset B)$ 称为关系 R 的值域，记作 $\text{Ran}(R)$.

若 $\tilde{A} \subset A$，集合 $\{b \mid b \in B,$ 存在 $a \in \tilde{A},$ 使 $aRb\}(\subset B)$ 称为集合 $\tilde{A}$(对于关系 R 而言的)像集，记作 $R(\tilde{A})$.

对于定义 1.2.2，我们给出如下的几何表示：

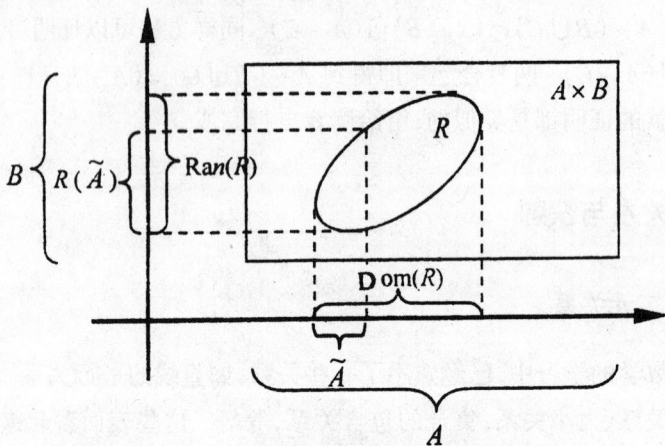

图 1-3

下面给出两个特殊的，也是最简单的关系的例子.

例3　设 A, B 是两个非空的集合，由于 $A \times B \subset A \times B$，故 $A \times B$ 是从 A 到 B 的一个关系. 易见，$\text{Dom}(A \times B) = A$，$\text{Ran}(A \times B) = B$.

例4　设 A, B 是两个非空集合，由于 $\varnothing \subset A \times B$，所以 $\varnothing$ 是从 A 到 B 中的一个关系. 因为对于任意的 $a \in A, b \in B, (a, b) \bar{\in} \varnothing$，故 a 与 b 不是 $\varnothing$-相关的. 此即表明 $\text{Dom}(\varnothing) = \text{Ran}(\varnothing) = \varnothing$.

定义 1.2.3　设 $R \subset A \times B$,则集合 $\{(b,a) \mid b \in B, a \in A, aRb\}$ 为 $B \times A$ 的子集,即为从 B 到 A 中的关系,称为 R 的逆,记作 R^{-1}. 此时,对于 $\tilde{B} \subset B$, $R^{-1}(\tilde{B}) \subset A$ 为集合 $\tilde{B}$ 的 R^{-1}-像,也称之为 $\tilde{B}$(对于关系 R 而言)的原像.

定义 1.2.4　设 R 为从 A 到 B 中的关系(即 $R \subset A \times B$),S 为从 B 到 C 中的关系(即 $S \subset B \times C$),集合 $\{(a,c) \mid$ 存在 $b \in B$,使得 $aRb, bSc\}$ 为 $A \times C$ 的子集,即为从 A 到 C 中的关系,称其为关系 R 与关系 S 的复合(或积),记作 $S \circ R$.

例 5　设 $A = \{a_1, a_2, a_3\}$,$B = \{b_1, b_2, b_3, b_4\}$,$C = \{c_1, c_2\}$,$R = \{(a_1, b_1), (a_1, b_2), (a_1, b_4), (a_2, b_3)\}$,$S = \{(b_3, c_1), (b_3, c_2)\}$,则 $S \circ R = \{(a_2, c_1), (a_2, c_2)\}$.

定理 1.2.1　设 A, B, C, D 为集合;$R \subset A \times B$,$S \subset B \times C$,$T \subset C \times D$,则有

(1) $(R^{-1})^{-1} = R$;

(2) $(S \circ R)^{-1} = R^{-1} \circ S^{-1}$;

(3) $T \circ (S \circ R) = (T \circ S) \circ R$.

证明思路　本定理是要证明关系相等,关系是一集合,故证明两个关系相等就是要证明两个集合相等. 而证明两个集合 A 与 B 相等,只需证明他们的元素相同,即 $\forall a \in A \Leftrightarrow a \in B$.

证　(1) $\forall (a,b) \in (R^{-1})^{-1} \Leftrightarrow (b,a) \in R^{-1} \Leftrightarrow (a,b) \in R$,即 $(R^{-1})^{-1} = R$.

(2) $\forall (c,a) \in (S \circ R)^{-1} \Leftrightarrow (a,c) \in S \circ R \Leftrightarrow \exists b \in B$,使得 $(a,b) \in R$,$(b,c) \in S$,即 $(c,b) \in S^{-1}$,$(b,a) \in R^{-1} \Leftrightarrow (c,a) \in R^{-1} \circ S^{-1}$,

因此,　　　　　　　　$(S \circ R)^{-1} = R^{-1} \circ S^{-1}$.

(3)证明相似于(1)与(2)的证明,留给读者自行完成.□①

1.2.2　映　射

定义 1.2.5　设 F 为从集合 X 到集合 Y 中的关系. 如果 $\forall x \in X$,有惟一的 $y \in Y$,使得 xFy,则称 F 为(从 X 到 Y 中的)映射,记作 $F: X \to Y$.

对于每一 $x \in X$,使得 xFy 的 y,记作 $y = F(x)$,并称为点 x(对于映射 F 而言)的像. 对于 $y \in Y$,若 $x \in X$ 使得 xFy,则称 x 是 y(对于映射 F 而言)的原像,并且 y 的原像集记作 $F^{-1}(y)$.

注 2.1　对于关系与映射,我们做如下比较:

(1)若 F 是从 X 到 Y 中的关系,则 $\mathrm{Dom}(F) \subset X$,而 $F: X \to Y$,有 $\mathrm{Dom}(F) = X$.

---

① 符号"□"表示定理已证毕.

(2)若 F 是从 X 到 Y 中的关系,对于任一 $x \in X$,$\{F(x)\}$ 可以是空集、单点集、多点集,而当 $F: X \to Y$,$\{F(x)\}$ 一定是单点集.

(3)设 $F: X \to Y$.$\forall y \in Y$,$F^{-1}(y)$ 可能是空集、单点集、多点集.

对于关系与映射,我们给出如下的几何表示:

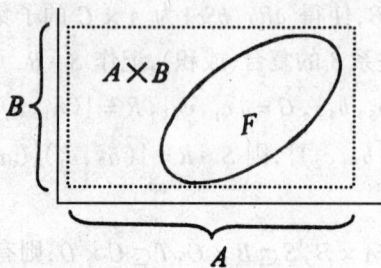

图 1-4 (a)　F 是关系　　　　　图 1-4 (b)　F 是映射

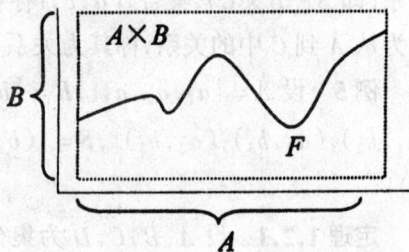

设 $F: X \to Y$,若还有映射 $G: Y \to Z$,作为关系,则 F 与 G 的复合 $G \circ F$ 是从 X 到 Z 中的关系.进一步地,我们有

定理 1.2.2　若 $F: X \to Y$,$G: Y \to Z$,则 $G \circ F: X \to Z$.且 $\forall x \in X$,有 $(G \circ F)(x) = G(F(x))$.

证明　首先证明 $G \circ F$ 满足映射定义的要求.事实上,$\forall x \in X$,令 $y = F(x)$,则 xFy;令 $z = G(y) = G(F(x))$,则 yGz.从而根据关系复合的定义,有 $xG \circ Fz$.设 $z_1, z_2 \in Z$,使 $xG \circ Fz_1$,$xG \circ Fz_2$.根据关系复合的定义,$\exists y_1, y_2 \in Y$,使 xFy_1,$y_1 Gz_1$ 且 xFy_2,$y_2 Gz_2$.由于 F 是映射,故 $y_1 = y_2$.再由 G 是映射,故 $z_1 = z_2$.这就证明了:$\forall x \in X$,都存在惟一的 $z \in Z$,使得 $xG \circ Fz$.

其次,在上面证明中,我们已经得到关系式:$G(F(x)) = z = (G \circ F)(x)$.□

复合映射的例子很多.例如,X 是平面,Ω 是平面上的图形.$F: X \to X$ 是平移映射,$G: X \to X$ 是旋转映射,则 $G \circ F: X \to X$ 是先平移再旋转的**复合映射**,即是将图形 Ω 先进行一次平移,再进行旋转.

后面,我们常用小写字母 $f, \varphi, g, \cdots$ 等表示映射.

设 $f: X \to Y$,$A \subset X$,$B \subset Y$,我们记

$$f(A) = \{y \in Y \mid y = f(x), x \in A\}$$
$$f^{-1}(B) = \{x \in X \mid f(x) \in B\}$$

我们常可以用 $f(A)$ 与 $f^{-1}(B)$ 来刻画映射 f 的性质.两者是否相同呢? 我们可以从下面的两个定理做个比较.

定理 1.2.3　设 $f: X \to Y$,$A, B \subset Y$,则有

(1)$f^{-1}(A\bigcup B) = f^{-1}(A)\bigcup f^{-1}(B)$;

(2)$f^{-1}(A\bigcap B) = f^{-1}(A)\bigcap f^{-1}(B)$;

(3)$f^{-1}(A - B) = f^{-1}(A) - f^{-1}(B)$.

证　(1)易证,留给读者.

(2)$\forall\, x \in f^{-1}(A\bigcap B)$,$\exists\, y \in A\bigcap B$,使得 $y = f(x)$,即 $x \in f^{-1}(A)$ 且 $x \in f^{-1}(B)$,故 $x \in f^{-1}(A)\bigcap f^{-1}(B)$. 从而有 $f^{-1}(A\bigcap B)\subset f^{-1}(A)\bigcap f^{-1}(B)$.

另一方面,设 $x \in f^{-1}(A)\bigcap f^{-1}(B)$,由于 $x \in f^{-1}(A)$,故 $f(x) \in A$;由 $x \in f^{-1}(B)$,故 $f(x) \in B$. 从而有 $f(x) \in A\bigcap B$,即 $x \in f^{-1}(A\bigcap B)$. 这表明 $f^{-1}(A)\bigcap f^{-1}(B)\subset f^{-1}(A\bigcap B)$.

从而结论(2)得证.

(3)证明与(2)的证明相似,留给读者. □

注 2.2　若我们将符号"f^{-1}"看成是一种映射,定理 1.2.3 表明,它保持了集合的并、交、补的运算;若我们将符号"f^{-1}"看成是一种运算,定理 1.2.3 表明,它与集合的并、交、补运算可交换次序.

定理 1.2.4　设 $f: X \rightarrow Y$,$A, B \subset X$,则

(1)$f(A\bigcup B) = f(A)\bigcup f(B)$;

(2)$f(A\bigcap B)\subset f(A)\bigcap f(B)$;

(3)$f(A - B)\supset f(A) - f(B)$.

证　该定理的证明与定理 1.2.3 的证明相似,留给读者.

人们自然会提出下面的问题:定理 1.2.4 中结论(2)与结论(3)能否有等号成立?

例 6　设 $X = \{a, b\}$,$Y = \{c\}$,$f: X \rightarrow Y$. 显然有 $f(a) = c$,$f(b) = c$. 现在令:$A = \{a\}$,$B = \{b\}$,则

$$f(A\bigcap B) = f(\varnothing) = \varnothing \subset (但 \neq)\{c\} = f(A)\bigcap f(B)$$

且

$$f(A - B) = f(A) = \{c\} \supset (但 \neq)\varnothing = \{c\} - \{c\} = f(A) - f(B).$$

此例表明,定理 1.2.4 的结论不能改进.

设 $f: X \rightarrow Y$,$A \subset X$,$B \subset Y$,则我们有 $f^{-1}(f(A))\supset A$,$f(f^{-1}(B))\subset B$

我们感兴趣的问题是:在什么条件下,有

$$f^{-1}(f(A)) = A, \quad f(f^{-1}(B)) = B$$

定义 1.2.6　设 $f: X \rightarrow Y$,若 $f(X) = Y$,则称 f 是**满射**;若 $\forall\, x_1, x_2 \in X$,$x_1 \neq x_2$,有 $f(x_1) \neq f(x_2)$,则称 f 是**单射**;若 f 既是满射又是单射,则称 f 是**双射**.

定理 1.2.5　设 $f:X \to Y$,证明

(1)若 f 是单射,则 $\forall A \subset X$,有 $f^{-1}(f(A)) = A$;

(2)若 f 是满射,则 $\forall B \subset Y$,有 $f(f^{-1}(B)) = B$.

证　(1)因已知 $A \subset f^{-1}(f(A))$,故只需证 $f^{-1}(f(A)) \subset A$.

$\forall a \in f^{-1}(f(A))$,故 $f(a) \in f(A)$. 因 f 是单射,故 $a \in A$,即(1)得证.

(2)因已知 $f(f^{-1}(B)) \subset B$,故只需证 $B \subset f(f^{-1}(B))$.

$\forall b \in B$,由于 f 是满射,故存在 $a \in X$,使故 $f(a) = b$. 于是 $a \in f^{-1}(B)$,从而 $b = f(a) \in f(f^{-1}(B))$. □

注 2.3　若 $f:X \to Y$ 是满射,则 $\forall y \subset Y$,方程 $f(x) = y$ 有解,即满射保证了解的存在性;若 $f:X \to Y$ 是单射,则方程 $f(x) = y$(y 作为已知量,x 是未知量)至多有一个解.

定义 1.2.7　若 $f:X \to Y$ 是双射,由 $y = f(x)$ 确定的从 Y 到 X 的映射:$y \to x$,称为 f 的**逆映射**,记作 f^{-1}.

注 2.4　当 f 不是双射时,f^{-1} 不是映射.

1.2.3　运　算

运算是数学中一个最基本的概念,如数的四则运算,多项式的运算,向量的运算等等.这里我们用映射的观点来研究运算.

定义 1.2.8　设 A,B,C 是三个非空集合,称映射 $f:A \times B \to C$ 是一个从 $A \times B$ 到 C 中的**运算**. 特别地,称映射 $f:A \times A \to A$ 是 A 上的一个运算,并且称运算 f 在 A 上**封闭**.

例 7　设 B 是一非空集合,$A = 2^B$,$\forall A_1, A_2 \subset A$,定义

$$f(A_1, A_2) = A_1 \bigcap A_2$$

则 f 是 A 上的一个运算.

例 8　设 $A = \{奇,偶\}$,规定

$$偶 \oplus 偶 = 偶, \quad 偶 \oplus 奇 = 奇,$$

$$奇 \oplus 偶 = 奇, \quad 奇 \oplus 奇 = 偶.$$

则 $\oplus$ 是 A 上的一个运算.

例 9　设 $B = \{立正,向左转,向右转,向后转\}$,规定

$$立正 \oplus 向左(右,后)转 = 向左(右,后)转,$$

$$向左(右,后)转 \oplus 立正 = 向左(右,后)转,$$

　　　　向左转⊕向左转＝向后转，

　　　　向左转＋向右转＝立正，

　　　　……．

则⊕是集合 B 上的一个运算．

　　定义 1.2.9　设 f 是集合 A 上的一个运算，$\forall a,b,c\in A$：

　　(1)若 $f(a,b)=f(b,a)$，则称 f 满足交换律；

　　(2)若 $f(f(a,b),c)=f(a,f(b,c))$，则称 f 满足结合律．

　　显然，例 8 给出的运算⊕与例 9 给出运算⊕都满足交换律与结合律．而在第 1 节中给出的集合差集的运算既不满足交换律，也不满足结合律．但对称差的运算既满足交换律又满足结合律．

　　定义 1.2.10　设 f 是集合 A 上的一个运算．若 A 中存在元素 e，$\forall a\in A$，有 $f(a,e)=a$ 成立，则称 e 是运算 f 的**右零元**；若 $f(e,a)=a$ 成立，则称 e 是 f 的**左零元**；若 e 既是 f 的左零元，又是 f 的右零元，则称 e 是 f 的**零元**．

　　例 10　设 B 是非空集合，$A=2^{B}$，则 A 上并集运算的零元是空集 $\varnothing$，A 上交集运算的零元是 B．

　　例 11　例 8 中的零元是"偶"，例 9 中的零元是"立正"．

　　下面给出逆元的概念．

　　定义 1.2.11　设 e 为 A 上运算 f 的零元．对于 $a\in A$，若存在 $a'\in A$，使 $f(a,a')=e$，则称 a' 是（相对于 f）a 的**右逆元**；若 $f(a',a)=e$，则称 a' 是（相对于 f）a 的**左逆元**；若 a' 既是 a 的左逆元，又是 a 的右逆元，则称 a' 是 a 的**逆元**．

　　例 12　在例 8 中，"偶"的逆元是"偶"，"奇"的逆元是"奇"；在例 9 中，"立正、向后转"的逆元是它们的自身，"向左(右)转"的逆元是"向左(左)转．"

1.3　等价关系

　　我们周围的事物是纷纭复杂的．如何高效率地来处理这些事物呢？有效的方法之一是"分门别类"地来处理，而"分门别类"的数学理论基础是等价关系．

　　定义 1.3.1　从集合 X 到 X 中的关系简称为 X 中的关系．设 R 为 X 中的关系：

　　(1)若 $\forall x\in X$，有 xRx，则称 R 是**反身的**；

　　(2)对于 $x,y\in X$，若 xRy，有 yRx，则称 R 是**对称的**；

(3)对于 $x,y,z\in X$,若 xRy,yRz,有 xRz,则称 R 是**传递的**.

若关系 R 同时为反身的、对称的、传递的,则称关系 R 为**等价关系**.

例1 $X=\{a,b,c\}$,$R=\{(a,a),(a,b),(b,b),(b,c),(b,a)\}$,试讨论关系 R 的反身性,对称性,传递性.

解 因为 $(c,c)\overline{\in}R$,故 R 没有反身性;

因 $(b,c)\in R$,但 $(c,b)\overline{\in}R$,故 R 没有对称性;

因 $(a,b)\in R$,$(b,c)\in R$,但 $(a,c)\overline{\in}R$,故 R 没有传递性.□

例2 $X=\{a,b,c\}$,$R=\{(a,a),(a,b),(a,c),(b,a),(b,b),(b,c),(c,a),(c,b),(c,c)\}$,验证 R 是等价关系.

解 (1) 因 $\{(a,a),(b,b),(c,c)\}\subset R$,故 R 具有反身性;

(2)因 $\{(a,b),(b,a),(a,c),(c,a),(b,c),(c,b)\}\subset R$,故 R 具有对称性;

(3)因 $\{(a,b),(b,c),(a,c)\}\subset R$,以及 R 具有对称性,即可知 R 具有传递性.

综上讨论知,R 是一等价关系.

例3 $X=\{a,b,c\}$,$R=\{(a,a),(b,b),(c,c)\}$,验证 R 是等价关系.

解 (1)因 $\{(a,a),(b,b),(c,c)\}\subset R$,故 R 具有反身性;

(2)为了说明 R 具有对称性,我们可用其等价的说法,即若 $(a,b)\in R$,则 $(b,a)\in R\Leftrightarrow$若 $(b,a)\overline{\in}R$,则 $(a,b)\overline{\in}R$. 显然,本例题的关系 R 具有对称性;

(3)用与(2)相类似的方法即可说明 R 具有传递性.□

例4 设 X 是一集合. 2^X 的成员(即 X 的子集)的"包含关系" $\subset$,可以理解为 $2^X\times 2^X$ 的子集 $R=\{(A,B)\mid A\in 2^X,B\in 2^X,A\subset B\}$,它是反身的,传递的,但它不是对称的. 因而它不是等价关系.

例5 L 是平面 π 上某些直线的集合,$R\subset L\times L$,$l_1\subset L$,$l_2\subset L$,$(l_1,l_2)\in R$ $\Leftrightarrow l_1\parallel l_2$,则关系 R 是一等价关系.

为了更好地判断一个关系是否是等价关系,我们可以关系图来判定,我们分别用图 1-5 来表示 $(a,a)\in R$ 和 $(a,b)\in R$.

图 1-5

下面我们给出例 1、例 2 和例 3 的关系图(见图 1-6):

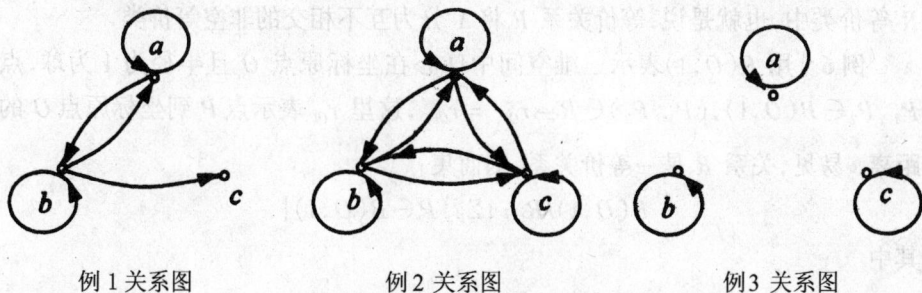

例 1 关系图　　　　　　例 2 关系图　　　　　　例 3 关系图

图 1-6

从关系图可以看出:关系 R 是等价关系当且仅当 X 中的每一个元素都有一个自封闭曲线弧;不同的两个元素之间若有曲线弧联接,则曲线弧必是两条反向曲线;不同三点 a,b,c,与 a,b 有曲线弧联接,b,c 有曲线弧联接,则 a,c 也有曲线弧联接.

定义 1.3.2　设 R 为集合 X 中的等价关系. $x,y\in X$,若 xRy,则称 x,y 是 R-等价的,或简称为等价的;对于每一 $x\in X$,X 的子集 $\{y\mid y\in X,yRx\}$ 称为 x 的 R-等价类或等价类,并记作 $[x]$ 或 $[x]_R$;对于任意的 $y\in[x]_R$,均称为 R-等价类 $[x]_R$ 的代表元素;集族 $\{[x]_R\mid x\in X\}$ 称为集合 X 对于等价关系 R 而作的**商集**,记作 X/R.

在例 2 中,$X/R=\{\{a,b,c\}\}$.

在例 3 中,$X/R=\{\{a\},\{b\},\{c\}\}$.

定理 1.3.1　设 R 为集合 X 中的等价关系,则

(1)任意的 $x\in X$,$[x]_R\neq\varnothing$;

(2)任意的 $x,y\in X$,或者 $[x]_R\bigcap[y]_R=\varnothing$,或者 $[x]_R=[y]_R$.

证明思路　证明两个选择性的结论(或 A 成立,或 B 成立)时,一般都是采用否定一个结论,去证明另一个结论成立.

证　(1)对于任意的 $x\in X$,由于 R 是反身的,故 xRx,由 $x\in[x]_R$,所以 $[x]_R\neq\varnothing$;

(2)对于 $x,y\in X$,若 $[x]_R\bigcap[y]_R\neq\varnothing$,设 $z\in[x]_R\bigcap[y]_R$,则有 zRx 且 zRy,由 R 的对称性与传递性,故有 xRy.

$\forall z\in[x]_R$,即 zRx. 由于 xRy 且 R 具有传递性,有 zRy,即 $z\in[y]_R$,也就是 $[x]_R\subset[y]_R$. 同理可得 $[y]_R\subset[x]_R$,于是有 $[x]_R=[y]_R$.

注3.1 定理1.3.1表明:X中的每一元素均在某个R-等价类中且仅在一个R-等价类中,也就是说,等价关系R将X分为互不相交的非空等价类.

例6 用$B(O,1)$表示三维空间中球心在坐标原点O且半径为1为球,点$P_1,P_2\in B(O,1)$,$(P_1,P_2)\in R\Leftrightarrow r_{OP_1}=r_{OP_2}$,这里$r_{OP}$表示点$P$到坐标原点$O$的距离. 易见,关系$R$是一等价关系,则商集

$$B(O,1)/R=\{\Sigma_P\mid P\in B(O,1)\}.$$

其中

$$\Sigma_P=\{M\in B(O,1)\mid r_{OM}=r_{OP}\}$$

是一球面,即单位球可以分解成互不相交的球面之并.

定义1.3.3 设X是一非空集合,$X_1,X_2,\cdots,X_n$是X的非空子集,若$X_i\bigcap X_j=\varnothing,i\neq j$,且$\bigcup_{i=1}^{n}X_i=X$,则称集族$\{X_1,X_2,\cdots,X_n\}$是$X$的一个**划分**.

事实上,对于给定的非空集合X中的等价关系R,则商集X/R就是X的一个划分. 反之,对于给定的X的一个划分$\{X_1,X_2,\cdots,X_n\}$,是否存在着一个等价关系R,使得$X/R=\{X_1,X_2,\cdots,X_n\}$?

定理1.3.2 对于给定的X的一个划分$\{X_1,X_2,\cdots,X_n\}$,则存在着等价关系R,使得$X/R=\{X_1,X_2,\cdots,X_n\}$.

证明思路 本定理是要证明等价关系R的存在性. 一般说来,证明存在性的主要方法之一是构造,即构造出我们所需要的等价关系.

证 令

$$R=\{X_1\times X_1,X_2\times X_2,\cdots,X_n\times X_n\}.$$

可以验证R是一等价关系,且

$$X/R=\{X_1,X_2,\cdots,X_n\}.$$

例7 设$X=\{a,b,c,d,e,f\}$,R是X中的一个等价关系. 已知$X/R=\{\{a,b,c\},\{d,e\},\{f\}\}$,求等价关系$R$.

解 我们所求的

$R=\{(a,a),(a,b),(a,c),(b,a),(b,b),(b,c),(c,a),(c,b),(c,c),(d,d),(d,e),(e,d),(e,e),(f,f)\}.$

1.4 序 关 系

我们知道两个不同的实数可以比较大小,两个集合可以讨论包含关系,定义

在闭区间上的连续函数具有上界与下界,这些看起来似乎没有什么联系的问题,其数学本质是相同的,即它们都是序的问题.

定义 1.4.1　集合 X 中满足传递性的二元关系称为半序关系或偏序关系,记作 $<$. 集合 X 含有半序关系时,称 X 为**半序集**或**偏序集**,记作 $(X, <)$. $a < b$ 称为 a 小于 b 或 a 前于 b,也可称为 b 大于 a 或 b 后于 a.

例 1　对于 $A, B \in 2^X$,规定 $A < B \Leftrightarrow A \subset B$,则 $(2^X, <)$ 是一半序集.

定义 1.4.2　设 A 为半序集 X 的子集,若有 $b \in X$,对于 A 的任一元素 a,恒有 $a < b (b < a)$,则称 b 为 A 的上(下)界. 有上(下)界的集称为上(下)方有界的. 当 A 既上方有界又下方有界时,称 A 为**有界**.

例 2　$X = \{\{a\}, \{b\}, \{a, b\}, \{a, b, c\}, \{a, b, d\}, \{a, b, c, d, e\}\}$. 规定:$x_1, x_2 \in X, x_1 < x_2 \Leftrightarrow x_1 \subset x_2$,则 $(X, <)$ 是一半序集,对于 $A = \{\{a, b\}, \{a, b, c\}, \{a, b, d\}\{a, b, c, d, e\}\}$,是一有界集. 因 $\{a\}$ 是 A 的下界,且 $\{a, b, c, d, e\}$ 是 A 之上界.

定义 1.4.3　当 $a \in A$ 且 a 是 A 的上(下)界,则称 a 为 A 的**最大(小)元**或**最后(前)元**,记作 $\max A (\min A)$.

在例 2 中,$\max A = \{a, b, c, d, e\}, \min A = \{a, b\}$.

定义 1.4.4　在 A 的上(下)界中若有最小(大)元,则称之为 A 的最小(大)上(下)界,或称之为**上(下)确界**,记作 $\sup A (\inf A)$.

在例 2 中,$\sup A\{a, b, c, d, e\}, \inf A\{a, b\}$.

注 4.1　由定义 1.4.3 与 1.4.4 可知,A 的最大(小)元是 A 的上(下)确界,反之未必成立. 例如,在例 2 中,令 $A_1 = \{\{a, b, c\}, \{a, b, d\}, \{a, b, c, d, e\}\}$,$A_1$ 没有最小元,但 $\inf A_1 = \{a, b\}$.

定义 1.4.5　对于集合 A 的元素 a,若任意的 $x \in A, a < x (a > x)$ 都不成立,则称 a 为 A 的**极大(小)元**.

注 4.2　由定义 1.4.3 与 1.4.4 可知,A 的最大(小)元是 A 的极大(小)元,反之未必成立. 例如,对于注 4.1 中给出的 A_1,$\{a, b, c\}$ 与 $\{a, b, d\}$ 都是 A_1 的极小元,但 A_1 没有最小元.

若 $a \in A$ 是 A 的极小元,但 a 不是 A 的最小元,这表明一定存在 $b \in A$,使得 $a < b$ 与 $b < a$ 都不成立.

定义 1.4.6　对于半序集 $(X, <)$,若满足

(1)反对称性:若 $a < b$ 且 $b < a$,则 $a = b$;

(2)可比性:对于相异元素 $a,b \in X$,必有 $a < b$ 或 $b < a$.
则称关系 $<$ 为全序关系,$(X,<)$ 为**全序集**.

例3　$X = \{\{a\},\{a,b\},\{a,b,c\},\{a,b,c,d\}\}$.规定:$x_1,x_2 \in X, x_1 < x_2$
$\Leftrightarrow x_1 \subset x_2$,则 $(X,<)$ 是一全序集.

定义 1.4.7　若半序集 X 的子集 A 关于 X 的序是半序集,则称 A 是 X 的序
子集.若 A 关于 X 的序为全序集,则称 A 为 X 的全序子集.

注4.3　设 X 是全序集,$A \subset X$,则关于 X 的序,A 仍是全序集.

若 A 是全序集,则 A 的极大(小)元就是 A 的最大(小)元.

定义 1.4.8　当 $a < b < c$ 时,称 b 为在 a 与 c 之间.在全序集 X 中,若任意
两个元素之间必有其他元素时,则称 X 是**稠密**的.当 $a < b$ 而 a 与 b 之间没有
其他元素时,称 a 为 b 的直前元,称 b 为 a 的直后元.

定义 1.4.9　全序集 X 的每个有上界的非空子集必有上确界时,称全序集
X 是**序完备**的.

定理 1.4.1　全序集 X 是序完备的当且仅当 X 的每个有下界的非空子集必
有下确界.

证　先来证明必要性.设 X 是序完备的,A 为有下界的非空子集.设 B 为
A 的所有下界构成的集合,则 B 是非空集合且 A 的每个元素都是 B 的上界.由
序完备性,B 有最小上界 b,即 $b = \sup B$.故 b 小于或等于 B 的每个上界.特别
地,b 小于或等于 a 的每个元素.因此,b 是 A 的下界.另一方面,b 是 B 的上
界,即 $b = \inf A$.

充分性:按上述的方法即可证明充分性,证明留给读者.

定义 1.4.10　若全序集 X 的任一非空序子集必有最前元素,则称 X 为**良序
集**.

定理 1.4.2　(策墨罗(E.F.F.Zermelo)良序定理)任何集合总可以排成一个
良序集.

此定理证明略,读者可参见文献[7].

策墨罗定理告诉我们,任何一个集合,我们都可以给它赋予一个序,使之成
为全序集.在日常生活中,我们也会处理一些排序的问题.例如,我们有如下的
八名学生组成的集合:

$$A = \{赵,钱,孙,李,周,吴,郑,王\}.$$

这个集合在给出的同时,已经对各个元素赋予了一个序.通常我们并不使用这
个序,而是使用如下的两种方法排序:

(1)以姓氏笔画为序(单参数):
$$A = \{王,孙,李,吴,周,郑,赵,钱\}.$$
(2)字典排列法(多参数):
$$A = \{李,钱,孙,王,吴,赵,郑,周\}.$$

这种排序的思想方法,也可用于数学中的一些排序问题. 这个例子也告诉我们,对于同一集合,完全可以给它们赋予不同的序. 值得注意的问题是:给一个集合赋予的某种序是否有意义? 我们感兴趣的是那些无矛盾而且有意义的序.

1.5 基 数

对于给定的集合,我们自然会关心集合元素的多少. 有的集合可以数出元素的个数,例如:某班(这是个集合)的学生(是集合的成员)的数可以数出. 有的集合不能数出元素的个数,例如区间$[0,1]$(这是个集合)的点(是集合的元素)的个数是不能数出的. 那么,我们如何来比较两个集合元素的多少呢?

下面的事例给了我们启示:在剧场中,若观众入座后,还有剩余的座位,则观众数少于座位数;若座位坐满后,还有站立的观众,则观众数多于座位数;若观众入座后,既没有站立的观众,又没有剩余的座位,则观众数与座位数一样多,这是利用映射的办法来比较两个集合元素的多少. 具体说,设集合
$$A = \{a,b,c,d\}, \quad B = \{\alpha,\beta,\gamma,\delta\},$$
集合 A 与集合 B 之间建立一个双射:
$$a \to \alpha, \quad b \to \beta, \quad c \to \gamma, \quad d \to \delta,$$
这时,我们虽然没有数出两个集合的元素的个数,也能知道集合 A 和集合 B 的元素的个数是相等的,一般地,我们给出两个集合等势的概念.

定义 1.5.1 设 X,Y 为集合,如果存在一个从 X 到 Y 上的双射,则称 X 与 Y 为**等势的**.

定理 1.5.1 等势关系是等价关系.

证 (1)证明 A 与 A 等势,事实上,恒等映射 $I:A \to A$ 是一个双射,故 A 与 A 等势;

(2)若 A 与 B 等势,则 B 与 A 等势,事实上,因 A 与 B 等势,故有双射 $f:A \to B$,则 $f^{-1}:B \to A$ 也是双射,故 B 与 A 等势;

(3)若 A 与 B 等势,B 与 C 等势,则 A 与 C 等势. 事实上,由 A 与 B 等势,B

与 C 等势,故有 $f:A \rightarrow B$ 与 $g:A \rightarrow B$ 是双射. 故 $g \cdot f:A \rightarrow C$ 也是双射,故 A 与 C 等势.

故等势关系是等价关系. □

定义 1.5.2　按等势的等价关系将集合分类,一切与集合 A 等势的集合归于一类,这个等价类的特征以记号 $card(A)$ 表示,称为 A 的**基数**或**势**.

定义 1.5.3　设 $card(A) = \alpha$,$card(B) = \beta$,若 A 有真子集 A_1,使 $card(A) = card(B)$,则规定 $\alpha \geqslant \beta$,且若 A 与 B 不等势时,规定 $\alpha > \beta$.

由定义可直接看出单调性成立,即 $B \subset A$,则 $card(B) \leqslant card(A)$.

对于两个集合 A 与 B,有下面的定理

定理 1.5.2　若 $card(A) \leqslant card(B)$ 且 $card(B) \leqslant card(A)$,则 $card(B) = card(A)$.

定理 1.5.2 是著名的 Cantor—Bernstein 定理,该定理的证明较长,本书将其证明略去. 这一定理的证明可参见文献[4].

我们十分关心的问题是:对于任意两个集合 A 与 B,它们的基数关系如何?

定理 1.5.3　对于基数 $card(A) = \alpha$,$card(B) = \beta$,在下述三种关系中有且仅有一个成立:

$$\alpha = \beta, \quad \alpha > \beta, \quad \alpha < \beta$$

这一定理的证明可参见文献[7].

推论 5.1　若 $A \subset B \subset C$,且 $card(A) = card(C)$,则 $card(B) = card(C)$.

事实上,由单调性知 $card(A) \leqslant card(B) \leqslant card(C)$ 与 $card(A) = card(C)$,故 $card(A) = card(C)$,从而有 $card(B) = card(C)$,即 $card(B) = card(C)$.

推论 5.2　基数的大小关系是序关系

实际上,设 $card(A) = \alpha$,$card(B) = \beta$,$card(C) = \gamma$,当 $\alpha < \beta$ 且 $\beta < \gamma$ 时,由 $\alpha < \beta$ 知,必有 $B_1 \subset B$,使 $card(A) = card(B_1)$;由 $\beta < \gamma$ 知,必有 $C_1 \subset C$,使 $card(B) = card(C_1)$,也必有 $C_2 \subset C_1$,使 $card(B_1) = card(C_2)$,于是有 $card(A) = card(B_1) = card(C_2) \subset C$ 故 $\alpha \leqslant \gamma$.

若 $\alpha = \gamma$ 则 $card(A) = card(C)$,由推论 5.1 知,$card(B) = card(C)$,故有 $\beta = \gamma$,这与 $\beta < \gamma$ 矛盾. 故 $\alpha \neq \gamma$ 从而 $\alpha < \gamma$.

本 章 小 结

本章是全书的数学理论的基础．本章的主要内容是：

1．集合：集合的概念，元素与集合的关系，集合的运算，两个集合笛卡尔积．

2．关系：关系的定义，特别要重视两种特殊的关系，即等价关系与序关系．

等价关系的重要作用是：利用等价关系可以将一个集合划分为若干个两两不交的等价类．

3．映射：设 $F \subset X \times Y$，若任意 $x \in X$，存在惟一 $y \in Y$，使得 xFy，则称 F 是从 X 到 Y 中的映射．

在中学数学中，强调映射是一个法则，而在本教材中，映射 F 不是法则．

满射、单射、双射是本章的重要概念．

4．基数：基数是一个很抽象的概念．本章引入基数的概念，它不仅是引入自然数概念的需要，同时也是为了读者加深对等价类的理解．

关键词

集合，交集，并集，差集，关系，等价关系，序关系，映射，单射，满射，双射，运算，基数．

习 题 一

1．证明：空集 $\varnothing$ 是任一集合 A 的子集．

2．证明：空集 $\varnothing$ 是惟一的．

3．证明：若 $A \subset B, B \subset C$，则 $A \subset C$．

4．A, B, C 为任意集合．证明：

(1) $A \subset A \cup B, A \supset A \cap B$；

(2) 若 $A \subset B$，则 $A \cup C \subset B \cap C, A \cap C \subset B \cap C$；

(3) 若 $A \subset B$，则 $B - (B - A) = A$．

5．设 A, B 是 X 的子集，则

$$A \subset B \Leftrightarrow A \cap (X - B) = \varnothing.$$

6．A, B 是任意集合，证明下面等式成立：

$(1)A - B = A - (A\bigcap B)$;　　　　$(2)A = (A\bigcap B)\bigcup(A - B)$.

7. 对于任意三个集合 A,B,C,证明下面的等式成立:

$(1)A\bigcap(B - C) = (A\bigcap B) - C$;

$(2)(A\bigcup B) - C = (A - C)\bigcup(B - C)$;

$(3)A - (B - C) = (A - B)\bigcup(A\bigcap C)$;

$(4)(A - B) - C = A - (B\bigcup C)$;

$(5)(A - B)\bigcup(C - B) = (A\bigcup C) - B$;

$(6)A - (A - B) = A\bigcap B$.

8. 证明:由 n 个元素组成集合的幂集有 2^n 个元素.

9. 设 $A = \{a,b\}$,$B = \{甲,乙,丙,丁\}$,求 $A\times B$.

10. 设 A,B 是两个非空集合,则 $A = B\Leftrightarrow A\times B = B\times A$.

11. 证明:$A\times(B\bigcup C) = (A\times B)\bigcup(A\times C)$.

12. 设 R 为从集合 X 到集合 Y 中的关系. 证明:对任意的 $A,B\subset X$,等式 $R(A)\bigcap R(B) = R(A\bigcap B)$ 成立的充分必要条件是:对于任意的 $x,y\in X$,若 $x\neq y$ 有 $R(\{x\})\bigcap R(\{y\}) = \varnothing$.

13. 写出一切可能从 $A = \{a,b,c\}$ 到 $B = \{0,1\}$ 的映射,其中有没有单射或满射?

14. 设 $f:X\rightarrow Y,A,B\subset X$,证明:

$(1)f(A\bigcup B) = f(A)\bigcup f(B)$;　　　　$(2)f(A\bigcap B)\subset f(A)\bigcap f(B)$;

$(3)f(A - B)\supset f(A) - f(B)$.

15. 设 $f:X\rightarrow Y$,证明:

$(1)\forall A\subset X,A\subset f^{-1}(f(A))$;　　　　$(2)\forall B\subset Y,B\supset f(f^{-1}(B))$;

并举例说明(1)与(2)中有真子集的情形.

16. 设 $f:X\rightarrow Y$,证明:f 是单射当且仅当任意的 $A,B\subset X$,有 $f(A\bigcap B) = f(A)\bigcap f(B)$.

17. 设 $I_A:A\rightarrow A,\forall a\in A$,有 $I_A(a) = a$,称 I_A 是恒等映射. 设有两个映射 $f:A\rightarrow B,g:B\rightarrow A$,若 $g\circ f = I_A$,则 f 是单射,g 是满射.

18. 设有映射 $f:A\rightarrow B,g:B\rightarrow C$,证明

(1)若 f 与 g 是单射,则 $g\circ f$ 是单射;

(2)若 f 与 g 是满射,则 $g\circ f$ 是满射;

(3)若 $g\circ f$ 是满射,则 g 是满射;

(4)若 $g\circ f$ 是单射,则 f 是单射;

19. 设映射 $f:X \to Y$ 是满射,则 $f:P(X) \to P(Y)$ 是满射.

20. 证明:映射 $f:X \to Y$ 是单射当且仅当对于 X 的任一子集 A 有 $f^{-1} \circ f(A) = A$.

21. 证明:映射 $f:X \to Y$ 是双射当且仅当对于 X 的任一子集 A 有 $f(X-A) = Y - f(A)$.

22. 证明:若 $f:X \to Y$ 是单射,则 $f:P(X) \to P(Y)$ 是单射.

23. 设 R 是集合 X 中关系. 证明:R 是对称的当且仅当 $R = R^{-1}$.

24. 设 R 是集合 X 中关系. 证明:R 是传递的当且仅当 $R \circ R \subset R$.

25. 设 R 是集合 X 中的对称的、传递的关系. 证明:R 为等价关系当且仅当 $\mathrm{Dom}(R) = X$.

26. 设 R 是集合 X 中的关系. 证明:

(1)若 R 反身,则 $R \circ R \supset R$ 且 $R \circ R$ 反身;

(2)若 R 对称,则 $R \circ R^{-1} = R^{-1} \circ R$;

(3)若 R 传递,则 $R \circ R$ 为传递.

27. 设 $X = \{a,b,c,d,e\}$,规定:$x,y \in X$,$x < y \Leftrightarrow x \to y$. 由下图给出序关系:

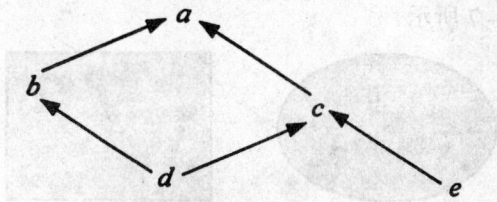

习题 — 图1

写出 X 的全序子集,X 的极小元与最小元.

28. 设 $X = \{2,3,4,5,6,7,8,9,10\}$,规定:$x,y \in X$,$x < y \Leftrightarrow x$ 是 y 的倍数. 求 X 中所有的极大元与极小元.

29. 给出一个恰好有一个极大元但没有最后元素的半序集的例子.

学习指导

重、难点解析

重点:集合,关系,映射,运算,等价关系,序关系.

难点:商集、基数的概念.

(一)关于集合

集合概念是数学中最基本的概念之一,在数学中有其独特的作用. 它是现代数学的重要基础,并且应用于许多科学技术领域之中. 本节介绍的集合概念和集合运算是本课程的基础,它们在后续各章节中都有应用. 因此,我们在学习本节内容时应该理解集合的概念,了解元素与集合、集合与集合之间关系,熟练掌握集合的并、交、差(补)和对称差集的运算,掌握有关运算律的证明方法.

集合是一些具有某种共同特性的、可以区分的若干事物的全体. 集合中的事物称为元素或点.

集合有以下三种表示方法:

列举法——列出集合的所有元素,并用花括号括起来. 例如 $A = \{a, b, c, d\}$.

描述法——将集合中元素的共同属性描述出来. 例如 $B = \{x \mid x^2 - 1 = 0, x \in \mathbf{R}\}$, $\mathbf{Z} = \{x \mid x$ 是整数$\}$.

文氏图——用一个简单的平面区域表示一个集合,用区域内的点表示集合内的元素. 如图 1-7 所示.

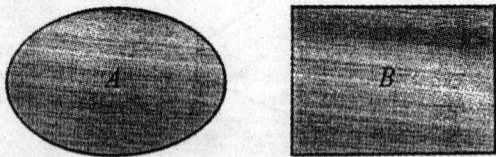

图 1-7

1. 理解集合概念时应该注意:

(1) 集合中的元素是确定的. 也就是说,对集合 A,任一元素 a 或者属于 A 或者不属于 A,两者必居其一. 若元素 a 属于集合 A,则用 $a \in A$ 表示,若不属于 A,则用 $a \overline{\in} A$ 表示.

(2)集合中的每个元素是可以互相区分开的. 也就是说,在一个集合中不会重复出现相同的元素. 例如集合 $\{a, b, b, c, d, d, d\}$ 与 $\{a, b, c, d\}$ 是一样的.

(3)组成一个集合的每个元素在该集合中是无次序的,可以任意列出. 例如 $\{1,2,3\}$, $\{2,3,1\}$, $\{3,1,2\}$ 是同一集合的三种列举法.

(4)集合的元素可以是任何事物,甚至某一集合可以作为另一集合的元素. 例如集合 $A = \{1, 2, \{a, b\}\}$,其中 $\{a, b\}$ 是一个集合,但它又是 A 的元素.

(5)对于集合元素的个数不作任何限制,它可以是有限个,例如 $A=\{a,b,$ $c,d\}$,也可以是无限个,例如 $\mathbf{Z}=\{z\mid z$ 是整数$\}$.

特别地,元素个数为零的集合称为空集,记作 $\varnothing$. 由集合 A 的所有子集组成的集合,称为 A 的幂集,记作 2^A(或 $P(A)$). 若集合 A 是由 n 个元素所组成的有限集合,则幂集是由 2^n 个元素组成.

2. 了解元素与集合、集合与集合之间关系时应该注意:

元素与集合之间是一种从属或不从属关系,当 a 是集合 A 中的元素,则称 a 属于 A,记作 $a\in A$;若 a 不是集合 A 中的元素,则称 a 不属于 A,记作 $a\bar{\in} A$.

集合与集合之间是一种包含或不包含关系,当两个集合 A 和 B 存在关系 A 包含 B 或 B 被 A 包含,也就是说 $A\supset B$ 或 $B\subset A$ 成立,则称 B 为 A 的子集;当 $B\subset A$,且 $B\neq A$ 时,称 B 为 A 的真子集. 若 B 不是 A 的子集,即 $B\subset A$ 不成立时,则称 A 不包含 B.

因此,元素与集合、集合与集合之间的关系以及表示这两种关系的符号一定不要混淆.

3. 通过文氏图进一步理解集合的并、交、差和对称差集的运算,通过练习熟练掌握这些运算.

(二)关于关系与映射

世界上存在各种各样的事物,这些事物之间的相互联系,我们称之为“关系”. 本节用统一的数学语言来描述这些表面看起来似乎无关的,但本质上却有其共性的“关系”. 本节介绍的二元关系、运算和映射等概念也是本课程的基础,它们在后续各章节中都有应用. 因此,我们在学习本节内容时应该理解笛卡尔积、二元关系、运算等概念,理解映射、满射、单射、双射等概念,掌握有关定理的证明方法和有关的例题的处理方法.

1. 笛卡尔积是一种集合的二元运算,是本节最基本的概念之一. 集合 A 与 B 的笛卡尔积 $A\times B=\{(a,b)\mid a\in A,b\in B\}$ 是一个集合,这个集合的元素都是一些有序对,这些有序对中的第一个成员都是取自集合 A,第二个成员都是取自集合 B,不能随意取出写之.

集合 A,B 的笛卡尔积与这两个集合的次序有关. 一般地,若 A 与 B 非空,只要 $A\neq B$,则有 $A\times B\neq B\times A$. 也就是说交换律不成立.

例如,集合 $A=\{a,b,c\}$,$B=\{1,2\}$,则
$$A\times B=\{a,b,c\}\times\{1,2\}=\{(a,1),(a,2),(b,1),(b,2),(c,1),(c,2)\}$$
$$B\times A=\{1,2\}\times\{a,b,c\}=\{(1,a),(1,b),(1,c),(2,a),(2,b),(2,c)\}$$

所以 $A \times B \neq B \times A$.

2. 二元关系 R 是一个有序对组成的集合. 因此,一个二元关系是一个集合,可以用集合形式表示. 但是任意一个集合就不一定是一个二元关系了,只有当这个集合是由有序对组成的,才能称为二元关系.

例如,$R_1 = \{(a,1),(b,2)\}$, $R_2 = \{a,(b,2)\}$,那么 R_1 是二元关系,而 R_2 不是二元关系,仅仅是一个集合.

二元关系 R 也可以用关系图表示. 设集合 $A = \{a_1, a_2, \cdots, a_m\}$, $B = \{b_1, b_2, \cdots, b_n\}$,若 R 是从 A 到 B 的一个关系,则用 m 个空心点表示 $a_1, a_2, \cdots, a_m$,用 n 个空心点表示 $b_1, b_2, \cdots, b_n$,这些空心点统称为**结点**. 如果 $a_i R b_j$,那么由结点 a_i 到结点 b_j 作一条有向弧,箭头指向 b_j;如果 $(a_i, b_j) \overline{\in} R$,那么结点 a_i 与 b_j 之间没有弧连结,这样的图形称为 R 的**关系图**.

若 R 是 A 上一个关系,如果 $a_i R a_j (i \neq j)$,有向弧的画法与上面相同;如果 $a_i R a_i$,则画一条从结点 a_i 到结点 a_i 的带箭头的封闭弧,称为**自回路**.

例如,集合 $A = \{1,2,3,4\}$ 上的关系 $R = \{(1,1), (1,2),(2,3),(2,4),(3,3),(4,2)\}$,则 R 的关系图如图 1-8 所示.

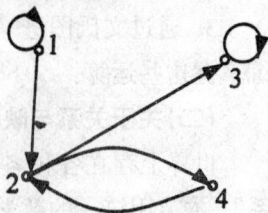

图 1-8

3. 关系 R 的定义域 $\mathrm{Dom}(R)$ 是指 R 中有序对的第一元素所允许选取对象的集合,关系 R 的值域 $\mathrm{Ran}(R)$ 是指 R 中有序对的第二元素所允许选取对象的集合.

例如,集合 $A = \{a,b,c\}$, $B = \{1,2,3\}$,从 A 到 B 的关系

$$R = \{(a,2),(b,1),(b,3)\}$$

那么,$\mathrm{Dom}(R) = \{a,b\}$, $\mathrm{Ran}(R) = \{1,2,3\}$.

4. 在映射的定义(定义 1.2.5)中,条件"如果 $\forall x \in X$,有惟一 $y \in Y$,使得 xFy",表示映射是单值的,也就是说,定义域中的任意一个 x 与值域中惟一的 y 有关系,所以用 $y = F(x)$ 表示. 另外,该条件还指出,集合 X 就是映射 F 的定义域,即 $\mathrm{Dom}(F) = X$.

因此,从集合 X 到 Y 的映射 F 是一个二元关系,但是从 X 到 Y 的二元关系 R 不一定是一个映射. 例如,实数集 $\mathbf{R}$ 上的二元关系 $f = \{(a,b) \mid a = b^2\}$ 不是映射,因为 $(4, -2) \in f$, $(4,2) \in f$,不满足映射的单值性.

由此可知,若映射 F 是双射,则存在逆映射 F^{-1};若映射 F 不是双射,则不

存在逆映射 F^{-1},或者说 F^{-1} 不是映射.

对于从集合 X 到 Z 中复合关系 $G \circ F$,因为 F 是从 X 到 Y 的映射,G 是从 Y 到 Z 的映射,由映射的定义可知,映射 F 的值域是映射 G 的定义域的子集,即 $\mathrm{Ran}(F) \subset \mathrm{Dom}(G)$,它保证了复合映射 $G \circ F$ 的定义域是非空的.

(三)关于等价关系

等价关系是集合上的一种常见的关系,研究等价关系就是为了将集合中的元素划分成等价类,得到相对于等价关系而言的商集. 等价关系是通过关系的反身性、对称性和传递性等几个特殊性质定义的. 因此,我们在学习本节内容时,首先应该了解关系的反身性、对称性和传递性等概念,理解等价关系的概念,了解商集的概念,掌握有关定理的证明方法和有关例题的处理方法.

1. 一个关系 R 在某一集合 X 上是否是反身的、对称的和传递的,一般可以用定义判定,也可以用关系图来判定.

(1)如果恒同关系 $I(X) \subset R$,即对于 $x \in X$ 有 xRx,则称 R 为反身的. 若关系 R 是反身的,则它的关系图的每个顶点都有自回路.

例如,集合 $A = \{a,b,c\}$ 上的二元关系 $R = \{(a,a),$
$(a,b),(b,b),(b,c),(c,c)\}$ 是反身的,它的关系图如图
1-9 所示.

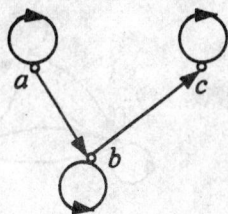

(2)如果关系 $R = R^{-1}$,即对 $\forall x,y \in X$,若 xRy,有 yRx,则称 R 为对称的. 若关系 R 是对称的,则它的关系图中任意两个顶点之间或者没有有向弧,或者互有有向弧.

图 1-9

例如,集合 $A = \{a,b,c\}$ 上的二元关系 $R = \{(a,a),(a,b),(b,a),(b,c),$
$(c,b)\}$ 是对称的,它的关系图如图 1-10 所示.

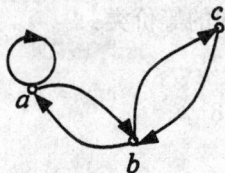

图 1-10

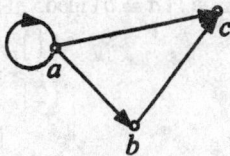

图 1-11

(3)如果关系 $R \circ R \subset R$,即对 $\forall x,y,z \in X$,若 xRy,yRz,有 xRz,则称 R 为传递的. 若关系 R 是传递的,则它的关系图中,若结点 a 有有向弧指向 b,同时结点 b 又有有向弧指向 c,则结点 a 一定有有向弧指向 c.

例如,集合 $A = \{a,b,c\}$ 上的二元关系 $R = \{(a,a),(a,b),(a,c),(b,c)\}$ 是传递的,它的关系图如图 1-11 所示.

特别地,若结点 a 有有向弧指向 b,同时结点 b 又有有向弧指向 a,则结点 a 和 b 上各有一条自回路.

2. 如果关系 R 同时具有反身的、对称的、传递的这三个特性时,则关系 R 就是等价关系. 等价关系的关系图的特征为

(1)每个结点都有自回路;

(2)两个结点 a,b 之间,若有从 a 指向 b 的弧,就有从 b 指向 a 的弧;

(3)若有从结点 a 指向 b 的弧,且有从 b 指向 c 的弧,就有从 a 指向 c 的弧.

例如,集合 $A = \{1,2,3,4,5,6,7,8\}$ 上的"模 3 同余"关系 $R = \{(a,b) \mid a \equiv b \pmod 3$ 且 $a,b \in A\}$,即 $R = \{(1,1),(1,4),(1,7),(2,2),(2,5),(2,8),(3,3),(3,6),(4,1),(4,4),(4,7),(5,2),(5,5),(5,8),(6,3),(6,6),(7,1),(7,4),(7,7),(8,2),(8,5),(8,8)\}$,由 R 的关系图(图 1-12)可得,R 是反身的、对称的、传递的,所以 R 是等价关系.

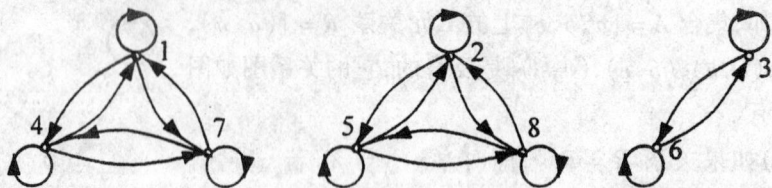

图 1-12

3. 在图 1-12 中,集合 A 的元素被分隔成三组,即 $1 \sim 4 \sim 7,2 \sim 5 \sim 8,3 \sim 6$,每组中任意两个元素之间都有关系,而不同组的元素之间都没有关系. 每一组中的所有点构成一个等价类,即集合 $A = \{1,2,3,4,5,6,7,8\}$ 上的"模 3 同余"关系 $R = \{(a,b) \mid a \equiv b \pmod 3$ 且 $a,b \in A\}$ 有三个不同的等价类:

$$[1]_R = [4]_R = [7]_R = \{1,4,7\},$$
$$[2]_R = [5]_R = [8]_R = \{2,5,8\},$$
$$[3]_R = [6]_R = \{3,6\},$$

即商集 $A/R = \{[1]_R,[2]_R,[3]_R\}$.

(四)关于序关系

实数之间的小于等于关系,集合之间的包含关系都具有传递的性质,我们把具有这种性质的关系称为序关系. 因此,我们在学习本节内容时应该理解半序关系和半序集的概念,了解最大(小)元、极大(小)元的概念,知道良序集;理解有

关定理,掌握有关定理的证明方法和有关的例题的处理方法.

1. 半序关系"$<$"不能单纯地理解为实数集中元素之间的"小于"关系,它表示半序关系中有序元素偶所含元素的顺序. 若$(a,b) \in <$,则$a < b$ 的含义是a小于b或a在序上排在b的前面,也可以是b大于a或b在序上排在a的后面.

例如,集合$A = \{a,b,c\}$的幂集$2^A = \{\varnothing, \{a\}, \{b\}, \{c\}, \{a,b\}, \{a,c\}, \{b,c\}, \{a,b,c\}\}$满足传递性,如$\{b\} \subset \{a,b\}, \{a,b\} \subset \{a,b,c\}$,则$\{b\} \subset \{a,b,c\}$,所以,幂集$2^A$是半序集.

注意,在半序集$(X,<)$中的任意两个元素a与b,不是一定有关系$a < b$或$b < a$的,也就是说任意两个元素之间不一定有可比性. 例如集族2^A中的元素$\{a,c\}$与$\{b,c\}$之间不存在包含关系.

若半序集$(X,<)$还满足反对称性和可比性,则称$<$为全序关系,$(X,<)$为全序集.

例如,自然数集$\mathbf{N}$上的小于等于关系$\leqslant$是全序关系. 集合$A = \{\varnothing, \{a\}, \{a,b\}, \{a,b,c\}, \{a,b,c,d\}\}$上的包含关系$\subset$是全序关系.

2. 半序集$(X,<)$中最大元与极大元是不一样的. 若集合$A \subset X$,则A的最大元应该大于等于A中其他各元素. A的极大元应该不小于A中其他各元素,即它大于等于A中的一些元素,而与A中另一些元素无关系. 最大元不一定存在,如果存在,必定惟一. 在非空有限集合A中,极大元必定存在,但不一定惟一. 类似地,最小元与极小元也有这种区别.

例如,集合$A = \{a,b,c\}$的幂集$2^A = \{\varnothing, \{a\}, \{b\}, \{c\}, \{a,b\}, \{a,c\}, \{b,c\}, \{a,b,c\}\}$上的包含关系$\subset$是半序关系,半序集$(2^A, \subset)$中的最大元与极大元都是$\{a,b,c\}$,最小元与极小元都是$\varnothing$.

3. 若集合$A \subset X$,则集合A的最大元一定是A的上界,而且是A的最小上界(上确界 $\sup A$). 同样,集合A的最小元一定是A的下界,而且是A的最大下界(下确界 $\inf A$). 反之不成立,因为集合A的上界和下界不一定是A中的元素.

(五)关于基数

集合的大小,尤其是无限集的大小如何区别呢? 为了讨论这个问题,需要建立一个衡量集合大小的标准,一般用集合的"势"或"基数"来表示一个集合的大小. 一个集合的基数用 $\mathrm{card}(A)$ 表示. 有限集合的基数就是这个集合元素的个数.

比较两个集合的大小,尤其是无限集的大小,需要引入集合间大小"相等"的概念. 一般用集合间的"等势"来表示两个集合的大小"相等". 在有限集中,若两个集合是等势的,则表示这两个集合的元素个数是相等的,也就是说这两个集合的基数是相等的. 将这个概念推广到无限集中,若两个无限集是等势的则它们有相同的基数.

例题与练习

例1 设集合 $A = \{2, a, \{3\}, 4\}$, $B = \{\{a\}, b, 1\}$. 判定下列命题的正确与错误,并说明理由.

(1) $\{a\} \in A$;　　　　　　　　(2) $\{a\} \in B$;

(3) $\{\{a\}, b, 1\} \subset B$;　　　　(4) $\{3\} \subset A$;

(5) $\{\varnothing\} \subset B$;　　　　　　(6) $\varnothing \subset \{\{3\}, 4\}$.

[**思路**] 集合与集合之间是一种包含关系,用"⊂"或"⊃"表示,而元素与集合之间是一种从属关系,用"∈"表示. 因此,将集合的元素看作子集,用包含关系表示,或者将集合的子集看作元素,用从属关系表示都是错误的.

解 (1)错误. 因为 $\{a\}$ 是集合,是 A 的子集,集合与集合之间应该用包含关系"⊂".

(2)正确. 虽然 $\{a\}$ 是一个集合,但是它又是 B 中的一个元素,应该用从属关系"∈".

(3)正确. 虽然集合 $\{\{a\}, b, 1\}$ 与 B 是同一个集合,但 $\{\{a\}, b, 1\}$ 可以看作是 B 的子集.

(4)错误. 虽然 $\{3\}$ 是一个集合,但是它只是 A 中的一个元素,不能用包含关系.

(5)错误. 因为集合 B 中没有元素 $\varnothing$,所以 $\{\varnothing\}$ 不是 B 子集.

(6)正确. 因为 $\varnothing$ 是任意一个集合的子集.

对照练习 设集合 $A = \{1, \{2\}, 3, 4\}$, $B = \{a, b, \{c\}\}$,判定下列命题的正确与错误.

(1) $\{1\} \in A$;　　　　　　　　(2) $\{c\} \in B$;

(3) $\{2\} \subset A$;　　　　　　　(4) $\{a, b, \{c\}\} \subset B$;

(5) $\{\varnothing\} \subset B$;　　　　　　(6) $\varnothing \subset \{\{2\}\} \subset A$.

例2 证明空集 $\varnothing$ 是任一集合 A 的子集.

证明 假设存在集合 A,使 $\varnothing \not\subset A$. 那么 $\exists x$,使 $x \in \varnothing$,且 $x \bar{\in} A$. 这与空集 $\varnothing$ 的定义矛盾.

对照练习 证明空集 $\emptyset$ 是惟一的.

例3 设全集 $A = \{1,4\}, B = \{1,2,5\}, C = \{2,4\}, D = \{1,2,3,4,5\}$,求下列集合:

(1) $(A \cap B) \cup (D - C)$;　　　　　　(2) $D - (A \cap B \cap C)$;

(3) $2^A - 2^B$;　　　　　　　　　　(4) $A \triangle B$.

[思路] 按照集合的并($\cup$)、交($\cap$)、差($-$)和对称差($\triangle$)等四种运算的定义,分步计算各小题.

解 (1)因为 $A \cap B = \{1,4\} \cap \{1,2,5\} = \{1\}$

$$D - C = \{1,2,3,4,5\} - \{2,4\} = \{1,3,5\}$$

所以　　$(A \cap B) \cup (D - C) = \{1\} \cup \{1,3,5\} = \{1,3,5\}$

(2)因为 $A \cap B \cap C = (A \cap B) \cap C = \{1\} \cap \{2,4\} = \emptyset$

所以　　　　$D - (A \cap B \cap C) = D - \emptyset = D$

(3)因为 $2^A = \{\emptyset, \{1\}, \{4\}, \{1,4\}\}$

$$2^B = \{\emptyset, \{1\}, \{2\}, \{5\}, \{1,2\}, \{1,5\}, \{2,5\}, \{1,2,5\}\}$$

所以 $2^A - 2^B = \{\emptyset, \{1\}, \{4\}, \{1,4\}\}$

$$- \{\emptyset, \{1\}, \{2\}, \{5\}, \{1,2\}, \{1,5\}, \{2,5\}, \{1,2,5\}\}$$

$$= \{\{4\}, \{1,4\}\}$$

(4)因为 $A \cup B = \{1,2,4,5\}, A \cap B = \{1\}$

所以　$A \triangle B = (A \cup B) - (A \cap B) = \{1,2,4,5\} - \{1\} = \{2,4,5\}$

对照练习 设集合 $A = \{a,d\}, B = \{a,b,e\}, C = \{b,d\}, D = \{a,b,c,d,e\}$,求下列集合

(1) $A \cap (D - B)$;　　　　　　(2) $(D - A) \cup (B - C)$;

(3) $2^A \cap 2^B$;　　　　　　　(4) $(A \triangle A) \cup (B \triangle B)$.

例4 对于任意两个集合 A, B,证明:$2^{A \cap B} \subset 2^A \cap 2^B$.

[思路] 利用子集、集合包含的定义证之.

证明 任取 $x \in 2^{A \cap B}$

因为 x 是 $A \cap B$ 的子集,即 x 是 A 的子集,也是 B 的子集,

由此可得 $x \in 2^A \cap 2^B$

所以 $2^{A \cap B} \subset 2^A \cap 2^B$

对照练习 对于任意两个集合 A, B,证明:若 $A \cup B = B$,则 $A \subset B$.

例5 用定义证明分配律 $(A \cap B) \cup C = (A \cup C) \cap (B \cup C)$.

证明 对于任意 x

$$x \in (A \cap B) \cup C \Leftrightarrow x \in A \cap B \text{ 或 } x \in C$$
$$\Leftrightarrow (x \in A \text{ 且 } x \in B) \text{ 或 } x \in C$$
$$\Leftrightarrow (x \in A \text{ 或 } x \in C) \text{ 且 } (x \in B \text{ 或 } x \in C),$$
$$\Leftrightarrow x \in (A \cup C) \cap (B \cup C),$$

所以 $(A \cap B) \cup C = (A \cup C) \cap (B \cup C)$.

对照练习 用定义证明摩根律 $A - (B \cap C) = (A - B) \cup (A - C)$.

例 6 设 A, B 为任意集合,定义 A, B 的对称差为:$A \triangle B = (A - B) \cup (B - A)$. 证明:$A \triangle B = (A \cup B) - (A \cap B)$.

证明 对于任意 x

$$x \in ((A \cup B) - (A \cap B)) \Leftrightarrow x \in A \cup B \text{ 但 } x \overline{\in} A \cap B$$
$$\Leftrightarrow (x \in A \text{ 或 } x \in B) \text{ 但 } (x \overline{\in} A \text{ 或 } x \overline{\in} B)$$
$$\Leftrightarrow (x \in A \text{ 但 } x \overline{\in} B) \text{ 或 } (x \in B \text{ 但 } x \overline{\in} A)$$
$$\Leftrightarrow x \in (A - B) \cup (B - A),$$

所以 $(A - B) \cup (B - A) = (A \cup B) - (A \cap B)$.

对照练习 设 A, B, C 为任意三个集合,已知 $A \triangle B = A \triangle C$,试证 $B = C$.

例 7 证明:若 $A \neq \varnothing$,且 $A \times B = A \times C$,则 $B = C$.

证明 因为,对于任意的 $y \in B$,由于 $A \neq \varnothing$,一定存在 $x \in A$,使得

$$(x, y) \in A \times B \Leftrightarrow (x, y) \in A \times C \qquad (A \times B = A \times C)$$
$$\Leftrightarrow x \in A \text{ 且 } y \in C,$$

即 $y \in C$,所以 $B \subset C$.

同理,对于任意的 $t \in C$,由于 $A \neq \varnothing$,一定存在 $s \in A$,使得

$$(s, t) \in A \times C \Leftrightarrow (s, t) \in A \times B \qquad (A \times B = A \times C)$$
$$\Leftrightarrow s \in A \text{ 且 } t \in B,$$

即 $t \in B$,所以 $C \subset B$. 由此可得 $B = C$.

对照练习 证明:若 $A \times A = B \times B$,则 $A = B$.

例 8 设集合 $A = \{1,2,3,4\}$ 上的二元关系 $R = \{(1,1),(1,2),(2,4),(3,1),(3,3)\}$,$S = \{(1,3),(2,2),(3,2),(4,4)\}$,用定义求 $S \circ R, R \circ S, R^2, R^{-1}, S^{-1}, S^{-1} \circ R^{-1}$.

[思路] 求复合关系 $S \circ R$,就是要分别将 R 中有序对 (a,b) 的第 2 个元素 b 与 S 中的每个有序对 (c,d) 的第 1 个元素进行比较,若它们相同(即 $b = c$),则可组成 $S \circ R$ 中的 1 个元素 (a,d),否则不能. 幂关系的求法与复合关系类似.

求关系 R 的逆关系,只要把 R 中的每个有序对的两个元素交换位置,就能

得到 R^{-1} 中的所有有序对.

解　$S \circ R = \{(1,1),(1,2),(2,4),(3,1),(3,3)\} \circ \{(1,3),(2,2),(3,2),(4,4)\}$
$= \{(1,3),(1,2),(2,4),(3,3),(3,2)\}$.

$R \circ S = \{(1,3),(2,2),(3,2),(4,4)\} \circ \{(1,1),(1,2),(2,4),(3,1),(3,3)\}$
$= \{(1,1),(1,3),(2,4),(3,4)\}$.

$R^2 = R \circ R = \{(1,1),(1,2),(2,4),(3,1),(3,3)\}$
$\circ \{(1,1),(1,2),(2,4),(3,1),(3,3)\}$
$= \{(1,1),(1,2),(1,4),(3,1),(3,2),(3,3)\}$.

$R^{-1} = \{(1,1),(1,2),(2,4),(3,1),(3,3)\}^{-1}$
$= \{(1,1),(1,3),(2,1),(3,3),(4,2)\}$.

$S^{-1} = \{(1,3),(2,2),(3,2),(4,4)\}^{-1}$
$= \{(2,2),(2,3),(3,1),(4,4)\}$.

$S^{-1} \circ R^{-1} = \{(1,1),(1,3),(2,1),(3,3),(4,2)\} \circ \{(2,2),(2,3),(3,1),(4,4)\}$
$= \{(1,1),(3,1),(4,2),(4,3)\}$.

注:由例8可知,关系的复合运算不满足交换率,即 $S \circ R \neq R \circ S$.

对照练习　设集合 $A = \{a,b,c,d\}$ 上的二元关系 $R = \{(a,a),(a,c),(c,b),(c,d),(d,b)\}$,$S = \{(b,a),(c,c),(c,d),(d,a)\}$,求 $S \circ R, R \circ S, R^2, S^{-1}$.

例9　对于以下给定的集合 A、B 和关系 f,判断是否构成映射 $f: A \to B$. 如果是,试说明 $f: A \to B$ 是否为单射、满射或双射.

(1)$A = \{1,2,3,4,5\}$,$B = \{6,7,8,9,10\}$,$f = \{(1,8),(3,9),(4,10),(2,6),(5,9)\}$;

(2)$A = \{1,2,3,4,5\}$,$B = \{6,7,8,9,10\}$,$f = \{(1,7),(2,6),(4,5),(1,9),(5,10)\}$;

(3)$A = \{1,2,3,4,5\}$,$B = \{6,7,8,9,10\}$,$f = \{(1,8),(3,10),(2,6),(4,9)\}$

(4)$A = B = \mathbf{R}$,$f(x) = x^3$,$(\forall x \in \mathbf{R})$;

(5)$A = B = \mathbf{R}$,$f(x) = \dfrac{1}{x^2+1}$,$(\forall x \in \mathbf{R})$.

[思路]　首先按照 1.2 节的定义 1.2.5,判断 A,B 和 f 是否构成映射,即判断 f 是否具有单值性以及 $\mathrm{Dom}(f)$ 是否等于 A. 然后再按照定义 1.2.6,说明 $f: A \to B$ 具有的性质.

解　(1)因为 $\mathrm{Dom}(f) = A$,且对任意 $i \in A (i = 1,2,3,4,5)$,都有惟一的 $j \in$

B,使$(i,j)\in f$. 所以 A、B 和 f 能构成映射 $f:A\to B$.

因为存在 $3,5\in A$,且 $3\neq 5$,但映射 $f(3)=f(5)=9$,所以 $f:A\to B$ 不是单射;

又因为集合 B 中的元素 7 不属于 f 的值域,即 $f(A)\neq B$,所以 $f:A\to B$ 不是满射.

(2)因为对 $1\in A$,存在 $7,9\in B$,有 $f(1)=7$,$f(1)=9$,即 f 不满足映射定义的单值性条件. 所以 A、B 和 f 不能构成映射 $f:A\to B$.

(3)因为 $\mathrm{Dom}f=\{1,2,3,4\}\neq A$,所以 A、B 和 f 不能构成映射 $f:A\to B$.

(4)因为 $\forall x\in\mathbf{R}$,都有惟一的 $x^3\in\mathbf{R}$,使 $(x,x^3)\in f$. 所以 A、B 和 f 能构成映射 $f:A\to B$. 由图 1-13 可知,$f:A\to B$,$f(x)=x^3$ 是双射.

(5)因为对 $\forall x\in\mathbf{R}$,都有惟一的 $\dfrac{1}{x^2+1}\in\mathbf{R}$,使 $\left(x,\dfrac{1}{x^2+1}\right)\in f$. 所以 A,B 和 f 能构成映射 $f:A\to B$.

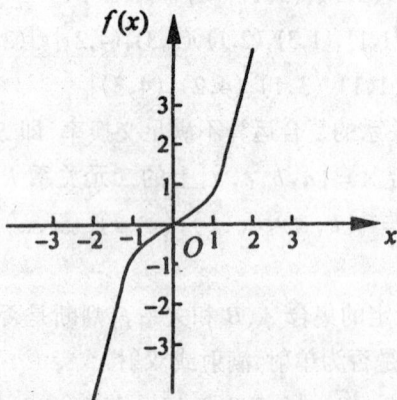

图 1-13

因为该映射在 $x\neq 0$ 处,$f(-x)=f(x)$,且 $f(\mathbf{R})\neq\mathbf{R}$,所以映射 $f:A\to B$ 不是单射,也不是满射.

对照练习 判断下列函数哪些是满射? 哪些是单射? 哪些是双射?

(1)$f:\mathbf{N}\to\mathbf{N}$,$f(x)=x^2+2$;

(2)$f:\mathbf{N}\to\mathbf{N}$,$f(x)=\begin{cases}1, & \text{若 }x\text{ 为奇数}\\0, & \text{若 }x\text{ 为偶数}\end{cases}$;

(3)$f:\mathbf{N}\to\{0,1\}$,$f(x)=\begin{cases}0, & \text{若 }x\text{ 为奇数}\\1, & \text{若 }x\text{ 为偶数}\end{cases}$;

(4)$f:\mathbf{N}-\{0\}\to\mathbf{R}$,$f(x)=\lg x$(其中 $\mathbf{N}-\{0\}=\{a\mid a\in\mathbf{N}\text{ 且 }a\neq 0\}$);

(5)$f: \mathbf{R} \rightarrow \mathbf{R}, f(x) = 2\sin x + 1$.

例 10　证明:若 $f: X \rightarrow Y, A, B \subset Y$,则 $f^{-1}(A - B) = f^{-1}(A) - f^{-1}(B)$.

证明　因为 $\forall x \in f^{-1}(A - B), \exists y \in (A - B)$,即 $y \in A$ 但 $y \overline{\in} B$,使得 $y = f(x)$,从而有 $x \in f^{-1}(A)$ 但 $x \overline{\in} f^{-1}(B)$,故 $x \in (f^{-1}(A) - f^{-1}(B))$.所以

$$f^{-1}(A - B) \subset f^{-1}(A) - f^{-1}(B).$$

又 $\forall x \in (f^{-1}(A) - f^{-1}(B))$,由于 $x \in f^{-1}(A)$ 但 $x \overline{\in} f^{-1}(B)$,从而 $f(x) \in A$ 但 $f(x) \overline{\in} B$,即 $f(x) \in (A - B)$,故 $x \in f^{-1}(A - B)$.所以

$$f^{-1}(A) - f^{-1}(B) \subset f^{-1}(A - B).$$

因此,
$$f^{-1}(A - B) = f^{-1}(A) - f^{-1}(B).$$

对照练习　证明:若 $f: X \rightarrow Y, A, B \subset Y$,则 $f^{-1}(A \bigcup B) = f^{-1}(A) \bigcup f^{-1}(B)$.

例 11　设有映射 $f: A \rightarrow A$. 若 $a \in A, f(a) = a$,则称映射 f 是恒等映射,表示为 I_A. 设有两个映射 $f: A \rightarrow B, g: B \rightarrow A$. 若 $g \circ f = I_A$,则 f 是单射,g 是满射.

证明　(1)证明映射 f 是单射.

对任意的 $b \in B$,如果存在 $a_1, a_2 \in A$,使 $f(a_1) = b, f(a_2) = b$,即 $f(a_1) = b = f(a_2)$.

因为
$$\begin{aligned}
a_1 &= I_A(a_1) = (g \circ f)(a_1) \\
&= g(f(a_1)) = g(f(a_2)) \\
&= (g \circ f)(a_2) = I_A(a_2) = a_2,
\end{aligned}$$

所以 f 是单射.

(2)证明映射 g 是满射.

因为 $(g \circ f)(A) = I_A(A) = A$,所以 $g \circ f$ 是满射.

又对任意的 $c \in A$,由 $g \circ f$ 是满射可知,存在 $a \in A$,使 $(g \circ f)(a) = c$.

那么存在 $b \in B$,使 $f(a) = b, g(b) = c$.

所以存在 $b \in B$,使 $g(b) = c$,即 g 是满射.

对照练习　设函数 $f: A \rightarrow B, g: B \rightarrow C$,且 $g \circ f: A \rightarrow C$,证明:若 f 和 g 都是满射,则 $g \circ f$ 也是满射.

例 12　设函数 $f: A \rightarrow B, g: B \rightarrow C$,且 $g \circ f: A \rightarrow C$,证明:若 f 和 g 都是单射,则 $g \circ f$ 也是单射.

证明　因为对任意的 $a_1, a_2 \in A$,如果 $a_1 \neq a_2$,那么由 f 是单射的可知,$f(a_1) \neq f(a_2)$.而由 g 是单射可知,$g(f(a_1)) \neq g(f(a_2))$.

所以,由 $a_1 \neq a_2$ 可得

$$(g \circ f)(a_1) = g(f(a_1)) \neq g(f(a_2)) = (g \circ f)(a_2),$$

即 $g \circ f$ 是单射.

对照练习　设函数 $f:A \to B, g:B \to C$，且 $g \circ f:A \to C$，证明：若 $g \circ f$ 是单射，则 f 也是单射.

例 13　设 $f:\mathbf{R} \to \mathbf{R}, f(a) = \begin{cases} a^2, & a \geqslant 3 \\ -2, & a < 3 \end{cases}$；$g:\mathbf{R} \to \mathbf{R}, g(a) = a + 2$. 求 $g \circ f$，$f \circ g$. 如果 f 和 g 存在逆映射，求它们的逆映射.

解　(1) 求 $g \circ f$ 和 $f \circ g$

$$(g \circ f)(a) = g \circ (f(a)) = \begin{cases} a^2, & a \geqslant 3 \\ -2, & a < 3 \end{cases} + 2$$

$$= \begin{cases} a^2 + 2, & a \geqslant 3 \\ 0, & a < 3 \end{cases};$$

$$(f \circ g)(a) = f \circ (g(a)) = f(a + 2)$$

$$= \begin{cases} (a + 2)^2, & a \geqslant 1 \\ -2, & a < 1 \end{cases}.$$

(2) 求逆映射

因为映射 $f:\mathbf{R} \to \mathbf{R}, f(a) = \begin{cases} a^2, & a \geqslant 3 \\ -2, & a < 3 \end{cases}$ 不是满射. 所以 $f:\mathbf{R} \to \mathbf{R}$ 不是双射，由 1.2 节注 2.4 可知，f 不存在逆映射.

又因为 $g:\mathbf{R} \to \mathbf{R}, g(a) = a + 2$ 既是满射，又是单射. 所以 $g:\mathbf{R} \to \mathbf{R}$ 是双射，因此 g 存在逆映射，其逆映射为 $g^{-1}:\mathbf{R} \to \mathbf{R}, g^{-1}(a) = a - 2$.

对照练习　设 $\mathbf{R}$ 为实数集，$f(x) = x^2 - 2, g(x) = x + 4, h(x) = x^3 - 5$ 都是 $\mathbf{R} \to \mathbf{R}$ 的映射.

(1) 求 $g \circ f, f \circ g$，并分别判定它们是否为 $\mathbf{R} \to \mathbf{R}$ 的满射、单射、双射？

(2) 判断 h^{-1} 是否存在？若存在，求出逆映射.

例 14　设 R_1 和 R_2 是集合 A 上的任意关系，试证明或用反例推翻下列命题：

(1) 若 R_1 和 R_2 都是反身的，则 $R_2 \circ R_1$ 也是反身的；

(2) 若 R_1 和 R_2 都是对称的，则 $R_2 \circ R_1$ 也是对称的；

(3) 若 R_1 和 R_2 都是传递的，则 $R_2 \circ R_1$ 也是传递的.

[思路]　做这类题目时，必须深入理解相关的概念，这样才能做出正确的判断；在此基础上进行证明或举出反例.

证 (1)因为对任意 $a \in A$,若 R_1 和 R_2 都是 A 上的反身关系,则

$$(a,a) \in R_1, \quad (a,a) \in R_2$$

所以,$(a,a) \in R_2 \circ R_1$,即 $R_2 \circ R_1$ 也是反身的. 故该命题正确.

(2)例如,设 $A = \{a,b,c\}$,当 $R_1 = \{(a,b),(b,a),(c,c)\}$,$R_2 = \{(b,c),(c,b)\}$,$R_1$ 与 R_2 都是对称的,但是 $R_2 \circ R_1 = \{(a,c),(c,b)\}$已不是对称的,故该命题不正确.

(3)例如,设集合 $A = \{a,b,c\}$,当 $R_1 = \{(a,b),(b,c),(a,c)\}$,$R_2 = \{(b,c),(c,a),(b,a)\}$,$R_1$ 和 R_2 都是传递的. 但是,由 $R_2 \circ R_1 = \{(a,a),(a,c),(b,a)\}$ 得 $(b,a) \in R_2 \circ R_1$,$(a,c) \in R_2 \circ R_1$,且 $(b,c) \overline{\in} R_2 \circ R_1$,故 $R_2 \circ R_1$ 不是传递的,即该命题不正确.

对照练习 设 R_1 和 R_2 是集合 A 上的任意关系,若 R_1 和 R_2 都是反对称的,则 $R_2 \circ R_1$ 也是反对称的. 试证明或用反例推翻此命题.

例 15 设集合 $A = \{a,b,c,d,e\}$;A 上的关于等价关系 R 的等价类为

$$[a] = \{a,b,c\}, \quad [d] = \{d,e\}$$

求:(1)等价关系 R;(2)画出关系图.

[思路] 由等价关系的定义可知,等价关系 R 同时是反身的、对称的和传递的. 又由定义 1.3.2 知道,等价类中的任意两个元素都有关系. 因此,写 A 上的等价关系 R 的步骤为:

①写出 A 上的恒同关系 I_A,使 R 是反身的;

②分别写出等价类 $[a]$、$[d]$ 中各元素两两之间的关系,使 R 具有对称性和传递性;

③求①、②结果的并集,得到所求的等价关系.

解 (1)因为等价关系 R 是反身的,所以 $I_A \subset R$,

$$I_A = \{(a,a),(b,b),(c,c),(d,d),(e,e)\}.$$

又因为 a,b,c 在同一个等价类中,所以

$$\{(a,b),(b,a),(a,c),(c,a),(b,c),(c,b)\} \subset R$$

同样,因为 d,e 在同一个类中,所以

$$\{(d,e),(e,d)\} \subset R$$

由此可得

$$R = I_A \bigcup \{(a,b),(b,a),(a,c),(c,a),(b,c),(c,b),(d,e),(e,d)\}.$$

(2)R 的关系图如图 1-14 所示.

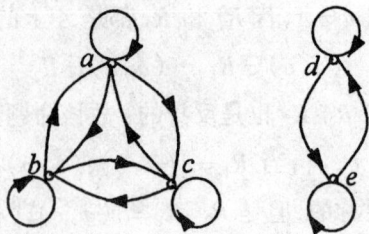

图 1－14

对照练习 设 R 是 $A = \{1, 2, \cdots, 6\}$ 上的等价关系,

$$R = I_A \bigcup \{(1,5),(5,1),(2,3),(3,2),(3,6),(6,3),(2,6),(6,2)\}.$$

求由集合 A 对关系 R 的商集 A/R.

例 16 设 R 为集合 A 中的对称的、传递的关系,证明 R 为等价关系 $\Leftrightarrow$ $\mathrm{Dom}(R) = A$.

证明 先证"$\Rightarrow$".

因为 R 为等价关系,即 R 为反身的,$I(A) \subset R$. 所以,$\mathrm{Dom}(R) = A$.

再证"$\Leftarrow$".

因为 $\mathrm{Dom}(R) = A$,那么,对 $\forall a \in A$,有 $(a,a) \in R$,或 $\exists b \in A$,使 $(a,b) \in R$,由 R 为对称的和传递的,得 $(a,b) \in R$,$(a,a) \in R$,即 R 为反身的. 所以,R 为等价关系.

对照练习 设 R_1 和 R_2 是非空集合 A 上的等价关系,下列各式中哪些是 A 上的等价关系? 哪些不是 A 上的等价关系?

(1) $A \times A - R_1$;   (2) $R_1 - R_2$;   (3) R_1^2;   (4) $R_2 \circ R_1$.

例 17 设集合 $A = \{2, 3, 4, 6, 8, 12, 24\}$,$D_A$ 为 A 上的整除关系.

(1) 写出集合 A 中的最大元,最小元,极大元,极小元;

(2) 写出 A 的子集 $B = \{2, 3, 6, 12\}$ 的上界,下界,最小上界,最大下界.

[思路] 最大元与极大元是不一样的. A 的最大元应该大于等于 A 中其他各元素. A 的极大元应该不小于 A 中其他各元素,即它大于等于 A 中的一些元素,而与 A 中另一些元素无关系. 最大元不一定存在,如果存在,必定惟一. 在非空有限集合 A 中,极大元必定存在,但不一定惟一. 类似地,最小元与极小元也有这种区别.

集合 B 的最大元一定是 B 的上界,而且是 B 的最小上界. 同样,集合 B 的最小元一定是 B 的下界,而且是 B 的最大下界.

解　(1)因为

$$D_A = \{(2,2),(2,4),(2,6),(2,8),(2,12),(2,24),(3,3),(3,6),$$
$$\quad (3,12),(3,24),(4,4),(4,8),(4,12),(4,24),(6,6),(6,12),$$
$$\quad (6,24),(8,8),(8,24),(12,12),(12,24),(24,24)\}$$

是半序关系,所以(A,D_A)是半序集.

由 D_A 可以看出,24 大于等于集合 A 中的所有元素,即 A 中的最大元是 24. 而 2 与 3 不大于 A 中的其他元素,且 2 与 3 无关系;因此 A 中无最小元. 由此可得 A 中极大元也是 24,极小元是 2 与 3.

(2)由定义 1.4.4 可知,集合 B 的上界是 12 与 24,无下界;最小上界是 12,无最大下界.

对照练习　设集合 $A = \{1,2,\cdots,12\}$,关系 D_A 为整除关系,$B = \{a \mid a \in A$ 且 $2 \leqslant a \leqslant 4\}$,在半序集$(A,D_A)$中求 B 的上界、下界、最小上界和最大下界.

自我测试题

(一)填空题

1. 填写下列集合之间的关系:

(1)$\{2,3\}$_____$\{2,3\}$　　　　　(2)$\{4,9\}$_____$\{9,10,4\}$

(3)$\{5,7\}$_____$\{5,8\}$　　　　　(4)$\varnothing$_____$\{1,3\}$

2. 设集合 $A = \{1,2,3\}$,$B = \{1,2\}$,则 $A \cup B =$ _____,$A \cap B =$ _____,$A - B =$ _____.

3. $(A \cup B) \cap B =$ _____,$A \cup (A \cap B =$ _____.

4. 设集合 $A = \{1,2\}$,$B = \{a,b,c\}$,则 $B \times A =$ _____.

5. 设集合 $A = \{a,b,c,d\}$,A 上的二元关系 $R = \{(a,a),(a,b),(b,d)\}$,$S = \{(a,d),(b,c),(b,d),(c,b)\}$,则 $S \circ R =$ _____,$R^2 =$ _____.

6. 设集合 $A = \{1,2,3,4\}$,A 上的二元关系 $R = \{(1,1),(1,3),(2,1),(3,3),(3,4),(4,3)\}$,则逆关系 $R^{-1} =$ _____.

7. 设集合 $A = \{a,b\}$,$B = \{1,2\}$,则从 A 到 B 的所有映射是_____,其中双射的是_____.

8. 若集合 A 上的运算 f 满足_____,则 f 的左零元,就是 f 的右零元,也就是 f 的零元.

9. 设集合 $A = \{1,2,3,4\}$ 上的等价关系 $R = \{(1,2),(2,1),(3,4),(4,3)\} \cup I_A$. 那么 A 中各元素的等价类为_____.

10. 设 X,Y 为集合, 如果存在一个从 X 到 Y 上的_____, 则称 X 与 Y 为等势的, 记作 $\text{card}(A) = \text{card}(B)$.

(二)单项选择题

1. 设 $A = \{\{a\},3,4,2\}$, 那么下列命题中错误的是(　　).

(A)$\{a\} \in A$　　　(B)$\{2,\{a\},3,4\} \subset A$　　(C)$\{a\} \subset A$　　(D)$\varnothing \subset A$

2. 设集合 $A = \{1,a\}$, 则 $2^A = ($　　).

(A)$\{\{1\},\{a\}\}$

(B)$\{\varnothing,\{1\},\{a\}\}$

(C)$\{\{1\},\{a\},\{1,a\}\}$

(D)$\{\varnothing,\{1\},\{a\},\{1,a\}\}$

3. 由集合运算的定义, 下列命题正确的是(　　).

(A)$(A-B) \cup B = A$

(B)$(A \cap B) - A = \varnothing$

(C)$A \triangle A = A$

(D)$(A \cup B) - A = B$

4. 设 A,B,C 为任意三个集合, 下列命题正确的是(　　).

(A)$(B \cup C) \times A = (B \times A) \cup (C \times A)$　　(B)$(A \times B) \times C = A \times (B \times C)$

(C)$A \times (B \cap C) = (B \times A) \cap (C \times A)$　　(D)$A \times B = B \times A$

5. 设集合 $A = \{1,2,3,4\}$, A 上的二元关系 $R = \{(1,2),(1,4),(2,4),(3,3)\}$, $S = \{(1,4),(2,3),(2,4),(3,2)\}$, 则关系(　　) $= \{(1,4),(2,4)\}$.

(A)$R \cup S$　　　(B)$R \cap S$　　　(C)$R - S$　　　(D)$S - R$

6. 设 $\mathbf{R}$ 为实数集, 函数 $f:\mathbf{R} \to \mathbf{R}, f(x) = -x^2 + 2x - 1$, 则 f 是(　　).

(A)单射而非满射　　　　　　　　(B)满射而非单射

(C)双射　　　　　　　　　　　　(D)既不是单射也不是满射

7. 设函数 $f:\mathbf{R} \to \mathbf{R}, f(x) = 2x + 1; g:\mathbf{R} \to \mathbf{R}, g(x) = x^2$. 则(　　)有反函数.

(A)$g \circ f$　　　(B)$f \circ g$　　　(C)f　　　　(D)g

8. 设集合 $A = \{a,b\}$ 上的二元关系 $R = \{(a,a),(b,b)\}$, 则 R(　　).

(A)是等价关系但不是半序关系

(B)是半序关系但不是等价关系

(C)既是等价关系又是半序关系

(D)既不是等价关系也不是半序关系

9. 对于半序集 $(X,<)$, 若满足(　　), 则称 $(X,<)$ 为全序集.

(A)反对称性　　　　　　　　　　(B)可比性

(C)反对称性且可比性　　　　　　(D)反对称性或可比性

10. 设集合 $A = \{1,2,\cdots,10\}$,半序关系 $<$ 是 A 上的整除关系,则半序集 $(A,<)$ 中的元素 10 是集合 A 的(　　).

　　(A)极大元　　　　　(B)极小元　　　　　(C)最大元　　　　(D)最小元

参考答案

对照练习

1. (1)错　　(2)对　　(3)错　　(4)对　　(5)错　　(6)对

2. 提示:用反证法证明.

3. (1)$\{d\}$　　(2)$\{e\}$　　(3)$\{\{d\},\{a,d\}\}$　　(4)$\varnothing$

4. 提示:利用包含定义和条件 $A\cup B = B$ 证明.

5. 提示:参照例 5 的方法证明.

6. 提示:$A\triangle A = \varnothing$.

7. 提示:参照例 7 的方法证明.

8. $S\circ R = \{(a,c),(a,d),(c,a),(d,a)\}$,
$R\circ S = \{(b,a),(b,c),(c,b),(c,d),(d,a),(d,c)\}$,
$R^2 = \{(a,a),(a,c),(a,b),(a,d),(c,b)\}$,
$S^{-1} = \{(a,b),(c,c),(d,c),(a,d)\}$.

9. (1)单射　　(2)不是单射,不是满射　　(3)满射　　(4)单射
　　(5)不是单射,不是满射

10. 提示:参照例 10 的方法证明.

11. 提示:参照例 11 的方法证明.

12. 提示:参照例 12 的方法证明.

13. (1)$g\circ f:\mathbf{R}\rightarrow\mathbf{R}, g\circ f(x) = x^2+2$ 不是满射,不是单射,也不是双射;
　　　$f\circ g:\mathbf{R}\rightarrow\mathbf{R}, f\circ g(x) = x^2+8x+14$ 不是满射,不是单射,也不是双射.
　　(2)$h^{-1}(x) = \sqrt[3]{x+5}$.

14. 不正确. 例如,设集合 $A = \{1,2,3\}$ 上的关系 $R_1 = \{(1,1),(2,3)\}$, $R_2 = \{(1,2),(3,1)\}$,则 $R_2\circ R_1 = \{(1,2),(2,1)\}$ 是对称的.

15. $A/R = \{[1]_R,[2]_R,[4]_R\}$.

16. (1)不是;　(2)不是;　(3)是;　(4)不是.

17. 上界:12;下界:1;最小上界:12;最大下界:1

自我测试题

(一)填空题

1. (1) =   (2) ⊂   (3) ≠   (4) ⊂

2. {1,2,3}   {1,2}   {3}

3. B A

4. $\{(a,1),(a,2),(b,1),(b,2),(c,1),(c,2)\}$

5. $\{(a,d),(a,c)\}$; $\{(a,a),(a,b),(a,d)\}$

6. $\{(1,1),(3,1),(1,2),(3,3),(4,3),(3,4)\}$

7. $f_1 = \{(a,1),(b,1)\}$; $f_2 = \{(a,2),(b,2)\}$;

   $f_3 = \{(a,1),(b,2)\}$; $f_4 = \{(a,2),(b,1)\}$ f_3, f_4

8. 交换律

9. $[1]_R = [2]_R = \{1,2\}, [3]_R = [4]_R = \{3,4\}$

10. 双射

(二)单项选择题

1. C   2. D   3. B   4. A   5. B   6. D   7. C   8. C

9. C   10. A

第2章 数　　集

学习目标

1. 理解数系扩充的基本思想，掌握数系扩充的基本方法.

2. 理解有限集、自然数的定义，掌握自然数的有关性质.

3. 理解从自然数集到整数集的扩充，掌握整数的有关性质.

4. 了解从整数集到有理数集的扩充，掌握有理数的运算及算律，了解有理数的稠密性，知道有理数的循环小数表示.

5. 知道实数四则运算的定义，理解实数集的连续性.

6. 了解复数的运算及性质，知道复数集可以成为有序集，但不能成为有序域.

导　　学

客观世界的空间形式与数量关系是数学研究的基本对象，这就决定了数的概念与数的运算是数学的重要组成部分.

随着历史的发展，数的概念也在不断扩展，远古时期，由计数产生了自然数，由分物产生了分数，由刻划相反意义的量产生负数，由线段间不可公度引进无理数. 后又因数学本身提出的问题（例如 $x^2+1=0$ 的根），引进了虚数，使数系最后发展为复数集.

中小学数学课程中关于数的扩展过程和数系的历史发展很相近. 因限于学生的接受能力，每一步的扩展均未作严格而详尽的论述.

科学数系理论的建立是数学发展必然提出的任务. 本章将在集合论的基础上，严格地建立科学数系的理论.

在这一章中，我们要认真体会自然数的概念与自然数的运算，它是数系的基础. 在此基础上，掌握如何利用等价关系分类的方法将自然数集扩充到整数集，从整数集扩充到有理数集. 还要掌握如何利用有理数数列极限的方法，将有理数集扩充到实数集.

实数集与自然数集、整数集、有理数集的主要区别在于实数集的连续性. 它是分析学的基础. 因此,我们要认真学习实数理论,掌握闭区间套定理等一系列定理,并会使用这些定理去解决问题.

复数是这一章的另一主要内容. 在学习过程中,要将复数与向量加以比较,了解它们的相同之处与不同之处. 此外,要了解复数集是否可以有序问题.

2.1 自然数集

关于自然数,我们似乎是很熟悉的. 如表示 1 栋楼房的数是 1,表示 1 辆汽车的数是 1,表示 1 个人的数是 1,…… . 那么,究竟什么是 1 呢? 我们还是来借助集合给出 1(乃至任意的自然数)的定义.

定义 2.1.1 一个集合若不能与其任一真子集建立一个双射,则称该集合为**有限集**. 称非空有限集的基数为**自然数**. 一切自然数组成的集合叫做**自然数集**,记作 $\mathbf{N}_+$.[①]

有限集 $\{a\}$ 的基数记作 1;

有限集 $\{a,b\}$ 的基数记作 2;

有限集 $\{a,b,c\}$ 的基数记作 3;

… …

定理 2.1.1 对于任意两个自然数 m,n,下列三种情形有且仅有一种成立:

(1) $m = n$;　　　(2) $m < n$;　　　(3) $m > n$

证明 设有集合 A,B,$\mathrm{card}(A) = m$,$\mathrm{card}(B) = n$,由第 1 章定理 1.5.3 知,本定理结论成立.□

此定理表明:按照关系"$\leqslant$",自然数集 $\mathbf{N}_+$ 是全序集.

注 1.1 $\forall n \in \mathbf{N}_+$,有 $n \geqslant 1$

事实上,设 $A = \{a\}$,则 $\mathrm{card}(A) = 1$,任取一非空有限集 B,$\mathrm{card}(B) = n$,例如将 B 表为 $B = \{b_1, b_2, \cdots, b_n\}$. 则可选取 $B_1 = \{b_1\}$,则 $\mathrm{card}(A) = \mathrm{card}(B_1) \subset B$,故 $\mathrm{card}(A) \leqslant \mathrm{card}(B)$,即 $n \geqslant 1$.

现在我们来讨论自然数的运算.

定义 2.1.2 设非空有限集 A,B,C,$\mathrm{card}(A) = a$,$\mathrm{card}(B) = b$,$\mathrm{card}(C) = c$,

---

① 本定义是从自然数的形成与发展的观点来讨论自然数等的概念的.

$A \bigcap B = \varnothing$. 若 $C = A \bigcup B$, 那么 c 叫做 a 与 b 之和, 记作 $c = a + b$, a 叫做**被加数**, b 叫做**加数**, 求和的运算叫**加法**.

由集合运算的性质, 易证自然数的加法满足:

加法交换律: $a + b = b + a$.

事实上, 设有非空有限集 A, B, $\mathrm{card}(A) = a$, $\mathrm{card}(B) = b$, $A \bigcap B = \varnothing$. 由于 $A \bigcup B \approx B \bigcup A$, 故 $a + b = b + a$.

加法结合律: $(a + b) + c = a + (b + c)$.

事实上, 类似于加法交换律的证明, 即可证明加法结合律成立.

定义 2.1.3　设 a, b, c, 是自然数, 若 $c = a + b$, 那么 a 叫做 c 与 b 的**差**, 记作 $a = c - b$, c 叫做**被减数**, b 叫做**减数**, 求差的运算叫做**减法**.

注 1.2　从定义可知, 减法是加法的逆运算, 只有当被减数大于减数时, 减法才能在自然数集中进行运算.

定义 2.1.4　设 b 个等势集合 $A_1, A_2, \cdots, A_b$. 其中任何两个集合的交集是空集, $\mathrm{card}(A_1) = \mathrm{card}(A_2) = \cdots = \mathrm{card}(A_b) = a$. 若 $C = A_1 \bigcup A_2 \bigcup \cdots \bigcup A_b$, $\mathrm{card}(C) = c$, 那么 c 叫做 a 与 b 的**积**, 记作 $c = ab$, a 叫做**被乘数**, b 叫做**乘数**, 求积的运算叫做**乘法**.

由集合运算易证自然数的乘法满足:

(1)**乘法交换律**: $mn = nm$

(2)**乘法对加法的分配律**: $(a + b)c = ac + bc$

(3)**乘法结合律**: $(ab)c = a(bc)$

我们先来证明(1). 设有限集

$$A_1 = \{a_1^1, a_1^2, \cdots, a_1^m\},$$
$$A_2 = \{a_2^1, a_2^2, \cdots, a_2^m\},$$
$$\cdots\cdots$$
$$A_n = \{a_n^1, a_n^2, \cdots, a_n^m\},$$

$A_i \bigcap A_j = \varnothing$, $i \neq j$, $i, j = 1, 2, \cdots, n$, $C = A_1 \bigcup A_2 \bigcup \cdots \bigcup A_n$, 则 $\mathrm{card}(C) = m \cdot n$. 现构造集合

$$B_1 = \{a_1^1, a_2^1, \cdots, a_n^1\},$$
$$B_2 = \{a_1^2, a_2^2, \cdots, a_n^2\},$$
$$\cdots\cdots$$
$$B_m = \{a_1^m, a_2^m, \cdots, a_n^m\},$$

显然，$B_i \bigcap B_j = \varnothing, i \neq j, i, j = 1, 2, \cdots, m$. $\mathrm{card}(B_1) = \cdots = \mathrm{card}(B_m) = n$. 令 $D = B_1 \bigcup B_2 \bigcup \cdots \bigcup B_m$. 则 $\mathrm{card}(D) = nm$.

易见 $\mathrm{card}(C) = \mathrm{card}(D)$，故 $\mathrm{card}(C) = \mathrm{card}(D)$，即 $mn = nm$.

再来证明 (2). 事实上，由乘法定义可知

$$nm = \underbrace{n + n + \cdots + n}_{m\uparrow}.$$

依据这一事实，故有

$$
\begin{aligned}
(a + b)c &= \underbrace{(a + b) + (a + b) + \cdots + (a + b)}_{c\uparrow} \\
&= \underbrace{(a + a + \cdots + a)}_{c\uparrow} + \underbrace{(b + b + \cdots + b)}_{c\uparrow} \\
&= ac + bc.
\end{aligned}
$$

最后来证明 (3).

$$
\begin{aligned}
(ab)c &= (ba)c = \underbrace{(b + b + \cdots + b)c}_{a\uparrow} \\
&= \underbrace{bc + bc + \cdots + bc}_{a\uparrow} \\
&= (bc)a = a(bc).
\end{aligned}
$$

定义 2.1.5　设 a, b, c 为自然数，若 $a = bc$，那么 c 叫做 a 与 b 的**商**，记作 $c = \dfrac{a}{b}$（或 $c = a \div b$），a 叫做**被除数**，b 叫做**除数**，求商的运算叫做**除法**.

注 1.3　从定义可知，除法是乘法的逆运算，显然，在自然数集中，除法不是永远可施行的.

引理 2.1.1　设 m, n 是任意两个自然数，若 $n > m$，则存在一个自然数 k，使 $n = m + k$.

证　设集合 A, C 有 $\mathrm{card}(A) = m, \mathrm{card}(C) = n$，因 $n > m$，则可视 A 是 C 之真子集. 令 $B = C - A$，则 $B \neq \varnothing$. 记 $\mathrm{card}(B) = k$，因 $A \bigcap B = \varnothing$ 且 $C = A \bigcup B$，故 $n = m + k$. □

定理 2.1.2　设有自然数 m, n, k, i, j，且 $n > m, i > j$，则

(1) $n + k > m + k$; 　　　　　(2) $n \cdot k > m \cdot k$;

(3) $n + i > m + j$; 　　　　　(4) $n \cdot i > m \cdot j$.

证　(1) 因 $n > m$，故存在自然数 l 使得 $n = m + l$，故

$$
\begin{aligned}
n + k &= (m + l) + k \\
&= m + (l + k)
\end{aligned}
$$

$$= m + (k + l)$$
$$= (m + k) + l$$
$$> m + k.$$

(2) $n \cdot k = (m + l)k = m \cdot k + l \cdot k$，注意到 $l \cdot k$ 是自然数，由引理 1.1 知，$n \cdot k > m \cdot k$.

(3) 与 (4) 的证明与 (1) 与 (2) 的证明相类似，故 (3) 与 (4) 的证明留给读者.

注 1.3　由定理 2.1.2 中的 (1) 可知，对加法消去律成立，即若 $n + k = m + k$，则 $n = m$. 同样，由 (2) 可知，对乘法的消去律成立，即若 $n \cdot k = m \cdot k$，则 $n = m$.

引理 2.1.2　$n \cdot 1 = n$.

证　由乘法的定义即可得该结论.□

定理 2.1.3(阿基米德原理)　对任意两个自然数 m, n，必存在自然数 l，使 $l \cdot m > n$.

证　因为 $m \geqslant 1$，取 $l > n$ (例如 $l = n + 1$)，则
$$l \cdot m > n \cdot m \geqslant n \cdot 1 = n. \quad \square$$

引理 2.1.3　$\mathbf{N}_+$ 是自然数集，$M \subset \mathbf{N}_+$，且 M 满足：(1) $1 \in M$ 与 (2) 当 $m \in M$ 时，$m + 1 \in M$. 则 $M = \mathbf{N}_+$.

证　$\forall n \in \mathbf{N}_+$，根据 (1) 与 (2) 知，$2 \in M$，由 $2 \in M$ 与 (2) 知，$3 \in M$，经有限次重复，即得 $n \in M$. 故 $\mathbf{N}_+ \subset M$，从而有 $\mathbf{N}_+ = M$.□

引理 2.1.4　m 是自然数，则 $m + 1$ 是大于 m 的最小自然数.

证　因 1 是自然数，故有 $m + 1 > m$，其次，由注 1.1 知对任意自然数 k，有 $k \geqslant 1$，由定理 2.1.2 中的 (1) 知 $m + k \geqslant m + 1$.

定理 2.1.4(最小数原理)　自然数集 $\mathbf{N}$ 的任何一个非空子集必有最小数.

证　设 $S \subset \mathbf{N}_+$，$S \neq \varnothing$. 若 $1 \in S$，由于 1 是自然数集 $\mathbf{N}_+$ 中的最小数，当然 1 是 S 中的最小数.

若 $1 \bar{\in} S$，我们采用反证法. 假设 S 中没有最小数. 构造集合 M，它是比 S 中每个数都小的所有自然数的集合. 因 $1 \bar{\in} S$，故 $1 \in M$，即 $M \neq \varnothing$. 下面证明，若 $m \in M$，必有 $m + 1 \in M$. 事实上，对于任意 $n \in S$，由 M 的构造知，$m < n$，从而存在自然数 k 使 $n = m + k$，这里 $k > 1$ (否则 $n = m + 1$，由引理 2.1.4 可知，$m + 1$ 是大于 m 的最小自然数，从而 $m + 1 = n \in S$，从而 n 是 S 中的最小数，这与 S 中无最小自然数矛盾). 故存在自然数 l，使 $k = l + 1$，所以 $n = m + l + 1$

$=(m+1)+l$,故 $n>m+1$. 由 n 的任意性,有 $m+1\in M$,由引理 2.1.3 知,$M=\mathbf{N}_+$,因而 $S=\varnothing$,这与 $S\neq\varnothing$ 矛盾. 所以 S 中必有最小数.□

注 1.5　自然数集是一个良序集.

引理 2.1.3 与定理 2.1.4 的一个重要应用是数学归纳法.

定理 2.1.5(第一数学归纳法)　设 $T(n)$ 是一个与自然数 n 有关的命题. 如果

(1) $T(1)$ 是成立的;

(2) 假设 $T(k)$ 成立,则 $T(k+1)$ 成立.

则命题 $T(n)$ 对任何自然数 n 成立.

证　设 M 是使命题 $T(n)$ 成立的自然数的集合. 由(1)知,$1\in M$. 由(2)知,若 $k\in M$,则 $k+1\in M$. 由引理 2.1.3 知,$M=\mathbf{N}_+$,所以命题对一切自然数成立.

定理 2.1.6(第二数学归纳法)　设 $T(n)$ 是一个与自然数 n 有关的命题. 如果

(1) $T(1)$ 是成立的;

(2) 假设 $T(n)$ 对一切小于 $k(k>1)$ 的自然数命题成立,能推出 $T(k)$ 成立.

则命题 $T(n)$ 对于任何自然数都成立.

证　用反证法,假设 $T(n)$ 对某些自然数不成立. 令 S 是使 $T(n)$ 不成立的那些自然数组成的集合. 显然 $S\neq\varnothing$. 由定理 2.1.4,S 中有最小数 m_0,即 $T(m_0)$ 不成立,由 m_0 的性质知,对于 $n<m_0$,$T(n)$ 成立. 由条件(2)知,$T(m_0)$ 成立. 这与 $T(m_0)$ 不成立矛盾,所以 $T(n)$ 对一切自然数成立.□

从表面上看,第一数学归纳法与第二数学归纳法的条件是不同的,但其实质是等价的.

实际上,定理 2.1.5 和定理 2.1.6 中的条件(1)是相同的. 若定理 2.1.5 的条件(2)被满足,即以 $T(k-1)$ 为真,可推得 $T(k)$ 为真,由于当 $1\leqslant n<k$ 时 $T(n)$ 为真,已蕴含了 $T(k-1)$ 为真,故由定理 2.1.5 的条件(2)得,$T(k)$ 为真. 所以由定理 2.1.5 的条件(2)可得定理 2.1.6 的条件(2). 反之,当定理 2.1.6 的条件(2)满足时,也可证明定理 2.1.5 的条件(2)被满足. 我们用反证法来证明,设由 $T(n)$ 对 $1\leqslant n<k$ 成立,则 $T(k)$ 成立,不能推出仅由 $T(k-1)$ 成立,则 $T(k)$ 成立的结论,那么存在 $k_0\in\mathbf{N}_+$,使 $T(k_0-1)$ 成立,而 $T(k_0)$ 不成立. 令 $S=\{k_0\mid k_0\in\mathbf{N}_+,T(k_0-1)$ 为真,$T(k_0)$ 不真$\}$. 由定理 2.1.4 知 S 中必有一个最小数,设这个最小数为 m,因为定理 2.1.6 的条件(2)被满足,所以由 $T(1)$ 为真得 $T(2)$ 为

真;由 $T(1)$,$T(2)$ 为真得 $T(3)$ 为真,……;由 $T(1)$,$T(2)$,$\cdots$,$T(m-2)$ 为真,得 $T(m-1)$ 为真;最后,由 $T(1)$,$T(2)$,$\cdots$,$T(m-1)$ 为真,得 $T(m)$ 为真. 此即表明 $m \in S$,这与 m 是 S 的最小数矛盾. 所以由 $T(k_0-1)$ 为真可推得 $T(k_0)$ 为真. 故定理 2.1.5 的条件(2)被满足. □

例1　已知对于任意的自然数 n,有 $a_n > 0$ 且 $\sum_{i=1}^{n} a_i^3 = \left(\sum_{i=1}^{n} a_i \right)^2$. 求证 $a_n = n$.[①]

证　(1)当 $n=1$ 时,由 $a_1^3 = a_1^2$,且 $a_1 > 0$ 可得 $a_1 = 1$,即 $n=1$ 时命题成立.

(2)假设 $n < k+1$ 时,命题成立. 即 $a_i = i$,$i = 1,2,\cdots,k$. 当 $n = k+1$ 时,

$$\sum_{i=1}^{k+1} a_i^3 = \sum_{i=1}^{k} a_i^3 + a_{k+1}^3.$$

另一方面,

$$\sum_{i=1}^{k+1} a_i^3 = \left(\sum_{i=1}^{k+1} a_i \right)^2 = \left(\sum_{i=1}^{k} a_i + a_{k+1} \right)^2$$

$$= \left(\sum_{i=1}^{k} a_i \right)^2 + 2a_{k+1} \sum_{i=1}^{k} a_i + a_{k+1}^2.$$

由上面两个等式可得

$$a_{k+1}^3 = 2a_{k+1} \sum_{i=1}^{k} a_i + a_{k+1}^2.$$

因为 $a_i = i$,$i = 1,2,\cdots,k$,故 $\sum_{i=1}^{k} a_i = \frac{1}{2} k(k+1)$,且由 $a_{k+1} > 0$,故有

$$a_{k+1}^2 - a_{k+1} - k(k+1) = 0.$$

解此二次方程,有

$$a_{k+1} = k+1 \text{ 或 } a_{k+1} = -k.$$

因 $a_{k+1} = -k < 0$,不符合题意,故舍去. 从而得到

$$a_{k+1} = k+1.$$

由第二数学归纳法知,对任意的自然数 n,有

$$a_n = n.$$

$\mathbf{N}_+$ 是自然数集,$M = \{2k \mid k \in \mathbf{N}_+\}$,则 M 是 $\mathbf{N}_+$ 的真子集. 令 $f:\mathbf{N}_+ \to M$,$f(k) = 2k$,则 f 是从 $\mathbf{N}_+$ 到 M 的一个双射. 故 $\mathbf{N}_+$ 不是有限集.

---

① 此题是 1989 年全国高中数学竞赛试题

若集合 A 不是有限集,则称 A 为**无限集**.

下面,讨论扩大的自然数集.

我们把空集 $\varnothing$ 的基数规定为零,记作"0". 把"0"添入自然数集后,所得到的数集叫做扩大的自然数集,记作 $\mathbf{N}$,即 $\mathbf{N} = \{0\} \bigcup \mathbf{N}_+$.[①]

因为空集是任何非空集合的真子集,所以任何自然数大于 0.

关于加法和乘法运算,规定

$$m + 0 = 0 + m = m,$$
$$m \cdot 0 = 0 \cdot m = 0.$$

关于减法和除法运算,仍按加法与乘法的逆运算来定义,有

$$m - 0 = m, \quad m - m = 0.$$
$$0 - 0 = 0, \quad 0 \div m = 0.$$

对于除法,规定 0 不能做除数.

2.2　整　数　集

我们已经知道,两个自然数的和是一个自然数,两个自然数之积是一个自然数,即自然数集关于加法运算与乘法运算是封闭的. 但是,对于两个自然数的差与商未必是一个自然数. 为使减法与除法能够实施,我们必须对自然数集进行扩充,这一节中,我们仅讨论如何将自然数集扩充为整数集,使得减法运算能够实施.

2.2.1　整数的定义

下面,我们来定义整数集 $\mathbf{Z}$.

为此,我们在 $\mathbf{N} \times \mathbf{N} = \{(m, n) | m, n \in \mathbf{N}\}$ 上定义一个关系 R:

$$(m_1, n_1) R(m_2, n_2) \Leftrightarrow m_1 + n_2 = m_2 + n_1$$

我们来证明关系 R 是一等价关系.

(1)反身性:$\forall (m, n) \in \mathbf{N} \times \mathbf{N}$,因 $m + n = m + n$ 故 $(m, n) R(m, n)$.

(2)对称性:若 $(m_1, n_1) R(m_2, n_2)$,即有 $m_1 + n_2 = m_2 + n_1, m_2 + n_1 = m_1 + n_2$,即 $(m_2, n_2) R(m_1, n_1)$.

(3)传递性:若 $(m_1, n_1) R(m_2, n_2), (m_2, n_2) R(m_3, n_3)$,由定义有 $m_1 + n_2 =$

---

① 按国家计量标准规定,自然数集为 $\mathbf{N}$,即 $\mathbf{N} = \{0, 1, 2, 3, \cdots\}$.

$m_2 + n_1, m_2 + n_3 = m_3 + n_2$,两式相加可得 $m_1 + n_2 + m_2 + n_3 = m_2 + n_1 + m_3 + n_2$

由此得 $m_1 + n_3 = m_3 + n_1$,即 $(m_1, n_1) R (m_3, n_3)$.

所以,R 是 $\mathbf{N} \times \mathbf{N}$ 中的一个等价关系.

由于 R 是 $\mathbf{N} \times \mathbf{N}$ 中的一个等价关系,因此可以用 R 把 $\mathbf{N} \times \mathbf{N}$ 分成等价类,从而可以得到商集 $\mathbf{N} \times \mathbf{N}/R$. 我们称此商集为**整数集 Z**,即

$$\mathbf{Z} = \mathbf{N} \times \mathbf{N}/R$$

我们记

$$[m, n] = \{(k, l) \in \mathbf{N} \times \mathbf{N} | (k, l) R (m, n)\},$$

于是

$$\mathbf{Z} = \{[m, n] | (m, n) \in \mathbf{N}\}$$

例如 $[2, 1] = \{(1, 0), (2, 1), (3, 2), (4, 3), \cdots\}$,$[1, 3] = \{(0, 2), (1, 3), (2, 4), (3, 5), \cdots\}$. 我们给出下面的图示:

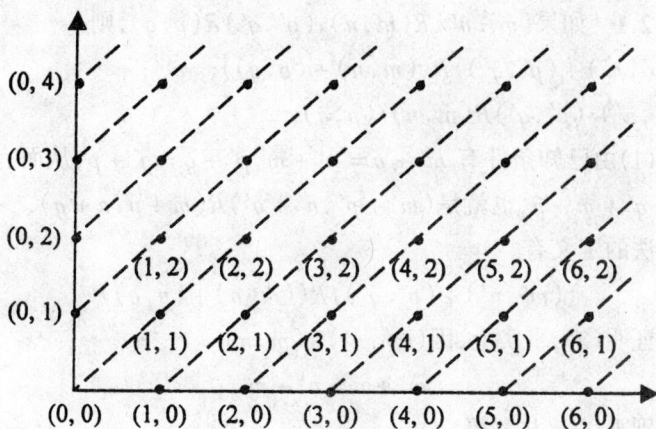

图 2 - 1

在图 2 - 1 中,同一条线上的各点的坐标属于同一等价类,这个等价类表示一个整数.

可以在整数集 $\mathbf{Z}$ 中如下规定序:

$$[m_1, n_1] \leqslant [m_2, n_2] \Leftrightarrow m_1 + n_2 \leqslant m_2 + n_1$$

易见,$(\mathbf{Z}, \leqslant)$ 为全序集.

设 $[m, n], [k, l] \in \mathbf{Z}$,那么下面三种情况有且仅有一种情况成立:

$$[m, n] < [k, l], [m, n] = [k, l], [m, n] > [k, l]$$

对于如上规定的序可见

$$[m_1, n] \leqslant [m_2, n] \Leftrightarrow m_1 \leqslant m_2;$$
$$[m, n_1] \leqslant [m, n_2] \Leftrightarrow n_1 \geqslant n_2.$$

由此即可见,$(\mathbf{Z}, \leqslant)$不是良序集.

2.2.2 整数的运算

定义 2.2.1 整数 $z = [m+p, n+q]$ 叫做整数 $z_1 = [m, n]$ 与整数 $z_2 = [p, q]$ 的和,即 $[m, n] + [p, q] = [m+p, n+q]$. 求两个整数和的运算叫做**加法**.

定义 2.2.2 整数 $z = [mp+nq, mq+np]$ 叫做整数 $z_1 = [m, n]$ 与整数 $z_2 = [p, q]$ 的积,即 $[m, n] \cdot [p, q] = [mp+nq, mq+np]$. 求两个整数积的运算叫**做乘法**.

上面定义的运算是对于等价类定义的运算. 下面我们证明,上述类运算的结果与代表元的选择无关.

定理 2.2.1 如果 $(m', n')R(m, n), (p', q')R(p, q)$,则

(1) $((m', n') + (p', q'))R((m, n) + (p, q))$;

(2) $(m', n') \cdot (p', q')R(m, n) \cdot (p, q)$.

证明 (1) 由已知条件有 $m' + n = n' + m, p' + q = q' + p$,从而有 $m' + p' + n + q = n' + q' + m + p$,也就是 $(m' + p', n' + q')R(m+p, n+q)$.

按照加法的定义有

$$((m', n') + (p', q'))R((m, n) + (p, q)).$$

现在来证明(2),事实上,因 $(m', n')R(m, n)$

$$m' + n = n' + m.$$

上式分别乘以 p' 与 q' 得

$$m'p' + np' = n'p' + mp',$$
$$m'q' + nq' = n'q' + mq'.$$

将此二等式相加有

$$m'p' + np' + m'q' + nq' = n'p' + mp' + n'q' + mq'.$$

于是有

$$(m'p' + n'q', n'p' + m'q')R(mp' + nq', np' + mq'),$$

也就是

$$(m', n')(p', q')R(m, n)(p', q').$$

同理,由 $(p', q')R(p, q)$,可得

$$(m, n)(p', q')R(m, n)(p, q).$$

由 R 的传递性知

$$(m',n')(p',q')R(m,n)(p,q).$$

定理 2.2.1 表明:整数的加法与乘法的结果是存在且惟一的.

为了定义减法,先来证明下面的定理.

定理 2.2.2　对于 $[m,n]$, $[p,q]\in\mathbf{Z}$, 存在惟一的 $[x,y]\in\mathbf{Z}$, 使 $[m,n]+[x,y]=[p,q]$.

证明　因

$$[m,n]+[x,y]=[p,q]$$
$$\Leftrightarrow[m+x,n+y]=[p,q]$$
$$\Leftrightarrow m+x+q=n+y+p$$
$$\Leftrightarrow x+(m+q)=y+(n+p)$$
$$\Leftrightarrow[x,y]=[n+p,m+q]\in\mathbf{Z}.$$

此即证明了 $[x,y]$ 的存在性,下面来证惟一性.

设 $[k,l]\in\mathbf{Z}$ 也满足

$$[m,n]+[k,l]=[p,q].$$

如同上面的证明一样,有

$$[k,l]=[n+p,m+q]$$

此即表明 $[x,y]=[k,l]$, 惟一性得证.

定义 2.2.3　整数 $[n+p,m+q]$ 叫做整数 $[p,q]$ 与整数 $[m,n]$ 的**差**, 记作 $[p,q]-[m,n]=[n+p,m+q]$. 求两个整数差的运算叫做**减法**.

显然,减法运算在整数集 $\mathbf{Z}$ 中是封闭的.

由整数的加法的定义,我们容易证明如下的算律和性质:

(1)**加法交换律**: $[m,n]+[p,q]=[p,q]+[m,n]$;

事实上 $[m,n]+[p,q]=[m+p,n+q]$

$$=[p+m,q+n]=[p,q]+[m,n].$$

(2)**加法结合律**: $([m,n]+[k,l])+[p,q]=[m,n]+([k,l]+[p,q])$;

(3)对整数加法来说,$\mathbf{Z}$ 有**零元**存在;

事实上,任意的整数 $[p,q]$, 有整数 $[m,m]$, 使得

$$[m,m]+[p,q]=[m+p,m+q]=[p,q].$$

所以由相同自然数组成的数对 (m,m) 就是 $\mathbf{Z}$ 中的零元.

(4)对整数加法来说,$\mathbf{Z}$ 中的每个元素都有**负元素**存在;

因为 $[n,m]+[m,n]=[n+m,n+m]=0$, 所以 $[n,m]$ 是 $[m,n]$ 的负元

素,或称为**相反数**,记作$[n,m] = -[m,n]$.

$[n,m]$与$[m,n]$互为相反数.

(5)在整数加减运算中,减去一个整数等于加上这个整数的相反数;

事实上,$[p,q] - [m,n] = [n+p,m+q] = [p,q] + [n,m]$
$$= [p,q] + (-[m,n]).$$

进一步地,由$[m,n] = -(-[m,n])$,我们有
$$[p,q] + [m,n] = [p,q] + (-(-[m,n]))$$
$$= [p,q] - (-[m,n]).$$

对于乘法,相应的有如下算律与性质:

(6)**交换律**:$[m,n]\cdot[p,q] = [p,q]\cdot[m,n]$;

(7)**结合律**:$([m,n]\cdot[k,l])\cdot[p,q] = [m,n]\cdot([k,l]\cdot[p,q])$;

(8)**乘法对于加法的分配律**:$[m,n]([k,l]+[p,q]) = [m,n][k,l] + [m,n]+[p,q]$;

事实上
$$[m,n]([k,l]+[p,q]) = [m,n][k+p,l+q]$$
$$= [m(k+p)+n(l+p),m(l+q)+n(k+p)]$$
$$= [mk+nl,ml+nk] + [mp+nq,mq+np]$$
$$= [m,n][k,l] + [m,n][p,q].$$

由此等式与(5)即可得
$$[m,n]([k,l]-[p,q]) = [m,n][k,l] - [m,n][p,q].$$

(9)在整数中存在$[1,0] = 1$,使得对于任意的整数$[m,n]$,有
$$[m,n][1,0] = [m,n];$$

(10)$(-[m,n])[p,q] = -([m,n][p,q])$.

事实上,$(-[m,n])[p,q] = [n,m][p,q]$
$$= [np+mq,mp+nq]$$
$$= -[mp+nq,np+mq]$$
$$= -([m,n][p,q]).$$

由此我们进一步可得
$$(-[m,n])\cdot(-[p,q]) = [m,n][p,q]. \tag{1}$$

事实上,因由(10)可得
$$(-[m,n])\cdot(-[p,q]) = -(-([m,n][p,q])).$$

由此对于任何整数$[k,l]$,有

$$-(-[k,l]) = -[l,k] = [k,l],$$

故(1)式成立.

我们已经讨论了整数的定义,整数的大小与整数的运算,我们非常关心整数集 **Z** 与扩充的自然数集 **N** 的关系. 为讨论这个问题,我们讨论如下的从 **N** 到 **Z** 的映射 f:

$$f(m) = [m,0], \forall m \in \mathbf{N}.$$

由于 $[m,0]R[n,0] \Leftrightarrow m=n$,故 f 是从 **N** 到 $f(\mathbf{N})$ 的一个双射. 此外

$$f(m+n) = [m+n,0] = [m,0] + [n,0] = f(m) + f(n),$$

故 **N** 与 $f(\mathbf{N}) = \{[m,0] | m \in \mathbf{N}\}$ 同构. 即在同构的意义下 $\mathbf{N} \subset \mathbf{Z}$.

由此我们得到结论:整数集 **Z** 是 **N** 的扩张,且 **Z** 的加法运算在 **N** 上的限制与 **N** 上的加法运算相同.

同样容易验证,**Z** 的乘法运算在 **N** 的限制与 **N** 的乘法运算相同.

进一步地研究即可见,

$$\mathbf{Z} = \{[[m,0] | m \in \mathbf{N}]\} \bigcup \{[0,m] | m \in \mathbf{N}\}.$$

为方便计,我们记:

$$0 = [0,0], \quad m = [m,0], \quad -m = [0,m].$$

对于两个整数也可以定义除法.

定义 2.2.4　对于 $[m,n], [p,q], [k,l] \in \mathbf{Z}(m \neq n)$,若 $[m,n][k,l] = [p,q]$,则 $[k,l]$ 叫做 $[p,q]$ 与 $[m,n]$ 的商,记作 $[k,l] = [p,q] \div [m,n]$,$[p,q]$ 叫作**被除数**,$[m,n]$ 叫做**除数**,求商的运算叫做**除法**.

显然,在整数集中,除法运算并不是总可以施行的.

2.3　有理数集

2.3.1　有理数定义

正如为了使减法运算永远能够实施,我们将自然数集 **N** 扩展为整数集 **Z** 一样,为了使除法运算永远能够实施,我们来扩展整数集. 令

$$\mathbf{Z}^* = \{b | b \in \mathbf{Z}, b \neq 0\},$$

$$\mathbf{Z} \times \mathbf{Z}^* = \{(a,b) | a \in \mathbf{Z}, b \in \mathbf{Z}^*\}.$$

在 $\mathbf{Z} \times \mathbf{Z}^*$ 中定义一个关系 R:

$$(a,b)R(c,d) \Leftrightarrow ad = bc$$

下面来证明:如上定义的关系 R 是一个等价关系.

(1)反身性:$(a,b)R(a,b)$的成立是显然的.

(2)对称性:若$(a,b)R(c,d)$,则 $ad = bc$,亦即 $cb = da$,所以$(c,d)R(a,b)$.

(3)传递性:若$(a,b)R(c,d)$,$(c,d)R(e,f)$则有 $ad = bc$,$cf = de$,所以有

$$adf = bcf \text{ 且 } bcf = bde.$$

于是有 $adf = bde$. 由于 $d \neq 0$,故有 $af = be$,也就是$(a,b)R(e,f)$,故 R 具有传递性.

综上所述,关系 R 是等价关系.

由于 R 是等价关系,所以可以用关系 R 将 $\mathbf{Z} \times \mathbf{Z}^*$ 分成等价类,我们把(a,b)关于 R 的等价类记作$\dfrac{a}{b}$,称$\dfrac{a}{b}$为一个**有理数**. 而商集合

$$\mathbf{Q} = \mathbf{Z} \times \mathbf{Z}^* / R$$

称为**有理数集**.

我们也称有理数$\dfrac{a}{b}$为**分数**,读作 b 分之 a,其中 a 叫做分数的分子,b 叫做分数的分母.

2.3.2 有理数的运算

定义 2.3.1 设$\dfrac{a}{b}$和$\dfrac{c}{d}$是两个有理数,那么有理数$\dfrac{ad+bc}{bd}$叫做$\dfrac{a}{b}$和$\dfrac{c}{d}$的和,记作

$$\frac{a}{b} + \frac{c}{d} = \frac{ad+bc}{bd}.$$

求有理数和的运算叫**加法**.

定义 2.3.2 设$\dfrac{a}{b}$和$\dfrac{c}{d}$是两个有理数,那么有理数$\dfrac{ac}{bd}$叫做$\dfrac{a}{b}$与$\dfrac{c}{d}$的积,记作

$$\frac{a}{b} \cdot \frac{c}{d} = \frac{ac}{bd}.$$

求有理数积的运算叫**乘法**.

由定义 2.3.1 与定义 2.3.2 定义的运算相当于等价类的运算,这个运算应该与等价类的代表元素的选取无关. 我们有下面的定理:

定理 2.3.1 若$(a,b)R(a',b')$,$(c,d)R(c',d')$,则

(1)$(ad + bc, bd) R(a'd' + b'c', b'd')$；

(2)$(ac, bd) R(a'c', b'd')$.

证　因$(a, b) R(a', b'), (c, d) R(c', d')$故有 $ab' = ba', cd' = c'd$，从而有

(1)$(ad + bc) b'd' = adb'd' + bcb'd'$

$$= (ab') dd' + (cd') bb'$$

$$= a'bdd' + c'dbb'$$

$$= (a'd' + c'b') bd,$$

故有

$$(ad + bc, bd) R(a'd' + b'c', b'd').$$

(2)证明留给读者.

由上面的讨论可知，两个有理数的和与积在有理数集中是惟一存在的，即关于加法、乘法运算，有理数集是封闭的.

定理 2.3.2　对于有理数$\dfrac{a}{b}$与$\dfrac{c}{d}$，存在惟一的有理数$\dfrac{x}{y} = \dfrac{ad - bc}{bd}$使得$\dfrac{c}{d} + \dfrac{x}{y} = \dfrac{a}{b}$.

证　读者自行证明.

定义 2.3.3　若有理数$\dfrac{a}{b}, \dfrac{c}{d}$与$\dfrac{x}{y}$满足关系式$\dfrac{c}{d} + \dfrac{x}{y} = \dfrac{a}{b}$，那么，称$\dfrac{x}{y}$是$\dfrac{a}{b}$与$\dfrac{c}{d}$的**差**，记作$\dfrac{x}{y} = \dfrac{a}{b} - \dfrac{c}{d}$，求两个有理数差的运算叫**减法**.

定理 2.3.2 表明，在有理数中，减法运算是永远可施行的.

定理 2.3.3　对于两个有理数$\dfrac{a}{b}$与$\dfrac{c}{d}$，存在惟一的有理数$\dfrac{x}{y} = \dfrac{ad}{bc}(c \neq 0)$，使得$\dfrac{c}{d} \cdot \dfrac{x}{y} = \dfrac{a}{b}$.

证　显然.

定义 2.3.4　如果有理数$\dfrac{a}{b}, \dfrac{c}{d}$与$\dfrac{x}{y}$满足关系式$\dfrac{c}{d} \cdot \dfrac{x}{y} = \dfrac{a}{b}(c \neq 0)$，那么，$\dfrac{x}{y}$叫做$\dfrac{a}{b}$与$\dfrac{c}{d}$的**商**，记作$\dfrac{x}{y} = \dfrac{a}{b} \div \dfrac{c}{d}$. 求两个有理数商的运算叫做**除法**，$\dfrac{a}{b}$叫做**被除数**，$\dfrac{c}{d}$叫做**除数**.

由定理 2.3.3 知，有理数集对除法运算封闭.

2.3.3　有理数集的性质

对于有理数的加法,满足如下运算律性质,对于有理数 $a,b,c\in\mathbf{Q}$,有

(1)**加法交换律**:$a+b=b+a$;

证　因 $a,b\in\mathbf{Q}$,故 $a=\dfrac{n}{m},b=\dfrac{l}{k}$,

$$a+b=\frac{n}{m}+\frac{l}{k}=\frac{nk+ml}{mk}=\frac{kn+lm}{km}=\frac{lm+kn}{km}=\frac{l}{k}+\frac{n}{m}=b+a.$$

(2)**加法结合律**:$(a+b)+c=a+(b+c)$;

(3)**Q** 中存在惟一数 $0=\dfrac{0}{k}$,k 是一非零整数,使得 $a+0=a$;

(4)$\forall\,a\in\mathbf{Q}$,存在 $(-a)\in\mathbf{Q}$,使 $a+(-a)=0$ 称 $(-a)$ 为 a 的相反数;

请读者自行完成性质(2),(3),(4)的证明.

对于有理数的乘法,有如下的算律与性质:

(5)**乘法交换律**:$a\cdot b=b\cdot a$;

(6)**乘法结合律**:$(a\cdot b)\cdot c=a\cdot(b\cdot c)$;

(7)**乘法对加法的分配律**:$(a+b)c=ac+bc$;

(8)**Q** 中存在数 $1=\dfrac{m}{m}$,使 $\forall\,a\in\mathbf{Q}$,有 $a\cdot1=a$;

(9)$\forall\,a\in\mathbf{Q}$,$a\neq0$,存在 $a^{-1}=\dfrac{1}{a}\in\mathbf{Q}$,使 $a\cdot a^{-1}=1$.

性质(5)~(9)的证明留给读者.

定义 2.3.5　设 a 是一有理数,n 是正整数,称 a^n 为 a 的 **n 次幂**:

$$a^1=a,\quad a^n=a^{n-1}\cdot a;$$

$$a^0=1(a\neq0);$$

$$a^{-n}=\frac{1}{a^n}(a\neq0).$$

用数学归纳法易证下面的指数律成立:

$$a^m\cdot a^n=a^{m+n};$$

$$(ab)^m=a^m\cdot b^m;$$

$$(a^m)^n=a^{mn}.$$

定义 2.3.6　设有理数 $a=\dfrac{n}{m},b=\dfrac{l}{k}$,若 $kn<ml$,则称 a 小于 b,记作 $a<b$.

定理 2.3.4　a,b 为任意两个有理数,那么下面三种情况有且仅有一种情

况成立:

$$a < b, \quad a = b, \quad a > b.$$

证　证明过程略.

定义 2.3.7　设 a 是有理数,若 $a > 0$,则称 a 为正有理数;若 $a < 0$,则称 a 为负有理数.

0 既不是正有理数,也不是负有理数.

定义 2.3.8　设 a 是有理数,称

$$|a| = \begin{cases} a & \text{当 } a \geqslant 0; \\ -a & \text{当 } a < 0. \end{cases}$$

为 a 的**绝对值**.

由绝对值的定义,显然有下面的性质:

$$a \leqslant |a|.$$

定理 2.3.5　设 ab 是两个有理数,则

$$|a| - |b| \leqslant |a + b| \leqslant |a| + |b|;$$

$$|a| - |b| \leqslant |a - b| \leqslant |a| + |b|.$$

证　首先证明 $|x| \leqslant y$,当且仅当 $-y \leqslant x \leqslant y$.

事实上,若 $|x| \leqslant y$,当 $x \geqslant 0$ 时,$x = |x| \leqslant y$ 且 $x \geqslant -y$,即 $-y \leqslant x \leqslant y$;当 $x < 0$ 时,$-x = |x| \leqslant y$,有 $-y \leqslant x$,且 $x < 0 \leqslant y$,故 $-y \leqslant x \leqslant y$. 反之,若 $-y \leqslant x \leqslant y$,当 $x \geqslant 0$ 时,$|x| = x \leqslant y$;当 $x < 0$ 时,$y \geqslant -x = |x|$.

下面来证明:$|a| - |b| \leqslant |a + b| \leqslant |a| + |b|$.

事实上,对于 a, b 显然有

$$-|a| \leqslant a \leqslant |a|,$$
$$-|b| \leqslant b \leqslant |b|.$$

故有

$$-(|a| + |b|) \leqslant a + b \leqslant |a| + |b|.$$

由上面的讨论可知,$|a + b| \leqslant |a| + |b|$.

另一方面,$|a| = |a + b - b| \leqslant |a + b| + |-b| = |a + b| + |b|$.

故 $|a| - |b| \leqslant |a + b|$. 这样完成第一个不等式的证明.

第二个不等式可利用第一个不等式来证明. 证明留给读者完成.

定理 2.3.6　任意两个有理数 $a, b(a < b)$ 之间总存在无穷多个有理数,即有理数集是稠密集.

证 显然，$\frac{1}{2}(a+b)$是有理数，且 $a < \frac{1}{2}(a+b) < b$，同理可证，在 a 与 $\frac{1}{2}$ $(a+b)$之间至少存在一个有理数，依此类推，可知在 a,b 两数之间有无穷多个有理数.

定理 2.3.7 设 a,b 是两个正有理数，则必存在自然数 n，使 $na > b$.

证 设 $a = \frac{l}{k}, b = \frac{i}{j}$，其中 k,l,i,j 均为自然数，由于自然数集满足阿基米德原理，对于两个自然数 lj 与 ki，存在自然数 n，使 $nlj > ki$，所以有 $n\frac{l}{k} > \frac{i}{j}$，即 $na > b$.

2.3.4 有理数的循环小数表示

若 $x = b_0 + \frac{b_1}{10} + \frac{b_2}{10^2} + \cdots + \frac{b_n}{10^n}$，其中，$0 \leq b_i \leq 9, i \leq 1,2,\cdots,n$. 我们将 x 表示成

$$x = b_0.b_1 b_2 \cdots b_n \qquad\qquad (*)$$

我们称形如 $b_0.b_1 b_2 \cdots b_n$ 的数为**有限小数**，b_0 叫做小数的整数部分. $b_1 b_2 \cdots b_n$ 叫做小数部分. 当整数部分 $b_0 = 0$ 时，称 x 为**纯小数**.

称形如

$$b_0.b_1 b_2 \cdots b_n \cdots$$

为**无限小数**，若存在自然 r 使 $b_{kr+i} = b_i (i = 1,2,\cdots,r-1,r; k = 1,2,\cdots)$，则称其为**无限纯循环小数**. 称 $b_1 \cdots b_r$ 为**循环节**，表为 $b_0.\dot{b}_1 \cdots \dot{b}_r$. 而称 $a_0.a_1 a_2 \cdots a_m \dot{b}_1 \cdots \dot{b}_r$ 的无限循环小数为(无限)**混循环小数**. 首先讨论正分数形式的有理数与正无限十进位小数之间的关系.

引理 2.3.1 正分数 $\frac{p}{q}$ 化成正有限小数$\Leftrightarrow q$ 除含有 2 与 5 的因数外，不含有其他的质因数.

证 必要性"$\Rightarrow$"

不妨设 $\frac{p}{q}$ 是既约分数

$$\frac{p}{q} = a_0.a_1 a_2 \cdots a_m, \qquad (a_m > 0)$$

其中，a_0 是非负整数，$a_i(i = 1,2,\cdots,m)$是 $0,1,2,\cdots,9$ 的数字，

或
$$\frac{p}{q} = \frac{a_0 a_1 a_2 \cdots a_m}{10^m} = \frac{ud}{vd} = \frac{u}{v}.$$

由于 $\frac{p}{q}$ 与 $\frac{u}{v}$ 均为既约分数,故有 $q = v$. 因 $10^m = 2^m \times 5^m$,d 只能是 2 或 5 的倍数,所以 $v = q$ 的一切质因数仅含有 2 与 5.

充分性"$\Leftarrow$"

设 $q = 2^\alpha \times 5^\beta$,其中 α, β 都是非负整数.

用 $2^\beta \times 5^\alpha$ 乘分数 $\frac{p}{q}$ 的分子与分母,有

$$\frac{p}{q} = \frac{p \cdot 2^\beta \times 5^\alpha}{2^\alpha \times 5^\beta \cdot 2^\beta \times 5^\alpha} = \frac{p \cdot 2^\beta \times 5^\alpha}{10^{\alpha + \beta}},$$

其分子是正整数,分母是 $10^{\alpha+\beta}$,这个分数可化为有限小数.

定理 2.3.8 任意正分数 $\frac{p}{q}$,且 q 与 10 互质,都能化成纯小数.

证 已知 q 与 10 互质,即 q 没有 2 与 5 的因数,根据引理 2.3.1,$\frac{p}{q}$ 不能化成有限小数. 这里不妨设 $p < q$.

将被除数 p 乘 10 除以 q,设其商为 a_1,必有余数 $r_1 \neq 0$. 否则 $r_1 = 0$,则 $\frac{p}{q}$ 能化成有限小数,与已知条件矛盾.

将余数 r_1 乘以 10 除以 q,设其商为 a_2,必有余数 $r_2 \neq 0$. 否则 $r_2 = 0$,则 $\frac{p}{q}$ 能化成有限小数,与已知条件矛盾.

依此法继续做下去,每次进行除法运算,分别用等式表示为:

$$10 \cdot p = a_1 \cdot q + r_1,$$
$$10 \cdot r_1 = a_2 \cdot q + r_2,$$
$$10 \cdot r_2 = a_3 \cdot q + r_3,$$
$$\cdots\cdots$$

得到余数数列:$r_1, r_2, r_3, \cdots$. $\forall k \in \mathbf{N}$,有

$$10^k \cdot p = 10^{k-1} \cdot a_1 q + 10^{k-1} \cdot r_1,$$
$$10^{k-1} \cdot r_1 = 10^{k-2} \cdot a_2 \cdot q + 10^{k-2} \cdot r_2,$$
$$\cdots \cdots$$
$$10^2 \cdot r_{k-2} = 10 \cdot a_{k-1} \cdot q + 10 \cdot r_{k-1},$$
$$10 \cdot r_{k-1} = a_k \cdot q + r_k.$$

于是,

$$10^k \cdot p = 10^{k-1} a_1 q + 10^{k-2} a_2 q + \cdots + a_k q + r_k$$
$$= (10^{k-1} a_1 + 10^{k-2} a_2 + \cdots + a_k) \cdot q + r_k$$
$$= a_1 a_2 \cdots a_k \cdot q + r_k$$

等号两端除以 $10^k q$, 有

$$\frac{p}{q} = 0. a_1 a_2 \cdots a_k + \frac{r_k}{10^k \cdot q}.$$

已知 $\forall i \in \mathbf{N}, r_i > 0$, 且 $r_i < q$, 因此, 至多有 $q - 1$ 个余数是不相同的, 故 r_1, $r_2, \cdots, r_q$ 中的某两个余数相等, 设

$$r_k = r_l, \quad k, l \in \mathbf{N}, \text{且 } k < l.$$

下面证明, 若 $r_k = r_l$, 则 $\forall j \in \mathbf{N}$, 有 $r_{k+j} = r_{l+j}$.

已知 $\qquad\qquad 10 \cdot r_k = a_{k+1} \cdot q + r_{k+1},$

$$10 \cdot r_l = a_{l+1} \cdot q + r_{l+1},$$

$$10 \cdot r_k = 10 \cdot r_l, (\text{从而, 有 } a_{k+1} = a_{l+1})$$

于是 $\qquad\qquad\qquad\qquad r_{k+1} = r_{l+1}.$

用归纳法, 不难证明, $\forall j \in \mathbf{N}$, 有 $r_{k+j} = r_{l+j}$.

下面再证明, 若 $r_k = r_l$, 且 $k > 1$, 则 $r_{k-1} = r_{l-1}$.

用反证法 假设 $r_{k-1} \neq r_{l-1}$.

已知 $\qquad\qquad\qquad 10 \cdot r_{k-1} = a_k \cdot q + r_k,$

$$10 \cdot r_{l-1} = a_l \cdot q + r_l,$$

$$r_k = r_l,$$

有 $\qquad\qquad\qquad 10 \cdot (r_{k-1} - r_{l-1}) = (a_k - a_l) \cdot q.$

一方面, 10 不能被 q 整除(因为 q 与 10 互质), 从而 $r_{k-1} - r_{l-1}$ 必被 q 整除; 另一方面, 由于 $r_{k-1} < q, r_{l-1} > q$, 从而 $r_{k-1} - r_{l-1}$ 不能被 q 整除, 这与 $r_{k-1} - r_{l-1}$ 能被 q 整除矛盾. 于是证明了 $r_{k-1} = r_{l-1}$.

依此可推得 $r_{k-2} = r_{l-2} \cdots, r_1 = r_{l-k+1}$.

设 $l - k = m$, 由上述的证明, 有

$$r_1 = r_{m+1}, \quad r_2 = r_{m+2}, \quad \cdots, \quad r_j = r_{m+j} \quad (j \in \mathbf{N}).$$

接着还要证明, 若 $r_1 = r_{m+1}$, 则 $p = r_m$. 用反证法, 假设 $p \neq r_m$.

已知 $\qquad\qquad\qquad 10 \cdot p = a_1 \cdot q + r_1$

$$10 \cdot r_m = a_m \cdot q + r_{m+1},$$

$$r_1 = r_{m+1}.$$

有　　　　　　　　$$10 \cdot (p - r_m) = (a_1 - a_{m+1}) \cdot q.$$

一方面，已知 10 不能被 q 整除（因为 q 与 10 互质），从而 $p - r_m$ 必被 q 整除；另一方面，由于 $p < q, r_m < q$，从而 $p - r_m$ 不能被 q 整除，于是产生了矛盾．这就证明了 $p = r_m$．

综上所证得到：

$$r_1 = r_{m+1} = r_{2m+1} = \cdots,$$

$$r_2 = r_{m+2} = r_{2m+2} = \cdots,$$

$$\cdots \qquad \cdots$$

$$r_m = r_{2m} = r_{3m} = \cdots = p,$$

即余数列 $\{r_n\}$ 是周期循环出现的．

已知除法运算的余数是惟一的，因此，与余数列 $\{r_n\}$ 对应的商数列 $\{a_n\}$ 也必是周期循环出现的，即 $\forall i \in \mathbf{N}$ 有 $a_i = a_{i+m}$，于是，正分数 $\dfrac{p}{q}$ 能化成纯循环小数，即

$$\frac{p}{q} = 0.\dot{a}_1 a_2 \cdots \dot{a}_m$$

我们用 $(q, 10)$ 表示 q 与 10 的最大公约数．

定理 2.3.9　若正分数 $\dfrac{p}{q}$，且 $(q, 10) > 1$，又不能化成有限小数，则 $\dfrac{p}{q}$ 必能化成混循环小数．

证明　已知 q 与 10 不互质，即 q 含有 2 或 5 的因数，又 $\dfrac{p}{q}$ 不能化成有限小数，根据引理 2.3.1，q 必含有不是 2 与 5 的质因数．设

$$q = 2^\alpha \cdot 5^\beta \cdot d，\text{且} (d, 10) = 1,$$

其中 α, β 是非负整数，$\alpha + \beta \geqslant 1$．若 $\alpha - \beta = n$ 或 $\alpha = \beta + n$，以 5^n 乘 $\dfrac{p}{q}$ 的分子与分母，有

$$\frac{p}{q} = \frac{p}{2^\alpha \cdot 5^\beta \cdot d} = \frac{5^n \cdot p}{2^\alpha \cdot 5^\beta \cdot 5^n \cdot d} = \frac{5^n \cdot p}{10^\alpha \cdot d}$$

考虑正分数 $\dfrac{5^n \cdot p}{d}$，$(d, 10) = 1$，根据定理 2.3.8，$\dfrac{5^n \cdot p}{d}$ 能化为纯循环小数，设

$$\frac{5^n \cdot p}{d} = b_k b_{k-1} \cdots b_2 b_1 . \dot{a}_1 a_2 \cdots \dot{a}_m,$$

其中 $a_i(i=1,2,\cdots,m)$ 是 $0,1,2,\cdots,9$ 的数字,而 $b_k b_{k-1} \cdots b_2 b_1$ 是非负整数,于是,

$$\frac{p}{q} = \frac{1}{10^\alpha} \cdot \frac{5^n \cdot p}{d} = \frac{1}{10^\alpha} \cdot b_k b_{k-1} \cdots b_2 b_1 . \dot{a}_1 a_2 \cdots \dot{a}_m$$

$$= b_k b_{k-1} \cdots b_{\alpha+1} . b_\alpha \cdots b_2 b_1 . \dot{a}_1 a_2 \cdots \dot{a}_m.$$

若 $\beta - \alpha = l$ 或 $\beta = \alpha + l$,以 2^l 乘 $\frac{p}{q}$ 的分子与分母,有

$$\frac{p}{q} = \frac{p}{2^\alpha \cdot 5^\beta \cdot d} = \frac{2^l \cdot p}{2^\alpha \cdot 5^\beta \cdot 2^l \cdot d} = \frac{2^l \cdot p}{10^\beta \cdot d}.$$

考虑正分数 $\frac{2^l \cdot p}{d}$,$(d,10)=1$,根据定理 2.3.8,$\frac{2^l \cdot p}{d}$ 能化成纯循环小数,设

$$\frac{2^l \cdot p}{d} = b_k b_{k-1} \cdots b_2 b_1 . \dot{a}_1 a_2 \cdots \dot{a}_m,$$

于是,

$$\frac{p}{q} = \frac{1}{10^\beta} \cdot \frac{2^l \cdot p}{d} = \frac{1}{10^\beta} \cdot b_k b_{k-1} \cdots b_2 b_1 . \dot{a}_1 a_2 \cdots \dot{a}_m$$

$$= b_k b_{k-1} \cdots b_{\beta+1} . b_\beta \cdots b_2 b_1 . \dot{a}_1 a_2 \cdots \dot{a}_m$$

定理 2.3.8 和定理 2.3.9 指出,任意正分数都能化成正的循环小数. 下面讨论相反的问题:

定理 2.3.10　任意纯循环小数

$$0. \dot{a}_1 a_2 \cdots \dot{a}_m$$

都能化成惟一的正分数.

证明　设

$$\frac{p}{q} = 0. \dot{a}_1 a_2 \cdots \dot{a}_m \quad (p,q)=1,(q,10)=1$$

只须证明存在这样的 p 与 q,使 $\frac{p}{q}$ 能化成已给的纯循环小数即可.

已知　　　　$\frac{p}{q} = 0. \dot{a}_1 a_2 \cdots \dot{a}_m$

$$= 0. a_1 a_2 \cdots a_m a_1 a_2 \cdots a_m a_1 a_2 \cdots a_m \cdots$$

$$= 0. a_1 a_2 \cdots a_m + 0.00 \cdots 0 \dot{a}_1 a_2 \cdots \dot{a}_m$$

$$= 0. a_1 a_2 \cdots a_m + \frac{1}{10^m} \cdot 0. \dot{a}_1 a_2 \cdots \dot{a}_m$$

$$= 0.a_1 a_2 \cdots a_m + \frac{p}{10^m \cdot q},$$

由于

$$\frac{p}{q} - \frac{p}{10^m \cdot q} = \frac{10^m \cdot p - p}{10^m \cdot q} = \frac{(10^m - 1)p}{10^m \cdot q},$$

我们得

$$\frac{(10^m - 1)p}{10^m \cdot q} = 0.a_1 a_2 \cdots a_m,$$

即

$$\frac{p}{q} = \frac{0.a_1 a_2 \cdots a_m \cdot 10^m}{10^m - 1} = \frac{a_1 a_2 \cdots a_m}{99\cdots 9}.$$

于是任意首数为 0 的纯循环小数都能化成正分数,其分子是循环节所组成的正整数,分母是 m 个(循环节中数字的个数)9 所组成的正整数.

下面证明,这个分数是惟一的.

设这个纯循环小数能化成两个既约分数 $\frac{p}{q}$ 与 $\frac{p'}{q'}$,且 $(q,10)=1$,$(q',10)=1$,
即

$$\frac{p}{q} = 0.\dot{a}_1 a_2 \cdots \dot{a}_m = 0.a_1 a_2 \cdots a_m + \frac{p}{10^m \cdot q}$$

与

$$\frac{p'}{q'} = 0.\dot{a}_1 a_2 \cdots \dot{a}_m = 0.a_1 a_2 \cdots a_m + \frac{p'}{10^m \cdot q'},$$

$$\frac{p}{q}\left(1 - \frac{1}{10^m}\right) = \frac{p'}{q'}\left(1 - \frac{1}{10^m}\right).$$

于是,$\frac{p}{q} = \frac{p'}{q'}$ 即两个既约分数 $\frac{p}{q}$ 与 $\frac{p'}{q'}$ 相等,证明了惟一性.

推论 3.1　任意混循环小数

$$a_0.a_1 \cdots a_m b_1 \cdots b_n$$

都能化成惟一的正分数,其中 a_0 是非负整数,$a_i(i=1,2,\cdots,m)$ 与 $b_j(j=1,2,\cdots,n)$ 都是 $0,1,2,\cdots,9$ 的数字.

我们约定

$$a_0.a_1 a_2 \cdots a_m = a_0.a_1 a_2 \cdots a_m \dot{0}.$$

$$a_0 = a_0.\dot{0}$$

综上所述,任意正有理数 $\frac{p}{q}(p,q)=1$,都对应(这里是相等)惟一一个循环小数 $a_0.a_1 a_2 \cdots a_m \dot{b}_1 b_2 \cdots \dot{b}_n$,即

$$\frac{p}{q} = a_0.a_1 a_2 \cdots a_m \dot{b}_1 b_2 \cdots \dot{b}_n,$$

反之亦然. 于是,正有理数集与正循环小数集是一一对应的.

任意正有理数 $\dfrac{p}{q}$ 都有相反数,即 $-\dfrac{p}{q}$. 设

$$\dfrac{p}{q} = a_0 . a_1 a_2 \cdots a_m \dot{b}_1 b_2 \cdots \dot{b}_n ,$$

约定

$$-\dfrac{p}{q} = -a_0 . a_1 a_2 \cdots a_m \dot{b}_1 b_2 \cdots \dot{b}_n ,$$

$$0 = 0.00\cdots = 0 . \dot{0} .$$

这样任意有理数都对应(等于)惟一一个循环小数,反之亦然. 于是,有理数集 **Q** 与循环小数集是一一对应的. 从代数的结构来看,循环小数与有理数只是形式不同,没有本质区别.

2.4 实 数 集

2.4.1 定义与性质

我们已经知道任意一个分数都对应一个循环小数,反之,任何一个循环小数都对应一个分数. 但 $\sqrt{2}$ 却不等于某个分数,π 也不等于某个分数(参见文献[3]). 这就是说,$\sqrt{2}$ 与 π 都是无限不循环小数. 事实上,我们非常容易构造无限不循环小数. 例如

$$0.1010010001\cdots$$

$$-0.121122111222\cdots$$

定义 2.4.1 无限不循环小数称为**无理数**. 有理数与无理数统称为**实数**,实数集记为 **R**.

这一节中,我们要讨论实数的运算与性质. 为此,我们首先要定义两个实数的相等.

定义 2.4.2 有两个实数

$$a = a_0 . a_1 a_2 \cdots a_n \cdots \quad \text{与} \quad b = b_0 . b_1 b_2 \cdots b_n \cdots,$$

其中 a_0 与 b_0 为整数,a_i, b_i $(i = 1, 2, \cdots, n, \cdots)$ 是 $0, 1, 2, \cdots, 9$ 中的数字. 若 $a_k = b_k$,$k = 0, 1, 2, \cdots$,则称 a 与 b **相等**,记作 $a = b$.

定义 2.4.3 若 $a = a_0 . a_1 a_2 \cdots a_n \cdots$,其中 a_0 是非负整数,a_i $(i = 1, 2, \cdots)$ 是

$0,1,2,\cdots,9$ 中的数字,则称 $a \geqslant 0$. 若 $a > 0$,则 $-a < 0$.

对于实数 a,它的**绝对值**表为 $|a|$,定义为

$$|a| = \begin{cases} a, & \text{当 } a \geqslant 0; \\ -a, & \text{当 } a < 0. \end{cases}$$

定义 2.4.4 对于两个非负实数

$$a = a_0.a_1a_2\cdots a_n\cdots \text{ 与 } b = b_0.b_1b_2\cdots b_n\cdots,$$

若 $a_0 < b_0$,或存在 $i \in \mathbf{N}$,有 $a_k = b_k$,$k = 0, 1, \cdots, i-1$,而 $a_i < b_i$,则称 a **小于** b 或 b **大于** a,记作 $a < b$ 或 $b > a$.

若 $a < 0, b \geqslant 0$ 或 $a < 0, b < 0$ 且 $|a| > |b|$,则称 a 小于 b 或 b 大于 a,记作 $a < b$ 或 $b > a$.

以上我们定义了实数集的序,下面我们证明实数集是个全序集.

定理 2.4.1 若 $a, b, c \in \mathbf{R}$ 且 $a < b, b < c$,则 $a < c$.

证 设

$$a = a_0.a_1a_2\cdots a_n\cdots,$$
$$b = b_0.b_1b_2\cdots b_n\cdots,$$
$$c = c_0.c_1c_2\cdots c_n\cdots,$$

(1)当 a, b, c 是三个非负实数时,由 $a < b$ 可知,$a_0 < b_0$ 或 $a_i = b_i (i = 0, 1, \cdots, k-1) a_k < b_k$. 若 $a_0 < b_0$,由 $b < c$ 知 $b_0 \leqslant c_0$,根据整数集的序关系知 $a_0 < c_0$,即 $a < c$. 同理,若 $b_0 < c_0$,则 $a < c$. 否则 $a_0 = b_0 = c_0$,我们来讨论 a_1, b_1, c_1. 如上讨论,若 $a_1 < b_1$ 或 $b_1 < c_1$,则有 $a < c$. 否则 $a_1 = b_1 = c_1$,我们假设 $a_i = b_i (i = 0, 1, 2, \cdots, k-1)$,$a_k < b_k$,$b_i = c_i (i = 0, 1, \cdots, m-1)$,$b_m < c_m$. 不妨假设 $k \leqslant m$,则我们有 $a_i = b_i = c_i (i = 0, 1, \cdots, k-1)$,但 $a_k < b_k \leqslant c_k$,故有 $a < c$.

(2)当 a, b, c 是三个非正实数时,由 $a < b$ 知 $|a| > |b|$,由 $b < c$ 知 $|b| > |c|$,由(1)已证明结论知 $|a| > |c|$,从而有 $a < c$.

(3)其他情况是显然的. $\square$

注 4.1 定理 2.4.1 表明实数集 $\mathbf{R}$ 是半序集.

定理 2.4.2 $\forall a, b \in \mathbf{R}$,有且仅有下列关系之一成立:

$$a < b, a = b, a > b$$

证 设 $a = a_0a_1a_2\cdots a_n\cdots$,$b = b_0b_1b_2\cdots b_n\cdots$.

根据整数集的三歧性,若 $a_k = b_k$,$k = 0, 1, 2, \cdots$,则 $a = b$. 否则 $a \neq b$,分别有

(1)当 $a \geqslant 0, b \geqslant 0$ 时,因 $a \neq b$,则 $a_0 \neq b_0$,或存在 k,有 $a_i = b_i$,$i = 0, 1, 2,$ $\cdots, k-1$,而 $a_k \neq b_k$,若 $a_0 < b_0$(或 $a_0 > b_0$)或 $a_i = b_i$,$i = 0, 1, 2, \cdots, k-1$,而 $a_k < b_k$(或 $a_k > b_k$),则 $a < b$(或 $a > b$).

(2)当 $a < 0, b \geqslant 0$ 时,$a < b$,若 $a \geqslant 0, b < 0$,则 $a > b$.

(3)当 $a < 0, b < 0$ 时,因 $a \neq b$,故 $|a| \neq |b|$,因 $|a| > 0$,$|b| > 0$,由(1)知,$|a| > |b|$,或 $|b| > |a|$,从而有 $a < b$,或 $a > b$.

注 4.2   定理 2.4.2 称之为实数的三歧性,定理 2.4.1 与 2.4.2 表明:实数集 **R** 是全序集.

设 l 是一数轴. 任取一点 $M \in l$,若 M 与原点 O 的距离是一有理数,则称 M 是有理数;否则称 M 是无理数. 显然数轴 l 上的点可以与实数集 **R** 中的实数建立一一对应关系.

2.4.2   实数的四则运算

1. 数列的稳定

定义 2.4.5   设有非负整数列 $\{x_n\}$,若 $\exists k \in \mathbf{N}, \forall n > k$,有 $x_n = m$,则称非负整数数列 $\{x_n\}$ 稳定,且稳定于 m.

显然,若非负整数数列 $\{x_n\}$ 单调增加,且有上界 M,则该数列 $\{x_n\}$ 必稳定于某个整数.

下面讨论非负无限小数数列 $\{a_n\}$,现将数列 $\{a_n\}$ 的每一项 a_n 用无限小数表示如下:

$$\left. \begin{array}{l} a_1 = a_{10} \cdot a_{11} a_{12} a_{13} \cdots a_{1k} \cdots, \\ a_2 = a_{20} \cdot a_{21} a_{22} a_{23} \cdots a_{2k} \cdots, \\ \quad \cdots \quad \cdots \quad \cdots \\ a_n = a_{n0} \cdot a_{n1} a_{n2} a_{n3} \cdots a_{nk} \cdots \\ \quad \cdots \quad \cdots \quad \cdots \end{array} \right\} \tag{1}$$

其中 $a_{n0}(n \in \mathbf{N})$ 是非负整数,$a_{nk}(n, k \in \mathbf{N})$ 是 $0, 1, 2, \cdots, 9$ 中的数字.

(1)中的每项小数点后第 k 位构成非负整数($0, 1, 2, \cdots, 9$ 中的数字)数列 $\{a_{nk}\}(k = 0, 1, 2, \cdots)$,称为无限小数数列(1)的第 k 列.

定义 2.4.6   设有非负无限小数数列 $\{a_n\}$(如(1)),若对于任意的 $k(k = 0, 1, 2, \cdots)$,(1)中的第 k 列 $\{a_{nk}\}$ 都稳定于 b_k,则称为无限小数数列 $\{a_n\}$ **稳定于** $b = b_0 . b_1 b_2 \cdots$,记作 $a_n \Rightarrow b$,其中 b_0 是非负整数,$b_k(k \in \mathbf{N})$ 是 $0, 1, 2, \cdots, 9$ 中的

数字.

注 4.3　小数数列 $\{a_n\}$ 稳定于 b 和小数数列 $\{a_n\}$ 收敛于 b 是两个不同的概念. 若小数数列 $\{a_n\}$ 稳定于 b, 则小数数列 $\{a_n\}$ 必收敛于 b. 反之却未必成立.

引理 2.4.1　若非负小数数列(如(1))单调增加(即 $a_{n+1} \geqslant a_n$), 且有上界 M (即 $a_n \leqslant M$), 则小数数列 $\{a_n\}$ 稳定于某个数 b, 且 $\forall n \in \mathbf{N}$, 有 $a_n \leqslant b \leqslant M$.

证　已知非负小数数列 $\{a_n\}$ 是单调增加的, 且有上界 M, 则它的第 0 列 $\{a_{n0}\}$ (非负整数数列)也必是单调增加且有上界 M. 于是, 第 0 列 $\{a_{n0}\}$ 是稳定的. 设它稳定于 b_0, 且 $b_0 \leqslant M$.

同理, 第 1 列 $\{a_{n1}\}$ 稳定于 b_1, 第 2 列 $\{a_{n2}\}$ 稳定于 b_2, $\cdots$, 第 k 列 $\{a_{nk}\}$ 稳定于 b_k 且

$$b_0 . b_1 b_2 \cdots b_k \cdots \leqslant M,$$

于是, $a_n \Rightarrow b = b_0 . b_1 b_2 \cdots b_k \cdots$, 且 $b \leqslant M$.

下面证明, $\forall n \in \mathbf{N}$, 有 $a_n \leqslant b$.

用反证法, 假设 $\exists m \in \mathbf{N}$, 使 $a_m > b$, 即 $a_{m0} > b_0$ 或 $\exists k \in \mathbf{N}$, 有 $a_{mi} = b_i$, $i = 0, 1, \cdots, k-1$, $a_{mk} > b_k$, 但这与 $\{a_{n0}\}$ 稳定于 b_0 或与 $\{a_{nk}\}$ 稳定于 b_k 矛盾, 于是, $\forall n \in \mathbf{N}$, 有 $a_n \leqslant b$.

定义 2.4.7　设有正实数 $a = a_0 . a_1 a_2 \cdots a_n \cdots$, $\forall n \in \mathbf{N}$, 有限小数 $a_0 . a_1 a_2 \cdots a_n$ 称为 a 的 n 位截尾数, 记作 $a^{(n)}$, 即

$$a^{(n)} = (a_0 . a_1 a_2 \cdots a_n \cdots)^{(n)} = a_0 . a_1 a_2 \cdots a_n.$$

正实数 $a = a_0 . a_1 a_2 \cdots a_n \cdots$ 的 n 位截尾数 $a^{(n)} = a_0 . a_1 a_2 \cdots a_n$ 是正有理数, 且是 a 的不足近似值, 其误差不超过 $\dfrac{1}{10^n}$, 显然

$$a_0 . a_1 a_2 \cdots (a_n + 1) = a_0 . a_1 a_2 \cdots a_n + \frac{1}{10^n} = a^{(n)} + \frac{1}{10^n},$$

是正实数 a 的过剩近似值, 其误差也不超过 $\dfrac{1}{10^n}$.

2. 实数的四则运算

下面应用有理数的四则运算定义实数的四则运算. 首先定义正实数的四则运算, 然后根据符号法则, 就有实数的四则运算.

设有两个正实数

$$a = a_0 . a_1 a_2 \cdots a_n \cdots \quad \text{与} \quad b = b_0 . b_1 b_2 \cdots b_n \cdots.$$

加法

讨论有理数列 $\{a^{(n)}+b^{(n)}\}$，这是一个单调增加且有上界的数列.

事实上，$\forall n \in \mathbf{N}$，有

$$a^{(n)}+b^{(n)} = a_0.a_1a_2\cdots a_n + b_0.b_1b_2\cdots b_n$$
$$\leqslant a_0.a_1a_2\cdots a_n a_{n+1} + b_0.b_1b_2\cdots b_n b_{n+1}$$
$$= a^{(n+1)}+b^{(n+1)},$$

即 $a^{(n)}+b^{(n)}$ 是单调增加的，设 $M = a_0+b_0+2$，$\forall n \in \mathbf{N}$，有

$$a^{(n+1)}+b^{(n+1)} \leqslant (a_0+1)+(b_0+1) = a_0+b_0+2 = M,$$

即 $\{a^{(n)}+b^{(n)}\}$ 有上界. □

根据引理 2.4.1，有理数列 $\{a^{(n)}+b^{(n)}\}$ 是稳定的，设

$$a^{(n)}+b^{(n)} \Rrightarrow \beta_0.\beta_1\beta_2\cdots\beta_k\cdots.$$

定义 2.4.8 若两个正实数 $a = a_0.a_1a_2\cdots a_n\cdots$，$b = b_0.b_1b_2\cdots b_n\cdots$，有理数列 $\{a^{(n)}+b^{(n)}\}$ 必稳定于某数 $\beta = \beta_0.\beta_1\beta_2\cdots\beta_n\cdots$，则称 β 是 a 与 b 的和，表为 $a+b$，即

$$a+b = a_0.a_1a_2\cdots a_n\cdots + b_0.b_1b_2\cdots b_n\cdots$$
$$= \beta_0.\beta_1\beta_2\cdots\beta_n\cdots = \beta.$$

与加法的定义相类似，我们可以定义减法.

乘法

讨论有理数列 $\{(a^{(n)}b^{(n)})^{(n)}\}$，根据已知的有理数乘法. $\forall n \in \mathbf{N}$，有

$$(a^{(n)}b^{(n)})^{(n)} = (a_0.a_1a_2\cdots a_n \times b_0.b_1b_2\cdots b_n)^{(n)}$$

$$= \left[\left(a_0 + \frac{a_1}{10} + \frac{a_2}{10^2} + \cdots + \frac{a^n}{10^n}\right) \times \left(b_0 + \frac{b_1}{10} + \frac{b_2}{10^2} + \cdots + \frac{b^n}{10^n}\right)\right]^{(n)}$$

$$= \left(a_0 b_0 + \frac{a_0 b_1 + a_1 b_0}{10} + \cdots + \frac{a_0 b_n + a_1 b_{n-1} + \cdots a_n b_0}{10^n} + \cdots + \frac{a_n b_n}{10^{2n}}\right)^{(n)}$$

$$= a_0 b_0 + \frac{a_0 b_1 + a_1 b_0}{10} + \cdots + \frac{a_0 b_n + a_1 b_{n-1} + \cdots a_n b_0}{10^n}.$$

不难证明，有理数列 $\{(a^{(n)}b^{(n)})^{(n)}\}$ 是单调增加的，且有上界. 事实上，$\forall n \in \mathbf{N}$，有

$$\frac{(a^{(n+1)}b^{(n+1)})^{(n+1)}}{(a^{(n)}b^{(n)})^{(n)}} = \frac{(a_n.a_1\cdots a_{n+1} \times b_0.b_1\cdots b_{n+1})^{(n+1)}}{(a_0.a_1\cdots a_n \times b_0.b_1\cdots b_n)^{(n)}}$$

$$\geqslant \frac{(a_0.a_1\cdots a_n \times b_0.b_1\cdots b_n)^{(n)}}{(a_0.a_1\cdots a_n \times b_0.b_1\cdots b_n)^{(n)}} = 1,$$

即$\{(a^{(n)}b^{(n)})^{(n)}\}$是单调增加的. 设 $M=(a_0+1)(b_0+1)$,$\forall\,n\in\mathbf{N}$,有

$$(a^{(n)}b^{(n)})^{(n)}\leqslant\big[(a_0+1)(b_0+1)\big]^{(n)}=(a_0+1)(b_0+1)=M,$$

即$\{(a^{(n)}b^{(n)})^{(n)}\}$有上界. $\square$

根据引理 2.4.1,有理数列$\{(a^{(n)}b^{(n)})^{(n)}\}$是稳定的,设

$$(a^{(n)}b^{(n)})^{(n)}\rightrightarrows\gamma_0.\gamma_1\gamma_2\cdots\gamma_k\cdots.$$

定义 2.4.9　若两个正实数 $a=a_0.a_1a_2\cdots a_n\cdots$,$b=b_0.b_1b_2\cdots b_n\cdots$,有理数列$\{(a^{(n)}b^{(n)})^{(n)}\}$必稳定于某个数 $\gamma_0.\gamma_1\gamma_2\cdots\gamma_k\cdots$,则称 γ 是 a 与 b 的积,表为 $a\cdot b$,或 ab,即

$$a\cdot b=\gamma_0.\gamma_1\gamma_2\cdots\gamma_k\cdots=\gamma.$$

除法

讨论有理数列$\left\{\left(\dfrac{a^{(n)}}{b^{(n)}+10^{-n}}\right)^{(n)}\right\}$ $(b\neq0)$. 根据已知的有理数除法. $\forall\,n\in\mathbf{N}$,有

$$\left(\frac{a^{(n)}}{b^{(n)}+10^{-n}}\right)^{(n)}=\left(\frac{a_0.a_1a_2\cdots a_n}{b_0.b_1b_2\cdots(b_n+1)}\right)^{(n)}$$

$$=\left(\frac{a_0.a_1a_2\cdots a_n\times10^n}{b_0.b_1b_2\cdots(b_n+1)\times10^n}\right)^{(n)}=\left(\frac{a_0a_1a_2\cdots a_n}{b_0.b_1b_2\cdots(b_n+1)}\right)^{(n)}.$$

不难证明,有理数列$\left\{\left(\dfrac{a^{(n)}}{b^{(n)}+10^{-n}}\right)^{(n)}\right\}$是单调增加的,且有上界.

事实上,因为 $\forall\,n\in\mathbf{N}$,有

$$b_0.b_1b_2\cdots(b_n+1)\geqslant b_0.b_1b_2\cdots b_n(b_{n+1}+1),$$

所以,$\forall\,n\in\mathbf{N}$,有

$$\left(\frac{a^{(n)}}{b^{(n)}+10^{-n}}\right)^{(n)}\leqslant\left(\frac{a_0a_1a_2\cdots a_na_{n+1}}{b_0.b_1b_2\cdots b_n(b_{n+1}+1)}\right)^{(n)}$$

$$\leqslant\left(\frac{a^{(n+1)}}{b^{(n+1)}+10^{-(n+1)}}\right)^{(n+1)},$$

即$\left(\dfrac{a^{(n)}}{b^{(n)}+10^{-n}}\right)^{(n)}$是单调增加的.

因为 $b\neq0$,所以 $\exists\,j\in\mathbf{N}$,有 $b_j\neq0$,设

$$\frac{a_0+1}{b_0.b_1\cdots b_j}=M$$

$\forall\,n\in\mathbf{N}$,当 $n>j$ 时,有

$$\left(\frac{a^{(n)}}{b^{(n)}+10^{-n}}\right)^{(n)} = \left(\frac{a_0 . a_1 a_2 \cdots a_n}{b_0 . b_1 b_2 \cdots (b_n+1)}\right)^{(n)} \leqslant \frac{a_0+1}{b_0 . b_1 \cdots b_j} = M,$$

即 $\left\{\left(\dfrac{a^{(n)}}{b^{(n)}+10^{-n}}\right)^{(n)}\right\}$ 有上界. □

根据引理 2.4.1,有理数列 $\left\{\left(\dfrac{a^{(n)}}{b^{(n)}+10^{-n}}\right)^{(n)}\right\}$ 是稳定的,设

$$\left(\frac{a^{(n)}}{b^{(n)}+10^{-n}}\right)^{(n)} \Rightarrow \delta_0 . \delta_1 \delta_2 \cdots \delta_k \cdots.$$

定义 2.4.10　若两个正实数 $a = a_0 . a_1 a_2 \cdots a_n \cdots, b = b_0 . b_1 b_2 \cdots b_n \cdots$,有理

数列 $\left\{\left(\dfrac{a^{(n)}}{b^{(n)}+10^{-n}}\right)^{(n)}\right\}$ 必稳定于某数 $\delta = \delta_0 . \delta_1 \delta_2 \cdots \delta_k \cdots$,则称 δ 是 a 与 b 的

商,表为 $\dfrac{a}{b}$,即

$$\frac{a}{b} = \frac{a_0 . a_1 a_2 \cdots a_n \cdots}{b_0 . b_1 b_2 \cdots b_n \cdots}$$

$$= \delta_0 . \delta_1 \delta_2 \cdots \delta_k \cdots = \delta.$$

以上定义了正实数的四则运算. 再规定:

$$0 + a = a \pm 0 = a$$

$$a \cdot 0 = 0 \cdot b = a - a = \frac{0}{b} = 0. \ (a \geqslant 0, b \geqslant 0)$$

当 $a > 0, b > 0$,且 $a < b$,有 $a - b = -(b-a)$.

当 $a \leqslant 0, b \leqslant 0$,有

$$a + b = -(|a| + |b|), \quad a \cdot b = |a| \cdot |b|.$$

$|b| < |a|$,有

$$a - b = -(|a| - |b|), \quad b - a = |a| - |b|.$$

当 $a \leqslant 0, b > 0$,有

$$a + b = b - |a|, \quad a \cdot b = -|a| \cdot b,$$

$$a - b = -(|a| + |b|), \quad b - a = b + |a|.$$

有了上述的四则运算的符号法则,就定义了任意两个实数的四则运算. 不难看到,实数集 **R** 对四则运算是封闭的,即任意两个实数的四则运算的结果仍是实数,也不难验证,当两个实数 a 与 b 是有理数时,其四则运算的结果与这里关于实数的四则运算的结果是相等的,即实数的四则运算是有理数的四则运算的推广.

3. 运算性质

有了上述的四则运算的符号法则,验证实数运算的性质是有理数运算性质的推广,只须验证正实数运算的性质即可.

先讨论实数加法运算的性质,下面的 a, b, c 都是正实数,设

$$a = a_0 . a_1 a_2 \cdots a_n \cdots, \quad b = b_0 . b_1 b_2 \cdots b_n \cdots,$$

$$c = c_0 . c_1 c_2 \cdots c_n \cdots.$$

(1)**加法交换律**: $a + b = b + a$.

证 已知有限小数(有理数)满足加法交换律. 从而, $\forall n \in \mathbf{N}$,有

$$a^{(n)} + b^{(n)} = b^{(n)} + a^{(n)}$$

又已知 $a^{(n)} + b^{(n)} \Rrightarrow a + b, b^{(n)} + a^{(n)} \Rrightarrow b + a$

于是, $\qquad\qquad a + b = b + a \quad \square$

我们可以用相似的方法来证明:

(2)**加法结合律**: $(a + b) + c = a + (b + c)$;

(3)**加法保序律**:若 $a < b$,则 $a + c < b + c$;

(4)**存在零元**

存在惟一数 0, $\forall a \in \mathbf{R}$,有 $a + 0 = a$;

(5)**存在相反数**

$\forall a \in \mathbf{R}$,存在惟一相反数 $-a \in \mathbf{R}$,有 $a + (-a) = 0$;

性质(4)与性质(5)可以由加法的定义与四则运算的符号法则得到.

下面讨论实数的乘法运算性质.

与实数的加法运算性质相类似,我们有

(6)**乘法交换律**: $a \cdot b = b \cdot a$;

(7)**乘法结合律**: $(a \cdot b) \cdot c = a \cdot (b \cdot c)$;

(8)**乘法保序性**:若 $a < b, c > 0$,则 $a \cdot c < b \cdot c$;

(9)**存在单位元**

存在惟一的实数 1, $\forall a \in \mathbf{R}$,有 $a \cdot 1 = a$;

(10)**存在倒数**

$\forall a \in \mathbf{R}, a \neq 0$,则存在 $\dfrac{1}{a} \in \mathbf{R}$,使得 $a \cdot \dfrac{1}{a} = 1$;

对于实数的加法与乘法的混合运算,有

(11)**乘法对加法的分配律**: $a(b + c) = ab + ac$.

以上这些实数的运算性质,都是依赖于有理数所具有的运算性质. 同样地,

有理数的其他运算(如乘方运算)和序的性质也都可推广到实数集上,这里从略.

2.4.3 实数的连续性

实数集比有理数集多了一个重要性质,这就是连续性. 正因为实数集具有连续性,所以在实数集上的极限运算才是封闭的,从而实数集就成为数学分析的立论基础.

定理 2.4.3(单调有界定理) 若数列 $\{a_n\}$ 单调增加且有上界,则数列 $\{a_n\}$ 收敛.

证 我们不妨假设 $a_n \geq 0$,否则,存在某个有理数 $c > 0$,使 $a_n' = a_n + c \geq 0$,从而由讨论数列 $\{a_n\}$ 变为讨论数列 $\{a_n'\}$.

由引理 2.4.1 知,数列 $\{a_n\}$ 稳定于某个实数 $a = \xi_0.\xi_1\xi_2\cdots\xi_k$,下面证明,$a$ 就是数列 $\{a_n\}$ 的极限.

事实上,$\forall \varepsilon > 0, \exists n_0 \in \mathbf{N}$,当 $n \geq n_0$ 时,$\dfrac{1}{10^n} < \varepsilon$. 由引理 2.4.1 知,

$$a_{n0} \Rightarrow \xi_0 \cdots, a_{nk} \Rightarrow \xi_k \cdots,$$

对于充分大的 n_0,当 $n > n_0$ 时,有

$$a_n = \xi_0.\xi_1\cdots\xi_{n0}\cdots a_{nn_0+1} a_{nn_0+2}\cdots,$$

$$|a_n - a| = |\xi_0.\xi_1\xi_2\cdots\xi_{n0}\cdots a_{nn_0+1} - \xi_0.\xi_1\xi_2\cdots\xi_{n_0}\xi_{n_0+1}\cdots|$$

$$\leq \frac{1}{10^{n_0}} < \varepsilon,$$

即 $\lim\limits_{n \to +\infty} a_n = a$.

推论 4.1 若数列 $\{a_n\}$ 单调减少(即 $a_n \geq a_{n+1}$),且有下界 $M(a_n \geq M)$,则数列 $\{a_n\}$ 收敛.

证 令 $a_n' = -a_n$. 由于 $a_n \geq a_{n+1}$ 且有下界 M,则可得 $a_n' \geq a_{n+1}'$ 且 $a_n' \leq -M = M'$,由定理 2.4.3 知 $\lim\limits_{n \to +\infty} a_n' = a'$. 从而有 $\lim\limits_{n \to +\infty} a_n = a = \lim\limits_{n \to +\infty} -a_n'$.

例 1 设 $a_0 > 0, b > 0, a_n = \dfrac{1}{2}\left(a_{n-1} + \dfrac{b}{a_{n-1}}\right), n = 1, 2, \cdots$,证明数列 $\{a_n\}$ 收敛,并求其极限.

证 不难看出,$\forall n \in \mathbf{N}$,有 $a_n > 0$,根据几何平均不超过算术平均,$\forall n \in \mathbf{N}$,有

$$a_n = \frac{1}{2}\left(a_{n-1} + \frac{b}{a_{n-1}}\right) \geq \left(a_{n-1} \cdot \frac{b}{a_{n-1}}\right)^{\frac{1}{2}} = b^{\frac{1}{2}},$$

即数列 $\{a_n\}$ 有下界 $\sqrt{b}$.

$\forall\, n \in \mathbf{N}$,有

$$a_{n+1} - a_n = \frac{1}{2}\left(a_n + \frac{b}{a_n}\right) - a_n = \frac{1}{2a_n}(b - a_n^2) \leqslant 0,$$

即数列 $\{a_n\}$ 单调减少.

根据推论 4.1,数列 $\{a_n\}$ 收敛,设 $\lim\limits_{n \to +\infty} a_n = a$,由极限的单调性,有 $a \geqslant \sqrt{b} > 0$.

对等式 $a_{n+1} = \frac{1}{2}\left(a_n + \frac{b}{a_n}\right)$ 两端取极限得 $a = \frac{1}{2}\left(a + \frac{b}{a}\right)$,因 $a > 0$,得 $a = \sqrt{b}$.

注 4.4　当 $b = 2$ 时,$\sqrt{2}$ 是无理数,例 1 表明:若 a_0 是一有理数,则有理数列 $\{a_n\}$ 收敛于无理数 $\sqrt{2}$.

下面再给出描述实数集连续性的另外 6 个等价定理,它们是聚点定理,致密性定理,确界定理,有限覆盖定理,闭区间套定理和完备性定理. 这里只介绍 6 个定理的内容而不给予证明,它们的证明可参见文献[1].

下面,我们将给出聚点定理并为此先介绍聚点的概念.

定义 2.4.11　设 E 是数直线(即实数集 $\mathbf{R}$)上的点集,ξ 是直线上的一点. 若点 ξ 的任意邻域 $U(\xi,\delta)$

$$U(\xi,\delta) = \{x \mid |x - \xi| < \delta\} = (\xi - \delta, \xi + \delta)$$

内都含有 E 中无穷多个点,则称 ξ 是点集 E 的**聚点**. 称集合 $d(E) = \{\xi \mid \xi \text{ 是 } E$ 之聚点$\}$ 为 E 之**导集**.

例 2　令 $E_1 = [0,1]$. $\forall\, \xi \in E_1$, $\forall\, \delta > 0$, $U(\xi,\delta) \bigcap E_1$ 是无限点集,故 ξ 是 E_1 的聚点. $\forall\, \xi_0 \overline{\in} E_1$,则 $\xi_0 > 1$ 或 $\xi_0 < 0$. 不妨设 $\xi_0 > 1$,则 $(\xi_0 - 1)/2 = \delta_0 > 0$,$U(\xi,\delta) \bigcap E = \varnothing$,故 ξ_0 不是 E_1 的聚点. 同理可证 $\xi_0 < 0$ 也不是 E_1 的聚点. 上述讨论表明 $d(E_1) = E_1$.

例 3　令 $E_2 = \left\{\dfrac{1}{n} \mid n \in \mathbf{N}\right\}$. 对于 $\xi_0 = 0$, $\forall\, \delta > 0$, $U(\xi,\delta) \bigcap E_2$ 是一无限点集,故 $0 \in d(E_2)$. 对于 $\xi_0 \neq 0$,分三种情况讨论:

(1)$\xi_0 > 1$,选取 $\delta_0 = \dfrac{1}{2}(\xi_0 - 1) > 0$,则 $U(\xi_0,\delta_0) \bigcap E_2 = \varnothing$,故 $\xi_0 \overline{\in} d(E_2)$;

(2)$\xi_0 < 0$,同(1)类似可证 $\xi_0 \overline{\in} d(E_2)$;

(3)$\xi_0 \in (0,1)$,选取 $\delta_0 = \dfrac{1}{2}\xi_0 > 0$,则 $U(\xi_0, \delta_0)\bigcap E_2$ 是有限点集,故 $\xi_0 \overline{\in}$ $d(E_2)$.

综合上述讨论,知 $d(E_2) = \{0\}$.

集合 E_1 和 E_2 的共同特点是它们是有界(即既有上界又有下界)无限点集. 对于这类集合,我们有:

定理 2.4.4(聚点定理)　数直线上的有界无限点集 E 至少有一个聚点.

注 4.5　由聚点定义可知,若 E 是有限点集,则 E 无聚点,即 $d(E) = \varnothing$. 若 E 是无界无限点集,结论是不一定的. 例如,当 $E = \mathbf{R}$ 时,$d(E) = E$. 而当 $E = \mathbf{N}$ 时,$d(E) = \varnothing$.

在例2中,$d(E) \subset E$;在例3中 $d(E) \not\subset E$,若集合 E 满足 $d(E) \subset E$,我们则称 E 为**闭集**.

设 E 是数直线上的点集. 若 $\forall \xi \in E$,$\exists \delta > 0$,使和 $U(\xi, \delta) \subset E$,则称 E 是**开集**.

由闭集的定义即可见闭区间 $[a,b]$ 是闭集(见例2),但闭集不一定的闭区间. 例如,自然数集 $\mathbf{N}$ 是闭集.

由开集定义即可见开区间 (a,b) 是开集. 但开集 E 未必是开区间. 例如,若 $(a,b)\bigcap(c,d) = \varnothing$,则 $E = (a,b)\bigcup(c,d)$ 是开集,但不是开区间.

利用开集与闭集的定义即可证明:$E(\subset \mathbf{R})$ 是开(闭)集当且仅当 $\mathbf{R} - E$ 是闭(开)集.

实数集 $\mathbf{R}$ 是一个既开又闭的集合,$(0,1]$ 在 $\mathbf{R}$ 中既不是开集也不是闭集的集合.

与聚点定理极其相似的致密性定理是:

定理 2.4.5(致密性定理)　有界数列 $\{a_n\}$ 必有收敛子列.

注 4.6　由数列极限知,若数列 $\{a_n\}$ 收敛,则数列有界,即存在正数 M,使得,$|a_n| \leqslant M$,$\forall n \in \mathbf{N}$. 反之未必成立,即有界数列未必收敛. 例如,$a_n = (-1)^n$,则有 $|a_n| = 1$,这是一个有界数列,但它不收敛,它的子列 $\{a_{2k+1}\}$ 与 $\{a_{2k}\}$ 收敛,分别收敛于 -1 与 1.

下面给出确界定理. 为此,先给出上确界与下确界的概念.

定义 2.4.12　设 E 是非空的实数集,若存在实数 β(或 α)有下列的性质:

(1)$\forall x \in E$,有 $x \leqslant \beta (x > \alpha)$;

(2)$\forall \varepsilon > 0$,$\exists x_0 \in E$,有 $\beta - \varepsilon < x_0 (x_0 < \alpha + \varepsilon)$.

则称 β(或 α)是数集 E 的上(或下)确界,记作

$$\beta = \sup E(\alpha = \inf E).$$

例 4　令 $E_1 = (0,1]$,则 $\sup E_1 = 1, \inf E_1 = 0$.

$E_2 = [0,1)$,则 $\sup E_2 = 1, \inf E_2 = 0$

此例证明,集合 E 的上(下)界 $\beta(\alpha)$ 也可能属于集合 E,也可能不属于集合 E.

由确界的定义即可看出:若 $E_1 \subset E_2$,则

$$\sup E_1 \leqslant \sup E_2, \inf E_2 \leqslant \inf E_1$$

定理 2.4.6(确界定理)　若非空实数集 E 有上(下)界,则 E 存在惟一的上(下)确界.

例 5　设 A 是一有上界的非空实数集,集合 $B = \{b \mid \forall a \in A, a < b\}$ 则 $\sup A = \inf B$.

证明思路　设 $\alpha = \sup A, \beta = \inf B$,我们将证明两个数 α 与 β 相等,只需证明 $\alpha \geqslant \beta$ 且 $\alpha \leqslant \beta$.

证　设 $\alpha = \sup A, \beta = \inf B$,先来证明 $\alpha \geqslant \beta$. 若不然,则 $\alpha < \beta$,选取 $b = \alpha + \frac{1}{2}(\beta - \alpha)$,则 $\alpha < b < \beta$. 因 $\forall a \in A$,有 $a \leqslant \alpha < b$,故 $b \in B$. 因 $\beta = \inf B$,从而有 $\beta \leqslant b$,这与 $b < \beta$ 矛盾,故 $\alpha \geqslant \beta$.

再来证明 $\alpha \leqslant \beta$. 若不然则 $\alpha > \beta$,令 $\varepsilon = \frac{1}{2}(\alpha - \beta) > 0$,由于 α 是 A 的上确界,故存在 $a \in A$,使得 $a > \alpha - \varepsilon$,由于 β 是 B 的下确界,故存在 $b \in B$,使 $b < \beta + \varepsilon$,即有 $a > \alpha - \varepsilon = \beta + \varepsilon > b$,这与 $a \leqslant b$ 矛盾,故 $\alpha \leqslant \beta$,即 $\alpha = \beta$.

下面介绍有限覆盖定理,为此先来给出覆盖的概念.

定义 2.4.13　设有区间 I,并有开区间集合 S,若 $\forall x \in I, \exists \Delta \in S$,使 $x \in \Delta$,则称开区间集合 S 覆盖区间 I.

定理 2.4.7(有限覆盖定理)　若开区间集合 S 覆盖了闭区间 $[a,b]$,则 S 中存在有限个开区间. 也覆盖了闭区间 $[a,b]$.

注 4.7　将闭区间 $[a,b]$ 改为开区间 (a,b) 时有限覆盖定理不一定成立. 例如令 $(a,b) = (0,1)$,开区间集 $S = \left\{ \left(\frac{1}{n}, 1 - \frac{1}{n} \right) \mid n \in \mathbf{N}, n \geqslant 3 \right\}$. 显然集合 S 覆盖了开区间 $(0,1)$,但 S 中任何有限个开区间都不能覆盖 $(0,1)$.

另外的两个定理是

定理 2.4.8(闭区间套定理)　设有闭区间序列 $\{[a_n,b_n]\}$ 满足：

(1) $\forall n \in \mathbf{N}_+$ 有 $[a_n,b_n] \supset [a_{n+1},b_{n+1}]$；

(2) $\lim\limits_{n\to\infty}(b_n-a_n)=0$.

则存在惟一实数 c 属于每个闭区间 $[a_n,b_n]$，且 $\lim\limits_{n\to\infty}a_n=\lim\limits_{n\to\infty}b_n=c$.

定理 2.4.9(完备性定理)　数列 $\{a_n\}$ 收敛 $\Leftrightarrow \forall \varepsilon > 0, \exists n_0 \in \mathbf{N}_+, \forall n,m > n_0$，有 $|a_n-a_m| < \varepsilon$.

例 6　已知数列 $\{a_n\}$ 收敛，则数列 $\{|a_n|\}$ 收敛. 反之未必成立.

证　因数列 $\{a_n\}$ 收敛，由完备性定理知：$\forall \varepsilon > 0, \exists n_0 \in \mathbf{N}$，当 $n,m > n_0$ 时，有 $|a_n-a_m| < \varepsilon$. 由绝对值不等式，我们可得

$$||a_n|-|a_m|| \leqslant |a_n-a_m| < \varepsilon,$$

再一次由完备性定理知，数列 $\{|a_n|\}$ 收敛.

反之，设 $a_n=(-1)^n$，则 $\{|a_n|\}=\{1\}$ 收敛. 但数列 $\{a_n\}$ 并不收敛.

以上介绍了七个定理，虽然它们的数学形式不同，但是，它们的本质是相同的，都是描述了实数集的连续性.

2.5　复　数　集

在实数域 $\mathbf{R}$ 中，非负实数的方根总是存在的，但负实数的偶次方根不存在，从而方程 $x^2+1=0$ 在实数域中仍然没有解. 因此，我们有必要对实数域进行扩张，使在扩张后的新的数域内开方运算永远可以实施.

定义 2.5.1　称有序实数对 (a,b) 为一**复数**，而集合 $\mathbf{C}=\{(a,b)\mid a\in\mathbf{R},b\in\mathbf{R}\}$ 叫做复数集.

定义 2.5.2　设 (a,b) 与 (c,d) 是两个复数，$a=c$ 且 $b=d$，则称复数 (a,b) 与 (c,d)**相等**，记作 $(a,b)=(c,d)$.

定义 2.5.3　设 (a,b) 与 (c,d) 是两个复数，复数 $(a+c,b+d)$ 叫做 (a,b) 与 (c,d) 的和，记作 $(a,b)+(c,d)=(a+c,b+d)$. 求两个复数和的运算叫加法.

定义 2.5.4　设 (a,b) 与 (c,d) 是两个复数，复数 $(ac-bd,ad+bc)$ 叫做 (a,b) 与 (c,d) 的积，$(a,b)\cdot(c,d)=(ac-bd,ad+bc)$. 求两个复数积的运算叫乘法.

对于复数 (a,b) 与 (c,d)，其减法和除法可以从它们分别是加法和乘法的逆

运算来考虑. 规定

$$(a,b) - (c,d) = (a - c, b - d),$$

$$(a,b) \div (c,d) = \left(\frac{ac + bd}{c^2 + d^2}, \frac{bc - ad}{c^2 + d^2} \right), (c,d) \neq (0,0).$$

由以上规定可知, 在复数集中, 关于复数的四则运算是封闭的. 复数集的代数结构是域, 常称之为复数域.

在复数集 **C** 中, 对于上面定义的加法和乘法, 容易证明:

(1) 加法满足结合律和交换律.

(2) 加法有零元 $(0,0)$, 且对于任何复数 $(a,b) \in \mathbf{C}$, 有加法负元 $(-a, -b)$ (记作 $(-a, -b) = -(a,b)$).

(3) 乘法满足结合律和交换律.

(4) 乘法有单位元 $(1,0)$, 且对于任何复数 $(a,b) \neq (0,0)$, (a,b) 有乘法逆元 $\left(\dfrac{a}{a^2 + b^2}, \dfrac{-b}{a^2 + b^2} \right)$.

令

$$\mathbf{R}' = \{(a,0) \mid a \in \mathbf{R}\}.$$

显然, $\mathbf{R}' \subset \mathbf{C}$, 建立以 $\mathbf{R}'$ 到实数域 $\mathbf{R}$ 的映射 $f : \mathbf{R}' \to \mathbf{R}$ 使 $f((a,0)) = a$.

显然, f 是从 $\mathbf{R}'$ 到 $\mathbf{R}$ 上的一一对应. 且

$$f((a,0) + (b,0)) = f((a+b,0)) = a + b$$
$$= f((a,0)) + f((b,0)),$$
$$f((a,0) \cdot (b,0)) = f((ab,0)) = ab$$
$$= f((a,0)) f((b,0)).$$

所以, f 是从 $\mathbf{R}'$ 到 $\mathbf{R}$ 的同构映射. 因此, $\mathbf{R}'$ 与 $\mathbf{R}$ 关于加法和乘法同构. 在同构的意义下, $\mathbf{R}' = \mathbf{R}$. 故实数集 $\mathbf{R}$ 成为复数集 $\mathbf{C}$ 的真子集.

在复数域 **C** 中, 记 $\mathrm{i} = (0,1)$. 由乘法定义知,

$$\mathrm{i}^2 = (0,1) \cdot (0,1) = (-1,0)$$

即 $\mathrm{i}^2 = -1$. 因此, 在复数域 **C** 中, i 是方程 $x^2 + 1 = 0$ 的解. 又

$$\mathrm{i} = (0,1)$$
$$(-\mathrm{i})^2 = (0,-1)(0,-1) = (-1,0),$$

即 $(-\mathrm{i})^2 = -1$, 故 $-\mathrm{i}$ 也是方程 $x^2 + 1 = 0$ 的解.

定理 2.5.1 设 $\alpha = (a,b)$ 是任意一个复数, 则 α 总可表示成 $\alpha = a + \mathrm{i}b$ 的形式.

证 由加法和乘法的定义,

$$\alpha = (a,b) = (a,0) + (b,0)$$
$$= (a,0) + (0,1)(b,0)$$

由 $(a,0) = a, (b,0) = b, (0,1) = i,$ 所以

$$\alpha = a + ib.\square$$

在 $\alpha = a + ib$ 中, a 叫做复数 α 的**实部**, b 叫做虚部, i 叫做虚数单位. 若 $b = 0,$ 则 α 就是实数 $a,$ 若 $a = 0, b \neq 0,$ 则 α 叫做**纯虚数**.

若 $\alpha = a + ib,$ 则称 $a - ib$ 为 α 的**共轭复数**, 记作 $\bar{\alpha},$ 即 $\bar{\alpha} = a - ib.$

对于复数 $\alpha = a + ib,$ 称

$$r = \sqrt{a^2 + b^2}$$

为复数 α 的**模**, 记 $|\alpha|,$ 即 $|\alpha| = r.$

在平面直角坐标系中, 如果规定点 $Z(a,b)$ 表示复数 $z = a + ib,$ 则复数集 **C** 与平面上点集间成一一对应.

实轴正向与复数 $z = a + ib$ 所对应的向量 $\overrightarrow{OZ}$ 的夹角 $\theta = \arctan \dfrac{b}{a}$ 称为复数 z 的**辐角**, 记作 $\theta = \arctan z, 0 \leqslant \theta \leqslant 2\pi$ 的辐角 θ 的值叫做辐角 θ 的主值.

若向量 $z = a + ib$ 的模 $r,$ 辐角为 $\theta,$ 则

$$z = r(\cos\theta + i\sin\theta).$$

引理 2.5.1 $e^{i\theta} = \cos\theta + i\sin\theta$

证   略.

容易验证:

$$e^{i\theta_1} \cdot e^{i\theta_2} = e^{i(\theta_1 + \theta_2)}.$$

$$\frac{e^{i\theta_1}}{e^{i\theta_2}} = e^{i(\theta_1 - \theta_2)}.$$

由此易见 $\arctan(z_1 + z_2) = \arctan z_1 + \arctan z_2.$

由引理 2.5.1 知, $z = r(\cos\theta + i\sin\theta) = re^{i\theta}.$

任何不等于零的复数有惟一的模与辐角主值, 并且可以由它的模与辐角的主值惟一确定, 因此, 两个非零复数相等当且仅当它们的模与辐角主值分别相等, 如果复数 $z = 0,$ 则它的辐角是任意的, 而它的模为零.

定理 2.5.2   设 z 是任意复数, 当 $z \neq 0$ 时, 存在 n 个且仅有 n 个不同的复数 $\omega_k(k = 0, 1, \cdots, n-1),$ 使

$$\omega_k^n = z$$

当 $z = 0$ 时,只有一个复数 $\omega = 0$ 使 $\omega^n = z$.

证　设 $z = r(\cos\theta + i\sin\theta) = re^{i\theta} = re^{i(\theta + 2k\pi)} \neq 0$,

则由 $\omega_k^n = z$,可得

$$\omega_k = z^{\frac{1}{n}} = r^{\frac{1}{n}} e^{i\frac{1}{n}(\theta + 2k\pi)}$$

$$= r^{\frac{1}{n}}\left(\cos\left(\frac{\theta}{n} + \frac{2k\pi}{n}\right) + i\sin\left(\frac{\theta}{n} + \frac{2k\pi}{n}\right)\right),$$

其中 k 是任意整数.

下面证明 ω_k 中只有 n 个不同的值.

令 $k = 0, 1, 2, \cdots, n-1$,得到 n 个值 $\omega_0, \omega_1, \cdots, \omega_{n-1}$ 对于 ω_l 与 $\omega_s (0 \leqslant l \leqslant n-1, 0 \leqslant s \leqslant n-1, l \neq s)$,因为 $|l - s| < n$,所以 $\frac{1}{n}|l - s| < 1$,由此可知 ω_l 与 ω_s 的轴角之差

$$\left(\frac{\theta}{n} + \frac{2l\pi}{n}\right) - \left(\frac{\theta}{n} + \frac{2s\pi}{n}\right) = \frac{l - s}{n}2\pi$$

不是 2π 的整数倍,故 $\omega_0, \omega_1, \cdots, \omega_{n-1}$ 两两不等.

而对于 $k \overline{\in} \{0, 1, 2, \cdots, n-1\}$,则由带余除法得

$$k = nq + l \quad (0 \leqslant l \leqslant n-1),$$

其中 q 为整数,于是有

$$\frac{\theta}{n} + \frac{2k\pi}{n} = \frac{\theta}{n} + \frac{2l\pi}{n} + 2q\pi,$$

进一步可有

$$\omega_k = r^{\frac{1}{n}}\left[\cos\left(\frac{\theta}{n} + \frac{2k\pi}{n}\right) + i\sin\left(\frac{\theta}{n} + \frac{2k\pi}{n}\right)\right]$$

$$= r^{\frac{1}{n}}\left[\cos\left(\frac{\theta}{n} + \frac{2l\pi}{n}\right) + i\sin\left(\frac{\theta}{n} + \frac{2l\pi}{n}\right)\right] = \omega_l.$$

这就证明了 ω_k 只有 n 个不同的值.

当 $z = 0$ 时,显然仅有 $0^n = 0$. □

定理 2.5.2 表明:在复数域中开方运算总可以实施,从而达到了把实数域扩张到复数域的目的.

众所周知,向量是研究几何问题的有力工具,由于复数与向量的等同性质(即一个向量可以用一个复数表示,反之,一个复数就表示了一个向量),因此,复数也是研究几何问题的工具之一(当然,复数的作用远非于此).下面举例给予说明.

例 1 图 2 - 2 是并列的三个全等的正方形. 证明: $\angle 1 + \angle 2 = \dfrac{\pi}{4}$.

证 如图 2 - 3 建立坐标系, 根据平行线的内错角相等, 可知 $\angle 1$ 与 $\angle 2$ 分别是复数 $2 + i$ 与 $3 + i$ 的幅角主值.

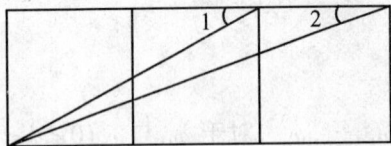

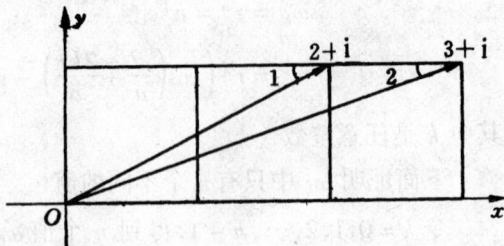

图 2 - 2　　　　　　　　　图 2 - 3

由复数的乘法可知, $\angle 1 + \angle 2$ 是复数 $(2 + i) \cdot (3 + i)$ 的辐角, 而

$$(2 + i)(3 + i) = 5 + 5i,$$

它的幅角为 $\dfrac{\pi}{4} + 2k\pi$. 因 $\angle 1 + \angle 2 < \dfrac{\pi}{2}$, 故

$$\angle 1 + \angle 2 = \frac{\pi}{4}.$$

例 2(余弦定理) 证明, 三角形中任意一边长的平方等于其余两边长的平方和减去两边长及其夹角余弦乘积的 2 倍.

证 如图 2 - 4 所示, 令

$$r_1 = |z_1|, \quad r_2 = |z_2|,$$
$$r = |z_1 - z_2|,$$
$$\theta = \arctan(z_1 - z_2).$$

我们将 z_1 与 z_2 用复数表示为

$$z_1 = r_1, \quad z_2 = r_2(\cos\theta + i\sin\theta),$$

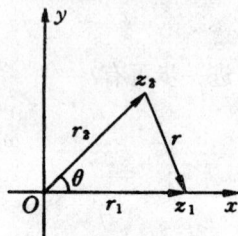

图 2 - 4

于是有

$$r^2 = |z_1 - z_2|^2 = |(r_1 - r_2\cos\theta) - ir_2\sin\theta|^2$$
$$= (r_1 - r_2\cos\theta)^2 + (r_2\sin\theta)^2$$
$$= r_1^2 + r_2^2 - 2r_1 r_2\cos\theta.$$

定义 2.5.5 如果对数域 P 上的每一个多项式都能分解成一次因子的积, 则称数域 P 为一个**代数封闭域**.

定理 2.5.3 复数域 **C** 是代数封闭域.

证　设

$$f(z) = z^n + a_1 z^{n-1} + \cdots + a_{n-1} z + a_n,$$

其中 $a_1, \cdots, a_n$ 是复数常数,我们证明存在复数 z_0,使

$$f(z) = (z - z_0) f_1(z),$$

这等价于证明 $f(z_0) = 0$.

因 $f(z)$ 是多项式函数,则 $|f(z)|$ 在复平面上必有极小值点 z_0,即存在 $r > 0$,当 $|z - z_0| < r$ 时,总有 $|f(z)| \geq |f(z_0)|$ 成立.

下面证明 $|f(z)|$ 在点 z_0 处必有 $|f(z_0)| = 0$,即 $f(z_0) = 0$.

用反证法,假设 $|f(z_0)| \neq 0$,对于任意满足 $|h| < r$ 的 h,考虑

$$f(z_0 + h) = (z_0 + h)^n + a_1(z_0 + h)^{n-1} + \cdots + a_{n-1}(z_0 + h) + a_n,$$
$$= f(z_0) + A_1 h + A_2 h^2 + \cdots + A_{n-1} h^{n-1} + h^n,$$

其中 $A_1, \cdots, A_{n-1}$ 可能等于零,记它们中依次第一个不等于零的为 B_1,第二个不等于的为 $B_2, \cdots$,则

$$f(z_0 + h) = f(z_0) + B_1 h^{m_1} + B_2 h^{m_2} + \cdots + h^n,$$

其中,$1 \leq m_1 < m_2 < \cdots < n$. 于是

$$f(z_0 + h) = f(z_0) + B_1 h^{m_1} + B_1 h^{m_1} \left(\frac{B_2}{B_1} h^{m_2 - m_1} + \cdots + \frac{1}{B_1} h^{n - m_1} \right).$$

记

$$T_h = \left| \frac{B_2}{B_1} \right| \cdot |h|^{m_2 - m_1} + \cdots + \frac{1}{|B_1|} |h|^{n - m_1}$$

显然,当 $h \to 0$ 时,$T_h \to 0$. 所以当 $h \to 0$ 时,有

$$\left| \frac{B_2}{B_1} h^{m_2 - m_1} + \cdots + \frac{1}{B_1} h^{n - m_1} \right| \leq T_h \to 0.$$

显然,存在这样的 r_0,$0 < r_0 < r$,当 $|h| < r_0$ 时,总有

$$|B_1 h^{m_1}| = |B_1| \cdot |h|^{m_1} < |f(z_0)|$$

以及 $T_h < 1$. 在这样的 h 中,取满足

$$\arg h = \frac{1}{m_1} \big[\arg f(z_0) - \arg B_1 + \pi \big],$$

即

$$\arg(B_1 h^{m_1}) = \pi + \arg f(z_0).$$

对于这样的 h,有

$$| f(z_0 + h) | \leqslant | f(z_0) + B_1 h^{m_1} | + | B_1 h^{m_1} | \cdot T_h$$

$$< | f(z_0) + B_1 h^{m_1} | + | B_1 h^{m_1} |$$

$$= | f(z_0) | - | B_1 h^{m_1} | + | B_1 h^{m_1} | = | f(z_0) | ,$$

即 $| f(z_0 + h) | < | f(z_0) |$. 但这与当 $| z - z_0 | < r$ 时，$| f(z) | \geqslant$ $| f(z_0) |$ 相矛盾,此即表明 $f(z_0) = 0$. □

定理 2.5.4　可选择全序关系,使复数集 **C** 是全序集.

证　对于任意两个复数 $z_1 = a_1 + ib_1, z_2 = a_2 + ib_2$,规定:$z_1 < z_2 \Leftrightarrow a_1 < a_2$ 或者 $a_1 = a_2$ 但 $b_1 \leqslant b_2$,下面证明关系 $<$ 满足全序公理.

(1)(反对称性)　设 $z_1 = a_1 + ib_1, z_2 = a_2 + ib_2$,有 $z_1 < z_2$,且 $z_2 < z_1$. 显然有 $a_1 = a_2$ 且 $b_1 = b_2$,即 $z_1 = z_2$.

(2)(传递性)　设 $z_1 = a_1 + ib_1, z_2 = a_2 + ib_2, z_3 = a_3 + ib_3, z_1 < z_2$ 且 $z_2 < z_3$. 由 $z_1 < z_2$,则由两种情形:

①$a_1 < a_2$;

②$a_1 = a_2$ 且 $b_1 \leqslant b_2$.

若 $a_1 < a_2$,由 $z_2 < z_3$ 知,$a_1 < a_3$,故 $z_1 < z_3$

若 $a_1 = a_2$ 且 $b_1 \leqslant b_2$,由 $z_2 < z_3$,即 1) $a_2 < a_3$ 或 2) $a_2 = a_3$ 且 $b_2 \leqslant b_3$,则有 $a_1 < a_3$ 或者 $a_1 = a_3$ 且 $b_1 \leqslant b_2 \leqslant b_3$,即 $z_1 < z_3$;

无论哪种情形,都有 $z_1 < z_3$.

(3)(可比性)　设 $z_1 = a_1 + ib_1, z_2 = a_2 + ib_2$ 是两个任意的复数. 由实数的三歧性可知,$a_1 < a_2; a_1 = a_2; a_1 > a_2$ 这三种情形有且仅有一种情形成立. 若 $a_1 < a_2$,则 $z_1 < z_2$. 若 $a_1 > a_2$,则 $z_2 < z_1$. 若 $a_1 = a_2$ 或者有 $b_1 \leqslant b_2$,或者有 $b_2 \leqslant b_1$,则前者为 $z_1 < z_2$,后者为 $z_2 < z_1$.

无论哪种情形,或者是 $z_1 < z_2$,或者为 $z_2 < z_1$.

综上所述,关系 $<$ 是全序关系. 因此,复数集 **C** 在此关系下是全序集.

下面,我们给出有序域的概念.

定义 2.5.6　若集合 A 满足:

(1)A 构成域;

(2)A 为有序集;

(3)若 $a, b, c \in A$,且 $a < b$,则

$$a + c < b + c;$$

(4)若 $a,b,c\in A$,且 $a<b,0<c$,则
$$ac<bc,$$

那么,称 A 为**有序域**.

显然,集合 A 是有序域,则 A 必是有序集,但反之未必成立.

定理 2.5.5　复数域 **C** 不是有序域.

证　假设复数域 **C** 关于顺序关系"<"成为有序域,则"<"对于加法与乘法是协调的,即

(1)设 $z_1\in\mathbf{C},z_2\in\mathbf{C}$,若 $z_1<z_2$,则对任意 $\alpha\in\mathbf{C}$,有 $z_1+\alpha<z_2+\alpha$;

(2)设 $z_1\in\mathbf{C},z_2\in\mathbf{C}$,若 $z_1<z_2$,则对任意 $\alpha\in\mathbf{C},\alpha>0$,有 $z_1\alpha<z_2\alpha$.

对于复数 i 因 $\mathrm{i}\neq0$,由三歧性,或者为 $\mathrm{i}<0$,或者为 $\mathrm{i}>0$.

若 $\mathrm{i}>0$,由(2)有,
$$0\cdot\mathrm{i}<\mathrm{i}\cdot\mathrm{i}=\mathrm{i}^2=-1$$

由(1)可得
$$0+1<-1+1,$$

即 $1<0$. 因为已证明 $0<-1$,由(2)得
$$0=0\cdot(-1)<(-1)\cdot(-1)=1,$$

即 $0<1$,这与已证明的 $1<0$ 矛盾.

若 $\mathrm{i}<0$,同理也可得到矛盾,所以复数域 **C** 不是有序域. □

本 章 小 结

本章的主要内容是科学的数系理论.

1. 自然数:自然数的定义,自然数的四则运算及算律,最小数原理.

2. 整数:整数的定义与运算,特别是整数集关于减法运算的封闭性.

3. 有理数:有理数的定义与运算,有理数与无限循环小数的一一对应. 在这一部分内容中,涉及了记数的方法,读者应该对记数方法深刻体会.

4. 实数:无理数的定义与运算. 实数的连续性.

要认真比较从自然数集到整数集的扩充,从整数集到有理数集的扩充与从有理数集到实数集的扩充的异同(扩充方法的异同,扩充目的的异同).

5. 复数:复数的定义与运算.

复数与向量可以一一对应,但要注意比较复数运算与向量运算的异同.

代数基本定理(定理 2.5.3)是一个重要定理,要求读者要很好地掌握该定理.

复数集是可以排序的. 复数集与实数集的重要差别是:实数域是有序域,但复数域不是有序域.

关键词

自然数,整数,有理数,实数,复数,实数集的连续性,代数基本定理,有序域.

习 题 二

1. 论述为什么零不能做除数.

2. 证明:$a - (b - c) = (a - b) + c$.

3. 证明:$a \div (b \div c) = a \div b \times c$.

4. 证明:$\sqrt{3}$是无理数.

5. 证明:$\sqrt{2} + \sqrt{3}$是无理数.

6. 设有理数 $r = \dfrac{m}{n} < \sqrt{2}$,证明:存在有理数 $r' = \dfrac{m'}{n'}$,使得 $\dfrac{m}{n} < \dfrac{m'}{n'} < \sqrt{2}$.

7. 证明:$\sqrt[3]{60} > 2 + \sqrt[3]{7}$.

8. 若数列 $a_1 = 2, a_{n+1} = a_1 \cdot a_2 \cdots a_n + 1$,则 $a_{n+1} = a_n^2 - a_n + 1$.

9. 设 $a_i > 0, b_i > 0, i = 1, 2, \cdots, n$. 令 $A_n = \sum\limits_{i=1}^{n} a_i, B_n = \sum\limits_{i=1}^{n} b_i$. 证明:

$$\sum_{i=1}^{n} \frac{a_i b_i}{a_i + b_i} \leqslant \sum_{i=1}^{n} \frac{A_i B_i}{A_i + B_i}, n \in \mathbf{N}.$$

10. 举例说明存在数列 $\{x_n\}, x_n$ 收敛于 x,但不稳定于 x.

11. 证明:若 $|a_{n+1}| \leqslant q|a_n|, 0 < q < 1, n = 1, 2, \cdots,$ 则 $\lim\limits_{n \to \infty} a_n = 0$.

12. 证明:若 $a_n > 0,$ 且 $\lim\limits_{n \to \infty} \sqrt[n]{a_n} = r < 1,$ 则 $\lim\limits_{n \to \infty} a_n = 0$.

13. 证明:若 $a_n > 0,$ 且 $\lim\limits_{n \to \infty} \dfrac{a_{n+1}}{a_n} = r < 1,$ 则 $\lim\limits_{n \to \infty} a_n = 0$.

14. 证明:若 $a_1 > \sqrt{2},$ 且 $a_{n+1} = \sqrt{2a_n}, n = 1, 2, \cdots,$ 则数列 $\{a_n\}$ 收敛,并求其极限.

15. 证明:对于数列 $\{x_n\}$,有 $|x_{n+1} - x_n| < c_n$,且 $S_n = c_1 + c_2 + \cdots + c_n$,数列

$\{S_n\}$ 收敛,则数列 $\{x_n\}$ 收敛.

16. 证明:若 $\lim\limits_{n\to\infty}a_n=a$,则 $\lim\limits_{n\to\infty}\dfrac{1}{n}(a_1+a_2+\cdots+a_n)=a$.

17. 指出下列数集的上确界与下确界(如果存在),并验证之:

(1) $\{-10,-8,0,2,5,10\}$;

(2) $\left\{(-1)^n\,\dfrac{1}{2^n+1}\,\Big|\,n=1,2,3,\cdots\right\}$;

(3) $\left\{1+\dfrac{1}{n}\,\Big|\,n=1,2,3,\cdots\right\}$;

(4) $\left\{(-1)^{n+1}\left(1-\dfrac{1}{3^n}\right)\,\Big|\,n=1,2,3,\cdots\right\}$;

(5) $\{x\mid x$ 是有理数, $x^2<2\}$;

(6) $\{x^2\mid -1<x\leqslant 2\}$;

(7) $\{e^x\mid x\in\mathbf{R}\}$;

(8) $\left\{\sin x\mid 0<x\leqslant\dfrac{\pi}{2}\right\}$.

18. 证明:若数列 $\{x_n\}$ 收敛,则数集 $\{x_n\mid n\in\mathbf{N}\}$ 存在上确界与下确界.

19. 若数集 E 有上确界,则上确界惟一.

20. 设 A 是非空有界数集,令 $-A=\{x\mid x\in A\}$,则 $\inf(-A)=-\sup A$.

21. 设 A,B 是两个非空数集,且 $\forall x\in A$ 与 $\forall y\in B$,有 $x\leqslant y$,则 $\sup A\leqslant\inf B$.

22. 设 A,B 是两个非空数集,令
$$A+B=\{x+y\mid x\in A,y\in B\},$$
则 $\sup(A+B)=\sup A+\sup B$.

23. 设数集 $\{a_n\mid n\in\mathbf{N}\},\{b_n\mid n\in\mathbf{N}\}$ 存在上界,则 $\{a_n+b_n\mid n\in\mathbf{N}\}$ 有上界,且
$$\sup\{a_n+b_n\mid n\in\mathbf{N}_+\}\leqslant\sup\{a_n\mid n\in\mathbf{N}_+\}+\sup\{b_n\mid n\in\mathbf{N}_+\}.$$

24. 验证,开区间集 $\left\{\left(\dfrac{1}{n+2},\dfrac{1}{n}\right)\,\Big|\,n=1,2,\cdots\right\}$ 覆盖了开区间 $\left(0,\dfrac{1}{2}\right)$,并且它的任意有限个开区间都不能覆盖 $\left(0,\dfrac{1}{2}\right)$.

25. 设 n 是自然数,证明: $i^n+i^{n+1}+i^{n+2}+i^{n+3}=0$

26. 设 $n\geqslant 2$,证明:一切 n 次单位根的和等于零(1 的 n 个不同的 n 次方根称为单位根).

27. 证明:

(1)若 $z = x + iy$,则 $\sqrt{\dfrac{1}{2}(|x| + |y|)} \leqslant |z| \leqslant |x| + |y|$;

(2)若 $\dfrac{x - iy}{x + iy} = a + ib$,则 $a^2 + b^2 = 1$.

28. 设复数 z_1,z_2 和 z_3 满足 $z_1 + z_2 + z_3 = 0$,且 $|z_1| = |z_2| = |z_3| = 1$,则 z_1,z_2 和 z_3 是内接单位圆的一个等边三角形的三个顶点.

29. 设 z_1 与 z_2 是两个复数,证明等式:
$$|z_1 + z_2|^2 + |z_1 - z_2|^2 = 2(|z_1|^2 + |z_2|^2),$$
并说明该等式的几何意义.

30. 设 $|z_1| = 1,|z_2| = 1$,证明: $\left| \dfrac{z_1 - z_2}{1 - \bar{z}_1 z_2} \right| = 1$.

31. 证明:若 z_0 是实系数方程
$$a_0 z^n + a_1 z^{n-1} + \cdots + a_{n-1} z + a_n = 0$$
的根,则 $\bar{z}_0$ 也是该方程的根.

32. 设 a_0,a_1,a_2 和 a_3 是实数,则方程
$$a_0 x^3 + a_1 x^2 + a_2 x + a_3 = 0$$
至少有一实根.

学 习 指 导

重、难点解析

重点:各种数集的定义与运算,数集扩充的目的与方法.

难点:数集扩充的方法.

(一)关于自然数集

随着历史的发展,数的概念随之也在不断扩展,使得以集合论为基础的数集,从自然数集开始扩充,逐步建立起严密、科学的数系的理论. 在学习本节之前,应该先复习第 1 章中的集合概念和相关知识,为学习本节内容打好基础. 在学习本节内容时要理解有限集、自然数、自然数集的定义,熟练掌握自然数集的加法、乘法运算及算律. 在学习自然数集时应该注意以下几点:

1. 自然数是空集或非空有限集合 A 的基数. 也因为 A 是有限集合, 所以它的基数是一个可以写出的惟一确定的数.

2. 自然数集 **N** 是由自然数组成的集合. 且对任意自然数 n, 有 $n \geqslant 0$, 所以 0 是自然数集 **N** 的最小元.

3. 自然数集 **N** 是一个无限集合, 即它含有无穷多个元素. 因为设集合 $M = \{2k \mid k \in \mathbf{N}\}$, 则 $M \subset \mathbf{N}$, 且存在 $1 \in \mathbf{N}$, 而 $1 \overline{\in} M$, 故 M 是 **N** 的真子集. 建立自然数集 **N** 到集合 M 的一个映射 $f: \mathbf{N} \rightarrow M, f(k) = 2k$, 则 f 是从 **N** 到 M 的一个双射. 所以 **N** 是无限集合.

4. 因为对于任意两个自然数 m, n, 那么 $m < n$ 或 $m = n$ 或 $m > n$ 有且仅有一种情况成立. 由第 1 章中的序关系定义可知, 自然数集 **N** 是一个全序集合.

5. 在自然数的加法定义中, 只有当集合 A, B 是互不相交时, 即 $A \cap B = \varnothing$, 或者说集合 A, B 没有公共元素, 则集合 A, B 的基数($\mathrm{card} A = a, \mathrm{card} B = b$)才能相加 $a + b$, 否则不能相加. 同理, 在乘法的定义中, 集合 $A_1, A_2, \cdots, A_b$ 中任何两个的交集都是空集, 也就是说它们之间没有公共元素, 而且这 b 个集合是等势的, 即 $\mathrm{card} A_1 = \mathrm{card} A_2 = \cdots = \mathrm{card} A_b = a$, 才能定义乘法 $a \cdot b$, 否则也是不能定义乘法.

(二)关于整数集

由上一节知道, 两个自然数的差未必是一个自然数, 即在自然数集中, 减法未必总是能够实施的. 为此, 我们必须对自然数集进行扩充. 在这一节中, 主要讨论如何将自然数集扩充为整数集, 使得减法运算能够实施. 在学习本节之前, 应该先复习第 1 章中的笛卡尔积、等价关系和序关系等概念, 为学习本节内容打好基础. 在学习本节内容时要理解从自然数集到整数集的扩充, 掌握整数的运算及算律. 在学习整数集时应该注意以下几点:

1. 在整数集 $\mathbf{Z} = \mathbf{Z}^+ \times \mathbf{Z}^+ / R$ 的定义中, $\mathbf{Z} = \{[m, n] \mid m, n \in \mathbf{Z}^+\}$ 中的 $[m, n]$ 是一个二元有序数偶, 即当 $m \neq n$ 时, $[m, n] \neq [n, m]$. 而且, 按照 **Z** 中规定的序, **Z** 中的大小关系应该是:

$$[m, n] < (>)[k, l] \Leftrightarrow m + l < (>) k + n.$$

特别地:

$$[m, n] < [k, n] \Leftrightarrow m < k, \quad [m, n] < [m, l] \Leftrightarrow n > l.$$

因此, 要注意"$\Leftrightarrow$"右面表达式中的数字在左面数组中的位置.

2. 整数 $[p, q]$ 与 $[m, n]$ 的减法运算为: $[p, q] - [m, n] = [n + p, m + q]$, 也就是说在整数加减运算中, 减去一个整数等于加上这个整数的相反数. 这是因

为
$$[p,q] - [m,n] = [n+p, m+q]$$
$$= [p,q] + [n,m] = [p,q] + (-[m,n]).$$

3. 由于整数集可以表示为 $\mathbf{Z} = \{[m,0] | m \in \mathbf{N}\} \bigcup \{[0,m] | m \in \mathbf{N}\}$. 我们规定:
$$0 = [0,0], \quad m = [m,0], \quad -m = [0,m]$$
又因为 $[m,n] = [m,0] + [0,n] = [m,0] - [n,0] = [m-n,0]$. 故
$$\mathbf{Z} = \{\cdots, -n, \cdots, -2, -1, 0, 1, 2, \cdots, n, \cdots\}$$

(三)关于有理数集

由前二节知道,在自然数集或整数集中,除法未必总是能够实施的. 为此,我们必须对整数集进一步扩充. 本节主要讨论如何将整数集扩充为有理数集,使得除法运算能够实施. 在学习本节内容时要了解从整数集到有理数集的扩充,掌握有理数的运算及算律,了解有理数的稠密性,知道有理数的循环小数表示. 在学习有理数集时应该注意以下几点:

1. 在有理数集的定义:
$$\mathbf{Q} = \mathbf{Z} \times \mathbf{Z}^* / R$$
中,等价关系 R 是集合 $\mathbf{Z} \times \mathbf{Z}^*$ 中的一个关系,
$$(a,b) R(c,d) \Longleftrightarrow ad = bc$$
其中集合 $\mathbf{Z}^* = \{b | b \in \mathbf{Z}, b \neq 0\}$,它是去掉整数集中的 0 元素后得到的集合,即
$$\mathbf{Z}^* = \{\cdots, -n, \cdots, -2, -1, 1, 2, \cdots, n, \cdots\}.$$
因此,有序数偶 (a,b) 与 (c,d) 的第二个元素 $b \neq 0, d \neq 0$(这一点要特别注意).
这样就可以把关于 R 的 (a,b) 的等价类记作 $\dfrac{a}{b}$,称之为一个有理数,而把所有有理数 $\dfrac{a}{b}$ 组成的集合 $\mathbf{Q} = \mathbf{Z} \times \mathbf{Z}^* / R$ 称为有理数集.

2. 有理数集对加、减、乘、除四则运算是封闭的. 设 $\dfrac{a}{b}$ 和 $\dfrac{c}{d}$ 是两个有理数,那么有理数集上的四则运算公式为
$$\frac{a}{b} + \frac{c}{d} = \frac{ad + bc}{bd}, \quad \frac{a}{b} - \frac{c}{d} = \frac{ad - bc}{bd},$$
$$\frac{a}{b} \cdot \frac{c}{d} = \frac{ac}{bd}, \quad \frac{a}{b} \div \frac{c}{d} = \frac{ad}{bc} (c \neq 0).$$

注意,做除法运算时,除数 $\dfrac{c}{d} \neq 0$.

3. 两个有理数 $a = \dfrac{n}{m}$，$b = \dfrac{l}{k}$ 的大小，可以通过它们的分子、分母分别相乘后的两个数 kn 与 ml 的比较得知，即当关系式 $kn < ml$ 时，得 $a < b$.

设 a, b 为任意两个有理数，那么 $a < b$，或 $a = b$，或 $a > b$ 有且仅有一种情况成立.

4. 如果把有限小数和整数也看作是循环小数，即

$$a_0 . a_1 a_2 \cdots a_m = a_0 . a_1 a_2 \cdots a_m \dot{0}, \quad a_0 = a_0 . \dot{0}$$

那么，对任意一个有理数 $\dfrac{p}{q}$，$(p, q) = 1$，都存在惟一一个循环小数 $a_0 . a_1 a_2 \cdots a_m \dot{b}_1 \cdots \dot{b}_n$ 与之对应，即

$$\frac{p}{q} = a_0 . a_1 a_2 \cdots a_m \dot{b}_1 \cdots \dot{b}_n$$

因此，有理数集 $\mathbf{Q}$ 与循环小数集是一一对应的，在具体计算中可以互相替换.

(四)关于实数集

由前一节知道，循环小数集与有理数集一一对应，即无限循环小数等价于有理数. 但是，无限小数除了循环小数外，还有许多是无限非循环小数. 所以，我们还要对有理数集进行扩充. 首先把无限非循环小数定义为无理数，并把有理数与无理数统称为实数. 在学习本节内容时要知道实数四则运算的定义，并会应用实数的四则运算和算律，理解实数集的连续性. 在学习实数集时应该注意以下几点：

1. 可以证明一个有理数与一个无理数经过加、减、乘、除四则运算后得到的结果是一个无理数，但是两个无理数经过四则运算后得到的结果不一定是无理数. 如 $1 - \sqrt{2}, \sqrt{2}.1 + \sqrt{2}, 2\sqrt{2}$ 等都是无理数，而

$$\sqrt{2} + (1 - \sqrt{2}) = 1, \quad \sqrt{2} - (1 + \sqrt{2}) = -1,$$
$$2\sqrt{2} \times \sqrt{2} = 4, \quad 2\sqrt{2} \div \sqrt{2} = 2$$

等都是有理数.

2. 由实数的传递性(若 $a, b, c \in \mathbf{R}$ 且 $a < b, b < c$，则 $a < c$.)知道实数集是半序集. 同样由实数的传递性和三歧性($\forall a, b \in \mathbf{R}$，有且仅有 $a < b$ 或 $a = b$ 或 $a > b$ 关系之一成立)知道实数集 $\mathbf{R}$ 是全序集.

3. 描述实数集连续性的单调有界定理、聚点定理、致密性定理、确界定理、有限覆盖定理、闭区间套定理和完备性定理，虽然它们的表述的数学形式不同，但它们都是等价定理，它们的实质都是描述实数集的连续性，它们在许多方面都

有应用,所以希望大家理解这些定理,并能正确运用.

(五)关于复数集

在实数集中,加、减、乘、除和幂运算都是可以实施的,但是在实数集中开方运算不是总能实施的,如负数的偶次方根在实数集中不存在,为了使开方运算总能实施,有必要对实数集进行扩充. 在学习本节内容时要掌握复数的四则运算,知道复数域不是有序域. 在学习复数集时应该注意以下几点:

1. 复数集合 $\mathbf{C} = \{(a,b) \mid a \in \mathbf{R}, b \in \mathbf{R}\}$ 中的元素偶 (a,b) 是有序实数对,即当 $a \neq b$ 时,$(a,b) \neq (b,a)$.

2. 用元素偶 (a,b) 定义的复数,乘法运算有特殊规定,即
$$(a,b) \cdot (c,d) = (ac - bd, ad + bc)$$
等号右边元素偶的第一项 $ac - bd$ 是左边两个元素偶第一项乘积减去第二项乘积,而等号右边元素偶的第二项 $ad + bc$ 是左边第一个元素偶的第一项与第二个元素偶的第二项的乘积加上第一个元素偶的第二项与第二个元素偶的第一项的乘积. 一定不要误写为 $(a,b) \cdot (c,d) = (a \cdot c, b \cdot d)$.

由乘法定义,可以得到复数的除法运算:
$$(a,b) \div (c,d) = \left(\frac{ac + bd}{c^2 + d^2}, \frac{bc - ad}{c^2 + d^2} \right).$$
注意等号右边元素偶各项分子上的元素乘积的顺序和加减号与复数的乘法是不一样的.

3. 把复数 $z = (a,b) = a + ib$ 中的两项分别看作是对应于平面直角坐标系中 x 轴和 y 轴上的值,那么 z 就是坐标系中的一个向量(如图 $2-5$). 由此可得复数 z 的模为:$|z| = r = \sqrt{a^2 + b^2}$,辐角 $\theta = \arg z = \arctan \frac{b}{a}$,$(0 \leqslant \theta < 2\pi)$.

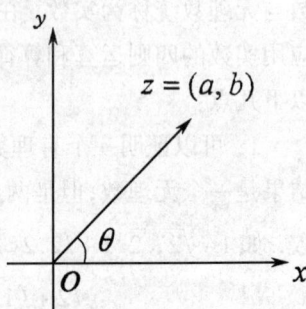

图 2-5

4. 复数的四种等价的表示形式:
$$
\begin{aligned}
z &= (a,b) \\
&= a + ib \\
&= r(\cos\theta + i\sin\theta) \\
&= re^{i\theta}
\end{aligned}
$$
其中 r 与 θ 分别是复数 $z = a + ib$ 的模与辐角.

5. 复数集是有序集,复数域是代数封闭域,但复数域不是有序域.

例题与练习

例 1　设有自然数 m,n,i,j，且 $n>m,i>j$，则 $n+i>m+j$.

[思路]　利用第 2 章定理 2.1.2 的证明方法.

证明　因 $n>m$，故存在非零自然数 k，使得 $n=m+k$，故

$$n+i=(m+k)+i$$
$$=m+(k+i)$$
$$=m+(i+k)$$
$$=(m+i)+k.$$

同理，因 $i>j$，故存在非零自然数 l，使得 $i=j+l$，

$$m+i=m+(j+l)=(m+j)+l,$$

所以，

$$n+i=(m+i)+k$$
$$=(m+j)+l+k$$
$$>(m+j)+l$$
$$>m+j.$$

对照练习　设有自然数 m,n,i,j，且 $n>m,i>j$，则 $n\cdot i>m\cdot j$.

例 2　设 $f_n(x)$ 是关于 x 的函数，$n\in\mathbf{N}$，若 $f_1(x)=2,f_{n+1}(x)=xf_n(x)+1,x$ >1，则 $f_n(x)=2x^{n-1}+x^{n-2}+\cdots+x+1$.

[思路]　用第一数学归纳法证明.

证明　当 $n=1$ 时，$f_1(x)=2x^{1-1}=2$，结论成立.

假设 $n=k$ 时，结论成立，即 $f_k(x)=2x^{k-1}+x^{k-2}+\cdots+x+1$.

那么，当 $n=k+1$ 时，

$$f_{k+1}(x)=xf_k(x)+1=x(2x^{k-1}+x^{k-2}+\cdots+x+1)+1$$
$$=2x^{k+1-1}+x^{k+1-2}+\cdots+x+1,$$

由第一数学归纳法可知，对 $\forall n\in\mathbf{N}$，有 $f_n(x)=2x^{n-1}+x^{n-2}+\cdots+x+1$.

对照练习　用数学归纳法证明：若 $n\in\mathbf{N}$，则 $\left(\dfrac{3}{2}\right)^n>n$.

例 3　已知 $\sin x+\cos x=-1$，证明：$\sin^n x+\cos^n x=(-1)^n,n\in\mathbf{N}$.

[思路]　首先利用已知条件，推导出 $\sin x\cos x=0$，再用第二数学归纳法证明.

证明 因为 $\sin x + \cos x = -1$,那么

$$(-1)^2 = (\sin x + \cos x)^2 = \sin^2 x + \cos^2 x + 2\sin x \cos x$$
$$= 1 + 2\sin x \cos x,$$

即

$$\sin x \cos x = 0.$$

当 $n = 1$ 时,由 $\sin x + \cos x = -1$ 知,结论成立.

假设 $n < k+1$ 时,结论成立,即 $\sin^i x + \cos^i x = (-1)^i, i = 1,2,\cdots,k$.

那么,当 $n = k+1$ 时,

$$(-1)^k(-1) = (\sin^k x + \cos^k x)(\sin x + \cos x)$$
$$= \sin^{k+1} x + \sin x \cos^k x + \cos x \sin^k x + \cos^{k+1} x$$
$$= \sin^{k+1} x + \cos^{k+1} x + \sin x \cos x (\cos^{k-1} x + \sin^{k-1} x)$$
$$= \sin^{k+1} x + \cos^{k+1} x,$$

由第二数学归纳法可知,对 $\forall\, n \in \mathbf{N}_+$,有

$$\sin^{k+1} x + \cos^{k+1} x = (-1)^{k+1}.$$

对照练习 证明:平面内 n 个点最多可连成 $\dfrac{1}{2}(n^2 - n)$ 条直线$(n \geq 2)$.

例 4 设有理数 $a, b, c \in \mathbf{Q}$,则$(a \cdot b) \cdot c = a \cdot (b \cdot c)$.

[思路] 用直接验算的方法证明.

证明 因为 $a, b, c \in \mathbf{Q}$,故 $a = \dfrac{n}{m}, b = \dfrac{l}{k}, c = \dfrac{i}{j}$,且

$$(a \cdot b) \cdot c = \left(\dfrac{n}{m} \cdot \dfrac{l}{k}\right) \cdot \dfrac{i}{j} = \left(\dfrac{nl}{mk}\right) \cdot \dfrac{i}{j}$$

$$= \dfrac{nli}{mkj} = \dfrac{n}{m} \cdot \left(\dfrac{li}{kj}\right) = a \cdot (b \cdot c),$$

所以,$(a \cdot b) \cdot c = a \cdot (b \cdot c)$.

对照练习 设有理数 $a, b, c \in \mathbf{Q}$,则$(a + b) + c = a + (b + c)$.

例 5 证明:$\forall\, a \in \mathbf{Q}, \exists\, (-a) \in \mathbf{Q}$,使 $a + (-a) = 0$.

[思路] 利用定理 2.3.2 的结论证明.

证明 因为 $0, a \in \mathbf{Q}$,故 $0 = \dfrac{0}{k}, a = \dfrac{n}{m}$,由定理 3.2 知,存在惟一的

$$\dfrac{x}{y} = \dfrac{0m - kn}{km} = -\dfrac{n}{m} = -a,$$

使得 $\dfrac{n}{m} + \left(-\dfrac{n}{m}\right) = 0$,即 $a + (-a) = 0$.

对照练习　证明: $\forall\, a\in\mathbf{Q}, a\neq 0, \exists\, a^{-1}=\dfrac{1}{a}\in\mathbf{Q}$, 使 $a\cdot a^{-1}=1$.

例 7　设 $\dfrac{a}{b}$ 是既约真分数,且 b 只含有除 2 和 5 以外的质因数,当 $\dfrac{a}{b}$ 化为循环小数时,循环节最少的位数是 m, 则 $a(10^m-1)$ 能被 b 整除.

[思路]　利用定理 2.3.9 的证明方法.

证明　因为 $\dfrac{a}{b}$ 是既约真分数,且 b 只含有除 2 和 5 以外的质因数,由定理 2.3.9 知, $\dfrac{a}{b}$ 能化成纯循环小数. 又有已知

$$\frac{a}{b}=0.\dot a_1 a_2\cdots\dot a_m=0.a_1 a_2\cdots a_m a_1 a_2\cdots a_m a_1 a_2\cdots a_m\cdots$$

$$=0.a_1 a_2\cdots a_m+0.00\cdots 0\dot a_1 a_2\cdots\dot a_m$$

$$=0.a_1 a_2\cdots a_m+\frac{1}{10^m}\cdot 0.\dot a_1 a_2\cdots\dot a_m$$

$$=0.a_1 a_2\cdots a_m+\frac{1}{10^m}\cdot\frac{a}{b},$$

且

$$\frac{a}{b}-\frac{1}{10^m}\cdot\frac{a}{b}=\frac{(10^m-1)a}{10^m b},$$

得

$$\frac{(10^m-1)a}{10^m b}=0.a_1 a_2\cdots a_m,$$

即

$$\frac{(10^m-1)a}{b}=0.a_1 a_2\cdots a_m\times 10^m=a_1 a_2\cdots a_m.$$

所以, $a(10^m-1)$ 能被 b 整除.

对照练习　设有理数 $a,b\in\mathbf{Q}$, 则 $a\cdot b=b\cdot a$.

例 7　设 A 是非空有界数集,令 $-A=\{-x\mid x\in A\}$. 则有 $\inf(-A)=-\sup A$.

[思路]　用定义 2.4.12 验证.

证明　设 $\alpha=\inf(-A)$, 由定义 2.4.12 知,

(1)对 $\forall\,(-x)\in(-A)$, 都有 $-x\geqslant\alpha$, 即 $x\leqslant-\alpha$, $(\forall\, x\in A)$;

(2)对 $\forall\,\varepsilon>0, \exists\,(-x_0)\in(-A)$, 有 $-x_0<\alpha+\varepsilon$, 即 $x_0>-\alpha-\varepsilon$, $(\exists\, x_0\in A)$. 因此, $-\alpha=\sup A$, 即 $\inf(-A)=\alpha=-\sup A$.

对照练习　设 A 是非空有界集合,令 $-A=\{-x\mid x\in A\}$. 则有 $\sup(-A)=-\inf A$.

例 8 设有数列 $\{x_n\}$，$\{y_n\}$，且 $\lim\limits_{n\to\infty} x_n = x$，$\lim\limits_{n\to\infty} y_n = y$，求证

$$\lim_{n\to\infty}(x_n + y_n) = x + y.$$

证明 因为 $\lim\limits_{n\to\infty} x_n = x$，$\lim\limits_{n\to\infty} y_n = y$，故对于 $\forall \varepsilon > 0$，$\exists N_1, N_2$，使当 $n > N_1$ 时，

$|x_n - x| < \dfrac{\varepsilon}{2}$，当 $n > N_2$ 时，$|y_n - y| < \dfrac{\varepsilon}{2}$。于是当 $n > N = \max\{N_1, N_2\}$ 时，

$$|(x_n - y_n) - (x + y)| \leqslant |x_n - x| + |y_n - y| < \frac{\varepsilon}{2} + \frac{\varepsilon}{2} = \varepsilon,$$

所以 $\lim\limits_{n\to\infty}(x_n + y_n) = x + y$。

对照练习 设有数列 $\{x_n\}$，$\{y_n\}$，且 $\lim\limits_{n\to\infty} x_n = x$，$\lim\limits_{n\to\infty} y_n = y$，求证

$$\lim_{n\to\infty}(x_n y_n) = xy.$$

例 9 已知非零复数 z_1，z_2 满足 $|z_1 + z_2| = |z_1 - z_2|$，证明 $\left(\dfrac{z_1}{z_2}\right)^2$ 一定是负数。

[思路] 为证明 $\left(\dfrac{z_1}{z_2}\right)^2 < 0$，只要证明 $\dfrac{z_1}{z_2}$ 为纯虚数。为此可证 $\dfrac{z_1}{z_2} + \overline{\left(\dfrac{z_1}{z_2}\right)} = 0$，

且 $\dfrac{z_1}{z_2} \neq 0$。

证明 因为 $z_1 \neq 0$，$z_2 \neq 0$，故 $\dfrac{z_1}{z_2} \neq 0$，$\bar{z_1} \neq 0$，$\bar{z_2} \neq 0$。

由 $|z_1 + z_2| = |z_1 - z_2|$，得 $|z_1 + z_2|^2 = |z_1 - z_2|^2$，

$$(z_1 + z_2)\overline{(z_1 + z_2)} = (z_1 - z_2)\overline{(z_1 - z_2)},$$

$$z_1 \bar{z_2} + \bar{z_1} z_2 = 0, \quad \frac{z_1}{z_2} + \overline{\left(\frac{z_1}{z_2}\right)} = 0,$$

所以，$\dfrac{z_1}{z_2}$ 为纯虚数，即 $\left(\dfrac{z_1}{z_2}\right)^2 < 0$。

对照练习 利用 $|z|^2 = z \cdot \bar{z}$，证明 $|z_1 + z_2|^2 + |z_1 - z_2|^2 = 2|z_1|^2 + 2|z_2|^2$。

例 10 设 $f(x) = \sqrt{1 + x^2}$，若 $a \neq b$，则 $|f(a) - f(b)| < |a - b|$。

[思路] 把 $\sqrt{1 + x^2}$ 看成复数 $1 + xi$ 的模。

证明 设 $z_1 = 1 + ai$，$z_2 = 1 + bi$（$a, b \in \mathbf{R}$，且 $a \neq b$）。那么

$$|\sqrt{1 + a^2} - \sqrt{1 + b^2}| = ||1 + ai| - |1 + bi||$$
$$= ||z_1| - |z_2||,$$
$$|a - b| = |(1 + ai) - (1 + bi)| = |z_1 - z_2|,$$

因为 $||z_1| - |z_2|| < |z_1 - z_2|$，所以 $|\sqrt{1+a^2} - \sqrt{1+b^2}| < |a-b|$，即

$$|f(a) - f(b)| < |a-b|.$$

对照练习　在复平面内，直角三角形 ABC 的顶点 A, B, C 对应的复数分别为 z, z^2, z^3，若 $|z| = 2$，$\angle BAC = \dfrac{\pi}{2}$，求复数 z.

例 11　证明：$(1 + \cos\theta + \mathrm{i}\sin\theta)^n = 2^n \cos^n \dfrac{\theta}{2} \left(\cos\dfrac{n\theta}{2} + \mathrm{i}\sin\dfrac{n\theta}{2} \right).$

[思路]　利用乘幂法则 $(\cos\theta + \mathrm{i}\sin\theta)^n = \cos n\theta + \mathrm{i}\sin n\theta$ 证之.

证明　$\begin{aligned}(1 + \cos\theta + \mathrm{i}\sin\theta)^n &= \left(2\cos^2\dfrac{\theta}{2} + \mathrm{i}\, 2\sin\dfrac{\theta}{2}\cos\dfrac{\theta}{2} \right)^n \\ &= \left[2\cos\dfrac{\theta}{2}\left(\cos\dfrac{\theta}{2} + \mathrm{i}\sin\dfrac{\theta}{2} \right) \right]^n \\ &= 2^n \cos^n\dfrac{\theta}{2}\left(\cos\dfrac{\theta}{2} + \mathrm{i}\sin\dfrac{\theta}{2} \right)^n \\ &= 2^n \cos^n\dfrac{\theta}{2}\left(\cos\dfrac{n\theta}{2} + \mathrm{i}\sin\dfrac{n\theta}{2} \right).\end{aligned}$

对照练习　在复数集内解方程 $x^2 - 5|x| + 6 = 0$.

自我测试题

一、填空题

1. 自然数集 $\mathbf{N}$ 的任何一个非空子集必有_____.

2. 在自然数集中能只有进行减法运算当且仅当被减数_____减数.

3. 由相同自然数组成的数对 $[m, m]$ 是整数集 $\mathbf{Z}$ 中的_____.

4. 有理数 $\dfrac{a}{b}$ 与 $\dfrac{c}{d}$ 的差 $\dfrac{a}{b} - \dfrac{c}{d} = $_____.

5. 设 a, b 是两个有理数，则 $|a| - |b| \leqslant$_____$\leqslant |a| + |b|$.

6. 若开区间集 S 覆盖了闭区间 $[a, b]$，则 S 中存在_____也覆盖了闭区间 $[a, b]$.

7. 若数列 $\{a_n\}$ 单调增加且有_____，则数列 $\{a_n\}$ 收敛.

8. 在平面直角坐标系中，如果规定点 $Z(a, b)$ 表示复数 $z = a + \mathrm{i}b$，则复数集 $\mathbf{C}$ 与_____之间成一一对应.

二、单项选择题

1. 对任意两个自然数 m, n，必存在自然数 l，使(　　　).

(A)$l \cdot m < n$　　　(B)$l \cdot m > n$　　　(C)$l \cdot m \leqslant n$　　　(D)$l \cdot m \geqslant n$

2. 与自然数集 **N** 等势的集合称之为(　　).

(A)有限集　　　(B)无限集　　　(C)可列集　　　(D)不可列集

3. 对整数加法来说,整数集 **Z** 有(　　)存在.

(A)零元和负元素　　　　　　　　(B)零元或负元素

(C)零元　　　　　　　　　　　　(D)负元素

4. 在整数集 **Z** 中如下规定序为 $[m_1, n_1] \leqslant [m_2, n_2] \Leftrightarrow$(　　).

(A)$m_1 + n_1 \leqslant m_2 + n_2$　　　　　　(B)$m_1 + m_2 \leqslant n_1 + n_2$

(C)$n_1 + m_2 \leqslant m_1 + n_2$　　　　　　(D)$m_1 + n_2 \leqslant m_2 + n_1$

5. 下列数集(　　)不是可列集.

(A)自然数集　　　(B)整数集　　　(C)有理数集　　　(D)实数集

6. 正分数 $\dfrac{p}{q}$ 化成正有限小数的充分必要条件是 q 除含有(　　)的质因数外,不含有其他的质因数.

(A)2 或 5　　　(B)2 与 5　　　(C)2　　　(D)5

7. 设 (a, b) 与 (c, d) 是两个复数,那么 $(a, b) \cdot (c, d) = ($　　$)$.

(A)(ac, bd)　　　　　　　　　　(B)(ad, bc)

(C)$(ac - bd, ad + bc)$　　　　　　(D)$(ac + bd, ad - bc)$

参考答案

(一)填空题

1. 最小数　　　2. 大于　　　3. 零元

4. $\dfrac{ad - bc}{bd}$　　　5. $|a \pm b|$　　　6. 有限个开区间

7. 上界　　　8. 平面上点集

(二)单项选择题

1. B　　2. C　　3. A　　4. D　　5. D　　6. B　　7. C

对照练习

10.(答案:$z = -1 \pm \sqrt{3}i$),　11.(答案:根为 $\pm i$,或 ± 2,或 ± 3)

第3章 函　　数

学习目标

1. 理解函数的基本概念,熟练掌握函数的运算(四则运算、复合运算),理解反函数的概念,掌握函数方程的解法.

2. 掌握函数的分析性质(函数的连续性与可微性),理解微分的几何意义,了解函数的近似计算.掌握微分学基本定理及其运用,并能够运用导数去研究函数.

3. 理解积分上限函数与和函数的概念.能够利用牛顿－莱布尼茨公式计算某些面积与某些体积,能够运用和函数去计算某些函数的值.

4. 理解初等函数的概念及有界、单调、奇偶、周期函数等概念,并掌握相应的性质.

5. 理解超越数、超越函数的概念,了解化圆为方的问题,掌握基本初等函数的超越性质.

6. 了解一次函数的应用,会计算已知函数的切线方程、法线方程、渐近线方程,掌握平面图形的坐标变换(平移映射,旋转映射、反射映射),掌握平面图形的重合、相似、对称等性质.

导　　学

函数是中学数学中的一个十分重要的概念,是数学分析研究的主要对象.在历史上,函数概念的出现与解析几何的产生有密切联系. 14 世纪,法国数学家奥雷姆(Oresme.Nicole)用曲线表示依时间 t 而变化的量;16 世纪,英国数学家哈里奥特用直角坐标的概念求出曲线的代数方程;17 世纪上半叶,笛卡尔把变量引入了数学,他指出平面上的点与实数对 (x,y) 之间的对应关系,当动点作曲线运动时,它的 x 坐标与 y 坐标相互依赖并同时发生变化,其关系可由包含 x,y 的方程给出,相应的方程式就揭示了变量 x 和 y 之间的关系. 以上这些工作都孕育着函数的思想. 随着数学的发展,函数的定义被不断的改进和明确. 在现代数学中,函数被定义为一类特殊的映射.

函数可按运算进行分类. 例如线性函数与非线性函数,或初等函数与非初等函数. 在中学数学中,只讨论初等函数. 而在微积分学中,我们不仅进一步研究初等函数,而且也要研究某些非初等函数. 函数

$$f(x) = \int_1^x \frac{\sin t}{t} dt, (x > 0)$$

是一个典型的非初等函数的例子.

研究函数,主要是讨论函数的性质. 在这一章中,我们要研究函数的初等性质,即函数的有界性、单调性、奇偶性、周期性、超越性. 也要研究函数的分析性质,即函数的连续性与函数的可导性. 同时,我们将利用函数的分析性质来讨论函数的初等性质.

3.1 定义及其运算

3.1.1 函数的概念

在第一章中,我们给出了映射的概念.

设 A, B 是两个非空集合,f 是笛卡尔集 $A \times B$ 的子集,且 $\forall x \in A$,存在惟一 $y \in B$,使 $(x, y) \in f$,则称 f 是从 A 到 B 的映射,记作 $f: A \to B$.

在映射的定义中,集合 A 与集合 B 具有一定的广泛性.

例1 $A = \{甲,乙,丙,丁\}$ 是某班级的 4 名学生. $B = \{优,良,中,及格,不及格\}$ 为学生的学习成绩,则

$$f = \{(甲,良),(乙,优),(丙,不及格),(丁,中)\}$$

是从 A 到 B 的一个映射.

特别地,当 A, B 是实数集 $\mathbf{R}$ 或笛卡尔集 $\mathbf{R}^n$ 的子集时,称映射 f 是**函数**,具体地

定义 3.1.1 设 A 与 B 是实数集 $\mathbf{R}$ 的非空子集,f 是笛卡尔集 $A \times B$ 的子集,且 $\forall x \in A$,存在惟一 $y \in B$,使 $(x, y) \in f$ 称 f 是定义在 A 上在 B 中取值的(一元数值)函数.

集合 A 是函数的定义域,$\forall x \in A$,存在惟一的 $y \in B$,使 $(x, y) \in f$,称 y 是 x 的函数值,记作 $y = f(x)$.

例2 $f(x) = ax + b$ 是定义在实数集 $\mathbf{R}$ 上且在实数集 $\mathbf{R}$ 上取值的(一元数

值)函数. 若 $A \subset \mathbf{R}^n, B \subset \mathbf{R}, f: A \to B$, 则称 f 是多元函数.

例 3　$f(x_1, x_2, \cdots, x_n) = \ln(x_1 + x_2 + \cdots + x_n)$ 是定义在

$$A = \{(x_1, x_2, \cdots, x_n) \mid x_1 + x_2 + \cdots + x_n > 0\} \subset \mathbf{R}^n$$

若 $A \subset \mathbf{R}, B \subset \mathbf{R}^n, f = (f_1, f_2, \cdots, f_n): A \to B$, 称 f 是定义在 A 上向量值函数, 也称之为参数方程.

例 4　螺线参数方程 $f(t) = \{f_1(t), f_2(t), f_3(t)\}$

$$\begin{cases} f_1(t) = a\cos t \\ f_2(t) = a\sin t \\ f_3(t) = at \end{cases}$$

其中 $t \in A = [0, 2\pi]$

若 $A \subset \mathbf{R}^m, B \subset \mathbf{R}^n, f: A \to B$, 称 f 是多元向量值函数, 这是函数的最一般情形.

例 5　球心在原点, 半径为 r 的球面方程:

$$\begin{cases} x = r\cos\varphi\cos\theta \\ y = r\sin\varphi\sin\theta \\ z = r\cos\varphi \end{cases}$$

其中 $(\varphi, \theta) \in A = [0, \pi] \times [0, 2\pi]$.

3.1.2　函数的运算

函数的运算是指函数的四则运算, 函数的复合与反函数. 为了研究函数的运算, 我们必须首先讨论两个函数的相等.

设 f_1 与 f_2 是两个函数, 则 f_1 与 f_2 是含于 $\mathbf{R} \times \mathbf{R}$ 中的两个子集, 则 $f_1 = f_2$ 当且仅当 $f_1 \subset f_2$ 且 $f_1 \supset f_2$.

具体地说, f_1 与 f_2 相等当且仅当

(1) f_1 与 f_2 有相同的定义域;

(2) $\forall x \in A, f_1(x) = f_2(x)$.

一般说来, $f_1(x)$ 与 $f_2(x)$ 分别由数学表达式给出. $f_1(x)$ 与 $f_2(x)$ 相等, 并不意味着它们的数学表达式相同. 例如

$$f(x) = \frac{1}{x^2} \text{ 与 } g(x) = \frac{\sin^2 x + \cos^2 x}{x^2}$$

有相同的定义域 $(-\infty, 0) \cup (0, +\infty)$, $\forall x \in (-\infty, 0) \cup (0, +\infty)$, 有

$$f(x) = g(x).$$

尽管这两个函数有不同的运算,但是它们是相等的.

例 6 讨论如下两组函数是否分别相等:

(1)$f_1(x) = \sin x$,$g_1(x) = \sin(x + 2\pi)$;

(2)$f_2(x) = \lg x^2$,$g_2(x) = 2\lg x$.

解 (1)因 $f_1(x)$ 与 $g_1(x)$ 有相同的定义域 **R**,且对于任意的 $x \in \mathbf{R}$,有 $f_1(x) = g_1(x)$,故 $f_1 = g_1$.

(2)因 f_2 的定义域是 $\mathbf{R} \setminus \{0\}$,而 g_2 的定义域是 $(0, +\infty)$,他们的定义域不同,故 $f_2 \neq g_2$.

下面讨论函数的四则运算.

定义 3.1.2 设 $A, B \subset \mathbf{R}$,且 $A \bigcap B \neq \varnothing$. 有两个函数 $f: A \rightarrow \mathbf{R}$,$g: B \rightarrow \mathbf{R}$. 函数 f 与 g 的和 $f + g$,差 $f - g$,积 $f \cdot g$,商 $\dfrac{f}{g}$ 分别定义为:

$$(f + g)(x) = f(x) + g(x), \quad x \in A \bigcap B;$$
$$(f - g)(x) = f(x) - g(x), \quad x \in A \bigcap B;$$
$$(f \cdot g)(x) = f(x) \cdot g(x), \quad x \in A \bigcap B;$$
$$\left(\frac{f}{g}\right)(x) = \frac{f(x)}{g(x)}, \quad x \in A \bigcap B - \{x \mid g(x) = 0\}.$$

由此可见,两个函数 $f: A \rightarrow \mathbf{R}$ 与 $g: B \rightarrow \mathbf{R}$ 的和是一个新函数 $f + g: A \bigcap B \rightarrow \mathbf{R}$. $f + g$ 是集合 $(A \bigcap B) \times \mathbf{R}$ 的一个子集,即

$$f + g = \{(x, y) \mid x \in A \bigcap B, y = f(x) + g(x) \in \mathbf{R}\}.$$

同样,差、积、商也是如此.

函数的四则运算是构造新函数的一种重要方法.

我们进一步讨论两个函数的复合.

设有两个函数:

$$f: A \rightarrow B, \quad g: B \rightarrow C$$

由函数 f,$\forall a \in A$,$\exists b \in B$ 且 $b = f(a)$. 再由函数 g,对这个元素 $b \in B$,$\exists c \in C$ 使 $c = g(b)$,从而得到一个 A 到 C 的函数,表为

$$(g \circ f): A \rightarrow C$$
$$c = (g \circ f)(a).$$

定义 3.1.3 设有函数 $f: A \rightarrow B$,$g: B \rightarrow C$. 函数 $(g \circ f): A \rightarrow C$ 称为函数 f 与函数 g(按此顺序)从 A 到 C 的**复合函数**.

显然 $\forall a \in A$,有 $(g \circ f)(a) = g[f(a)]$.

不难将两个函数的复合函数推广到任意有限个函数的复合函数,设

$$f_1:A_1 \rightarrow A_2, f_2:A_2 \rightarrow A_3, \cdots, f_n:A_n \rightarrow B$$

它们的复合函数是

$$f_n \circ f_{n-1} \circ \cdots \circ f_2 \circ f_1 : A_1 \rightarrow B.$$

或 $\forall x \in A_1$,有

$$\begin{aligned}
&(f_n \circ f_{n-1} \circ \cdots \circ f_2 \circ f_1)(x)\\
&= (f_n \circ f_{n-1} \circ \cdots \circ f_2)(f_1(x))\\
&= (f_n \circ f_{n-1} \circ \cdots \circ f_3)(f_2(f_1(x))) = \cdots\\
&= (f_n \circ f_{n-1})(f_{n-2}(\cdots f_2((f_1(x)))\cdots))\\
&= f_n(f_{n-1}(f_{n-2}(\cdots f_2((f_1(x)))\cdots))) \in B.
\end{aligned}$$

不难证明,复合函数满足结合律,即

$$h \circ (g \circ f) = (h \circ g) \circ f.$$

事实上

$$[h \circ (g \circ f)](x) = h[(g \circ f)(x)] = h\{g[f(x)]\} = (h \circ g)[f(x)] = [(h \circ g) \circ f](x).$$

复合函数不满足交换律,一般来说,即使两种复合函数 $g \circ f$ 与 $f \circ g$ 都有意义,但它们可能不相等,即 $g \circ f \neq f \circ g$. 例如,

取 $A = B = C \subset \mathbf{R}$. $f(x) = \sin x$, $g(x) = x^2$. $\forall x \in \mathbf{R}$,有

$$(g \circ f)(x) = g[f(x)] = g(\sin x) = (\sin x)^2 = \sin^2 x,$$
$$(f \circ g)(x) = f[g(x)] = f(x^2) = \sin x^2 = \sin(x^2).$$

显然,$g \circ f \neq f \circ g$(作为函数不相等,个别的函数值可能相等).

应用函数的复合运算不仅能将若干个"简单"函数构成一个复合函数,也是构造新函数的一种重要方法. 反之应用复合运算又能将一个复合函数"拆"成若干个"简单"函数的复合. 例如,复合函数 $y = \sqrt[3]{\ln \arcsin x}$ 就是由三个简单函数

$y = \sqrt[3]{u}$,$u = \ln v$,$v = \arcsin x$ 复合而成.

注1.1 不是任意两个函数都可以构成复合函数,例如,两个函数 $z = \sqrt{y}$ 与 $y = -(x^2 + 1)$ 的复合 $z = \sqrt{-(x^2 + 1)}$ 是没有意义的,这是因为函数 $y = -(x^2 + 1)$ 的值域 $(-\infty, -1]$ 与函数 $z = \sqrt{y}$ 的定义域 $[0, +\infty)$ 的交集是空集,即

$$(-\infty, -1] \bigcap [0, +\infty) = \varnothing$$

也就是没有中间"介绍"的数,由此可见两个函数 $f:A \rightarrow B$ 与 $g:C \rightarrow D$ 能构成复合函数 $g \circ f$ 必须 f 的值域 B 与 g 的定义域 C 的交集非空,即 $B \bigcap C \neq \varnothing$,例如,

函数

$$y = 3x + 1, \ z = \sqrt{y},$$

函数 $y = 3x + 1$ 的值域是 $\mathbf{R}$,函数 $z = \sqrt{y}$ 的定义域是 $[0, +\infty)$,而

$$\mathbf{R} = \bigcap [0, +\infty) = [0, +\infty) \neq \varnothing$$

于是,这两个函数构成复合函数 $z = \sqrt{3x + 1}$,它的定义域是 $[-\frac{1}{3}, +\infty)$.

最后,我们来讨论反函数.

设 $y = f(x)$ 是定义在集合 A 上的函数,$f(A)$ 是函数 $f(x)$ 的值域. 一般说来,对于 $y \in f(A)$,不一定对应惟一一个 $x \in A$,使 $y = f(x)$. 但是,我们要讨论的是如下的情形:

定义 3.1.4 设有函数 $y = f(x), x \in A$. 若对于任意的 $y \in f(A)$,存在惟一的 $x \in A$,使 $f(x) = y$,则在 $f(A)$ 上定义了一个函数,记作

$$x = f^{-1}(y), y \in f(A).$$

注 1.2 由反函数的定义可见,若 $f(x)$ 定义在 A 上,$f(x)$ 存在反函数当且仅当 $\forall x_1, x_2 \in A, x_1 \neq x_2$,有 $f(x_1) \neq f(x_2)$.

若 $x = f^{-1}(y)$ 是 $y = f(x)$ 的反函数,则 $y = f(x)$ 也是 $x = f^{-1}(y)$ 的反函数. 函数 $y = f(x)$ 的值域 $f(A)$ 是 $x = f^{-1}(y)$ 的定义域,反之,函数 $x = f^{-1}(y)$ 的值域 A 是它的反函数 $y = f(x)$ 的定义域. 于是,有

$$f^{-1}[f(x)] \equiv x, \forall x \in A;$$
$$f[f^{-1}(y)] \equiv y, \forall y \in f(A).$$

按照习惯,我们将函数 $y = f(x)$ 的反函数记作 $y = f^{-1}(x)$

函数 $y = f(x)$ 的图像与其反函数 $x = f^{-1}(y)$ 的图像是同一条曲线,但是将 $y = f(x)$ 的反函数记作 $y = f^{-1}(x)$ 时,它的图像是一条新的曲线,由平面解析几何的知识易见,函数 $y = f(x)$ 的图像与它的反函数 $y = f^{-1}(x)$ 的图像关于直线 $y = x$ 对称.

3.1.3 函数方程

函数方程是分析学的问题之一. 早在 1769 年,法国数学家、力学家达朗贝尔(J. D' Alembert)在研究力的合成时,就导出了函数方程

$$f(x + y) + f(x - y) = 2f(x)f(y)$$

法国数学家柯西(A. Cauchy)给出了这个方程的解. 此后,一些数学家都曾对函数方程进行过研究,但至今仍无完整的理论与方法解函数方程. 只有一些

简单的函数方程,可采用某些特殊的方法来解.

定义 3.1.5　含有未知函数的等式叫做**函数方程**. 若函数 $f(x)$ 在其定义域内的一切值均满足所给的方程,那么称函数 $f(x)$ 是该方程的解.

在本书的第四章与第五章,我们将致力于研究几种典型的函数方程,讨论其解的性质,在这里,我们仅举例说明某些函数方程的求解.

例 7　已知 $f(\dfrac{1+x}{x}) = \dfrac{x^2+1}{x^2} + \dfrac{1}{x}$,求 $f(x)$.

解　通过配方的方法,使方程的右端成的 $\dfrac{1+x}{x}$ 的表达式,事实上,

$$f(\dfrac{1+x}{x}) = \dfrac{x^2+1}{x^2} + \dfrac{1}{x}$$
$$= (\dfrac{x+1}{x})^2 - \dfrac{1+x}{x} + 1.$$

以 x 代替 $\dfrac{1+x}{x}$,得

$$f(x) = x^2 - x + 1.$$

一般情况下,我们可以采取换元的方法,求出函数方程的解.

例 8　已知 $f(\dfrac{1+x}{x}) = \ln\dfrac{2x}{1+2x}(x > 0)$,求 $f(x)$.

解　令 $\dfrac{1+x}{x} = t$,则 $x = \dfrac{1}{t-1}(t > 1)$,于是

$$f(t) = \ln\dfrac{2\dfrac{1}{t-1}}{1+2\dfrac{1}{t-1}} = \ln\dfrac{2}{t+1}$$

即

$$f(x) = \ln\dfrac{2}{x+1}.$$

在有的情况下,需要将函数方程的变量进行适当的变量替换(有时需要做几次代换),得到一个或几个新的函数方程,然后与原方程联立,解方程组,即可求出所求的函数.

例 9　设 $F(x)$ 是对 $x = 0$ 及 $x = 1$ 以外的一切实数有定义的实值函数,并且

$$F(x) + F(\dfrac{x-1}{x}) = 1 + x, \tag{1}$$

求 $F(x)$.

解　以 $\dfrac{x-1}{x}$ 代 x，由(1)得

$$F\left(\frac{x-1}{x}\right) + F\left(\frac{1}{1-x}\right) = \frac{2x-1}{x}. \tag{2}$$

以 $\dfrac{1}{1-x}$ 代 x，由(1)得

$$F\left(\frac{1}{1-x}\right) + F(x) = \frac{2-x}{1-x}. \tag{3}$$

由(1),(2),(3)式消去 $F\left(\dfrac{x-1}{x}\right),F\left(\dfrac{1}{1-x}\right)$ 得

$$F(x) = \frac{x^3 - x^2 - 1}{2x(x-1)},(x \neq 0,1).$$

当已知 $f(x)$ 是多项式函数时，可使用待定系数的方法解函数方程. 首先写出它的一般表达式. 然后由已知条件，根据多项式相等来确定待定的系数.

例 10　已知 $f(x)$ 为多项式函数，且

$$f(x+1) + f(x-1) = 2x^2 - 2x + 4$$

求 $f(x)$.

解　由于 $f(x+1)$ 与 $f(x-1)$ 不改变 $f(x)$ 的次数，而它们的和是 2 次的，所以 $f(x)$ 为二次函数，故可设

$$f(x) = ax^2 + bx + c,$$

从而有

$$\begin{aligned}
f(x+1) + f(x-1) &= a(x+1)^2 + b(x+1) + c \\
&\quad + a(x-1)^2 + b(x-1) + c \\
&= 2ax^2 + 2bx + 2(a+c).
\end{aligned}$$

由已知条件得

$$2ax^2 + 2bx + 2(a+c) = 2x^2 - 2x + 4.$$

根据两个多项式相等的条件得

$$2a = 2, 2b = -2, 2(a+c) = 4.$$

由此得

$$a = 1, b = -1, c = 1,$$

故有

$$f(x) = x^2 - x + 1.$$

对于给定的函数 $f(x)$，若存在 x_0，使得

$$f(x_0) = x_0$$

则称 x_0 是 $f(x)$ 的不动点.

例 11 求函数 $f(x)$，使其定义域为一切正实数，值为正实数，且满足

1) $f(xf(y)) = yf(x)$;

2) $f(x) \to 0$（当 $x \to \infty$）.①

解 对任意正实数 a，任意正实数 x_0，因 $f(x_0) > 0$，所以 $y_0 = \dfrac{a}{f(x_0)} > 0$，进

而有 $f(x_0 f(y_0)) = y_0 f(x_0) = a$，这表明任意正实数都在 f 的值域内. 特别地，存在 $y > 0$，使 $f(y) = 1$，则

$$f(1 \cdot f(y)) = f(1) = yf(1).$$

因 $f(1) > 0$，故 $y = 1$，即 $f(1) = 1$，又由

$$f(xf(x)) = xf(x)$$

知，$xf(x)$ 是 $f(x)$ 的不动点.

若 $f(a) = a$，$f(b) = b$，则

$$f(ab) = f(af(b)) = bf(a) = ba = ab,$$

即 ab 是 f 的不动点. 特别地，a^k 是 f 的不动点.

下面指出 $a \leqslant 1$. 事实上，若 $a > 1$，则 $x_k = a^k \to \infty$（当 $k \to \infty$），则 $f(x_k) = x_k \to \infty$，这与条件 2) 矛盾.

因 $x > 0$，$xf(x)$ 是 f 的不动点，故 $xf(x) \leqslant 1$，即

$$f(x) \leqslant \frac{1}{x} (\forall x > 0). \tag{4}$$

设 $a = xf(x)$，则 $f(a) = a$. 于是有

$$f(\frac{1}{a} f(a)) = f(1) = 1 = a \cdot f(\frac{1}{a})$$

由此得 $f(\dfrac{1}{a}) = \dfrac{1}{a}$，也就是

$$f(\frac{1}{xf(x)}) = \frac{1}{xf(x)}.$$

此式表明，$\dfrac{1}{xf(x)}$ 也是 f 的不动点. 由前面的讨论知，$\dfrac{1}{xf(x)} \leqslant 1$，

所以有

---

① 此题为第 24 届 IMO 第 1 题

$$f(x) \geqslant \frac{1}{x}. \tag{5}$$

由(4)与(5)式得, $f(x) = \frac{1}{x}$.

3.2 函数的分析性质

函数是初等数学与高等数学研究的主要对象,这是因为在我们的周围,大量的事物都需要用函数去描述它们的变化状态. 例如,液体的流动,气温的上升,压力的增加等等,一方面,我们研究它们是否是连续变化,同时,还要研究这种变化的光滑性质. 这些就是我们在这一节中所要研究的问题,即函数的连续性与函数的光滑性.

3.2.1 连续函数

我们已知,函数 $f(x)$ 在点 a 存在极限 b,即 $\lim\limits_{x \to a} f(x) = b$, a 可能不属于 $f(x)$ 的定义域;即使 a 属于 $f(x)$ 的定义域, $f(a)$ 也不一定等于 b,但是,当 $f(a)$ 等于 b 时,有着特殊的意义.

定义 3.2.1 函数 $f(x)$ 定义在区间 (α, β) 上, $a \in (\alpha, \beta)$ 有定义. 若 $\lim\limits_{x \to a} f(x) = f(a)$,称函数 $f(x)$ 在点 a **连续**.

函数 $f(x)$ 在点 a 连续可换为下面的等价叙述:

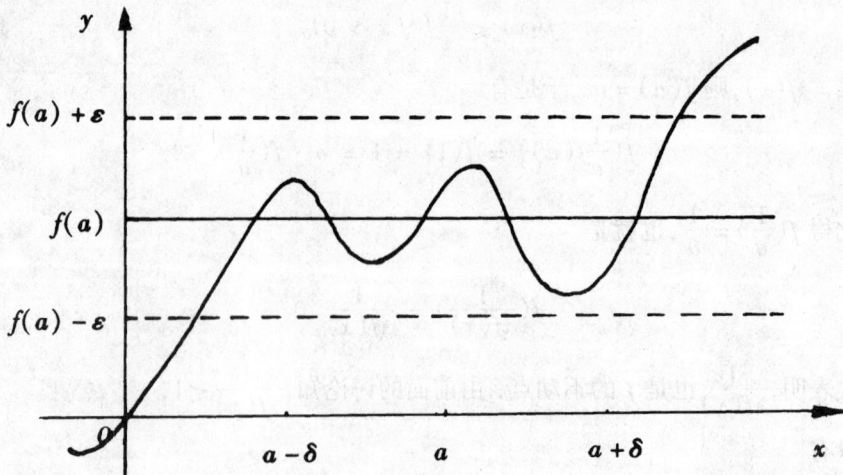

图 3-1

对任意的 $\varepsilon > 0$,存在 $\delta > 0$,当 $x \in N_\delta(a) = (a - \delta, a + \delta)$ 时(即当 $|x - a| < \delta$ 时),有

$$|f(x) - f(a)| < \varepsilon$$

换句话说,$f(x)$ 在点 a 连续当且仅当对于任意的 $\varepsilon > 0$,存在 $\delta > 0$,当 $x \in N_\delta(a) = (a - \delta, a + \delta)$ 时,$f(x) \in (f(a) - \varepsilon, f(a) + \varepsilon)$.(如图 3-1).

以上给出了函数在一点连续的定义. 在这些基础上可以给出函数在集合 I 上连续的定义.

进一步,我们可以定义函数 $f(x)$ 在集合 I 上一点 x_0 的连续性.

定义 3.2.2 若函数 $f(x)$ 在集合 I 上的任意一点都连续,则称 $f(x)$ 在集合 I 上连续.

定义 3.2.3 若 $f(x)$ 在点 a 不连续,则称 $f(x)$ 在点 a 间断,称 a 是 $f(x)$ 的间断点.

若 $f(x)$ 在点 a 有定义且在点 a 间断当且仅当存在某个 $\varepsilon_0 > 0$,对任意的 $\delta > 0$,存在 $x_\delta \in N_\delta(a)$,使 $|f(x_\delta) - f(a)| \geqslant \varepsilon_0$.

例 1 证明 $f(x) = x^2$ 在其定义域 $\mathbf{R}$ 上连续.

证 任取 $x_0 \in \mathbf{R}$,我们来证明 $f(x)$ 在点 x_0 连续.

我们限定 $|x - x_0| < 1$,则 $|x + x_0| < 2|x_0| + 1$,对于任意的 $\varepsilon > 0$,解不等式

$$|f(x) - f(x_0)| = |x^2 - x_0^2| = |x - x_0| \cdot |x + x_0|$$
$$\leqslant (2|x_0| + 1) \cdot |x - x_0| < \varepsilon.$$

我们选取 $\delta = \min\{1, \dfrac{\varepsilon}{2|x_0| + 1}\} > 0$,当 $|x - x_0| < \delta$ 时,有 $|f(x) - f(x_0)| < \varepsilon$,故 $f(x) = x^2$ 在 $\mathbf{R}$ 上连续.

注 2.1 用同样的方法可以证明 $f(x) = x^\alpha$ 在它的定义域上连续.

例 2 证明 $f(x) = \sin x$ 在 $\mathbf{R}$ 上连续.

证明 对任意 $x_0 \in \mathbf{R}$,对任意 $\varepsilon > 0$,解不等式

$$|\sin x - \sin x_0| = 2\left|\sin \frac{x - x_0}{2}\right|\left|\cos \frac{x + x_0}{2}\right| \leqslant |x - x_0| < \varepsilon$$

选取 δ 使得 $0 < \delta \leqslant \varepsilon$,当 $|x - x_0| < \delta$ 时,有

$$|f(x) - f(x_0)| = |\sin x - \sin x_0| \leqslant |x - x_0| < \delta \leqslant \varepsilon.$$

故 $f(x) = \sin x$ 在 $\mathbf{R}$ 上连续.

例 3 证明 $f(x) = a^x (a > 1)$ 在 $\mathbf{R}$ 上连续.

证　任意的 $x_0 \in \mathbf{R}$,则

$$f(x) - f(x_0) = a^x - a^{x_0} = a^{x_0}(a^{x-x_0} - 1).$$

令 $h = x - x_0$,则证明 $f(x)$ 在点 x_0 连续当且仅当证明 $\lim\limits_{h \to 0} a^h = 1$.

当 $h > 0$ 时,$a^h > 1$,对任意 $\varepsilon > 0$,解

$$|a^h - 1| < \varepsilon,\text{即 } a^h < 1 + \varepsilon$$

选取 δ_1 使得 $0 < \delta_1 < \log_a(1 + \varepsilon)$ 即可,当 $0 \leqslant h < \delta_1$ 时,有 $|a^h - 1| < \varepsilon$;

而对于 $h < 0$,则有 $0 < a^h < 1$,解不等式

$$|a^h - 1| < \varepsilon \text{ 即 } 1 - \varepsilon < a^h.$$

选取 δ_2 使得 $0 < \delta_2 < -\log_a(1 - \varepsilon)$,当 $-\delta_2 < h \leqslant 0$ 时,有 $|a^h - 1| < \varepsilon$.

选取 $\delta = \min\{\delta_1, \delta_2\}$,当 $|h| < \delta$ 时,有 $|a^h - 1| < \varepsilon$,即 $\lim\limits_{h \to 0} a^h = 1$.

至此,我们证明了 $f(x) = a^x (a > 1)$ 在 $\mathbf{R}$ 上连续.

注 2.2　对于 $a > 0$ 且 $a \neq 1$,$f(x) = a^x$ 在 $\mathbf{R}$ 上连续.

定理 3.2.1　若 $f_i(x)$ 是 A_i 上的连续函数($i = 1, 2$),则 $f_1 \pm f_2, f_1 \cdot f_2$ 是 $A_1 \bigcap A_2$ 上的连续函数;若任意 $x \in A_2, f_2(x) \neq 0$,则 $\dfrac{f_1}{f_2}$ 是 $A_1 \bigcap A_2$ 上的连续函数.

证明　易证,证明留给读者.

定理 3.2.2　若函数 $y = f(x)$ 在闭区间 $[a, b]$ 上连续,且严格增加(或严格减少),设 $f(a) = \alpha, f(b) = \beta$,则函数 $y = f(x)$ 存在反函数 $x = f^{-1}(y)$,并且 $x = f^{-1}(y)$ 在 $[\alpha, \beta]$ 上(或 $[\beta, \alpha]$ 上)也连续.

证　请参见文献[1]

定理 3.2.3　若函数 $y = f(x)$ 在点 x_0 连续,且 $y_0 = f(x_0)$,而函数 $z = \varphi(y)$ 在 y_0 连续,则复合函数 $z = \varphi[f(x)]$ 在点 x_0 也连续.

证　请参见文献[1]

例 4　$f(x) = \log_a x (a > 0$ 且 $a \neq 1)$ 在 $(0, +\infty)$ 上连续.

证　由注 2.2 与定理 3.2.2 即可证得此结论.

例 5　$f(x) = \arcsin x$ 在 $[-1, 1]$ 上连续.

证　由例 2 与定理 3.2.2 即可证得此结论.

例 6　证明 $y = f(n)$ 是 $\mathbf{N}$ 上的连续函数.

证明　任取 $n_0 \in \mathbf{N}, \forall \varepsilon > 0$,选取 $\delta = \dfrac{1}{2} > 0$,当 $n \in \mathbf{N} \bigcap N_{\frac{1}{2}}(n_0)$ 时,有

$$|f(n) - f(n_0)| = |f(n_0) - f(n_0)| = 0 < \varepsilon$$

故 $y = f(n)$ 是 $\mathbf{N}$ 上的连续函数.

例 7 函数

$$D(x) = \begin{cases} 0, x \in \mathbf{Q} \\ 1, x \in \mathbf{R} \setminus \mathbf{Q} \end{cases}$$

在 $\mathbf{R}$ 上处处间断.

证 对于任意的 $x_0 \in \mathbf{R}$, 不妨设 $x_0 \in \mathbf{Q}$, 则 $D(x_0) = 0$. 对于 $\varepsilon_0 = \dfrac{1}{2}$, 任意的 $\delta > 0$, 存在 $x_\delta \in \mathbf{N}_\delta(x_0) \bigcap \mathbf{R} \setminus \mathbf{Q}$, 使得 $|D(x_\delta) - D(x_0)| = 1 > \dfrac{1}{2} = \varepsilon_0$, 故 $D(x)$ 在 $\mathbf{R}$ 上处处间断.

我们感兴趣的是闭区间上的连续函数, 它们具有一些开区间上连续函数所不具有的性质, 其中的一个重要性质是介值性质, 它在初等数学的研究中, 具有很多的应用.

定理 3.2.4(介值定理) 若函数 $f(x)$ 在闭区间 $[a, b]$ 上连续, m 与 M 分别是函数 $f(x)$ 在闭区间 $[a, b]$ 上的最小值与最大值, ξ 是 m 与 M 之间的任意数, 则至少存在一点 $c \in [a, b]$, 使 $f(c) = \xi$.

证 参见学习辅导

下面举例说明定理 3.2.4 的应用.

例 8 证明奇次多项式

$$p(x) = a_0 x^{2n+1} + a_1 x^{2n} + \cdots + a_{2n+1}$$

至少存在一个实根, 其中 $a_0, a_1, \cdots, a_{2n+1}$ 是实数, 且 $a_0 \neq 0$.

证 不妨设 $a_0 > 0$, 则有

$$\lim_{x \to -\infty} p(x) = -\infty, \quad \lim_{x \to +\infty} p(x) = +\infty.$$

从而存在 $r > 0$, 使得 $p(-r) < 0, p(r) > 0$, 且 $p(x)$ 是闭区间 $[-r, r]$ 上的连续函数. 并且设 m 是 $p(x)$ 在 $[-r, r]$ 上的最小值, M 是 $p(x)$ 在上 $[-r, r]$ 的最大值. 显然有 $m \leqslant p(-r) < 0$, 且 $M \geqslant p(r) > 0$, 选取 $\xi = 0$, 则 $m < \xi < M$. 根据定理 3.2.4, 至少存在一点 $c \in [-r, r]$, 使 $p(c) = 0$.

例 9 证明超越方程式 $x = \cos x$ 在 $\left[0, \dfrac{\pi}{2}\right]$ 内至少存在一个实根.

证 已知 $\varphi(x) = x - \cos x$ 在 $\left[0, \dfrac{\pi}{2}\right]$ 上连续, 且

$$\varphi(0) = -1 < 0, \quad \varphi\left(\dfrac{\pi}{2}\right) = \dfrac{\pi}{2} > 0,$$

根据定理 3.2.4,至少存在一点 $c \in [0, \frac{\pi}{2}]$,使 $\varphi(c) = 0$,即 c 是 $x = \cos x$ 在 $[0,$ $\frac{\pi}{2}]$ 内的一个实根.

3.2.2 导数与微分

导数概念是变量的变化速度在数学上的抽象,是研究函数各种性态的有力工具,微分可用于函数的近似计算. 利用导数与微分去研究函数,会使问题变得简单.

定义 3.2.4 函数 $y = f(x)$ 在点 x_0 的某个邻域内有定义. 设在点 x_0 自变量的改变量是 Δx,相应的函数改变量是 $\Delta y = f(x_0 + \Delta x) - f(x_0)$,如果

$$\lim_{\Delta x \to 0} \frac{\Delta y}{\Delta x} = \lim_{\Delta x \to 0} \frac{f(x_0 + \Delta x) - f(x_0)}{\Delta x}$$

存在,称函数 $f(x)$ 在点 x_0 可导,此极限称为函数 $f(x)$ 在点 x_0 的**导数**,记作 $f'(x_0)$.

下面来讨论导数的几何意义. 首先定义给定的函数 $y = f(x)$(定义在区间 (a, b) 上)的曲线 L 过某点 $P(x_0, f(x_0))$ 的切线的概念(如图 $3-2$). 在曲线 L 上任取一点 $M(x_0 + \Delta x, f(x_0 + \Delta x))$. 过点 P 与 M 作割线 l_{PM}. 让动点 M 沿曲线 L 无限趋近于定点 P 时,割线 l_{PM} 的极限位置就是曲线过点 P 的切线 l. 我们用 k_{PM} 记割线 l_{PM} 的斜率,则

$$k_{PM} = \frac{f(x_0 + \Delta x) - f(x_0)}{\Delta x}.$$

当动点 M 趋近于点 P 时,$\Delta x \to 0$,故过点 P 的切线 l 的斜率 k 为

$$k = \lim_{\Delta x \to 0} \frac{1}{\Delta x} [f(x_0 + \Delta x) - f(x_0)] = f'(x_0).$$

导数的几何意义 若曲线方程是 $y = f(x)$,则曲线在点 $P(x_0, y_0)$ 的切线斜率 k 是函数 $y = f(x)$ 在点 x_0 的导数,即 $k = f'(x_0)$.

于是过 $y = f(x)$ 的曲线上一点 $P(x_0, y_0)$ 的切线方程是

$$y = f(x_0) + f'(x_0)(x - x_0)$$

人们自然关心函数 $y = f(x)$ 在点 x_0 可导与连续两者之间的关系,有下面的定理:

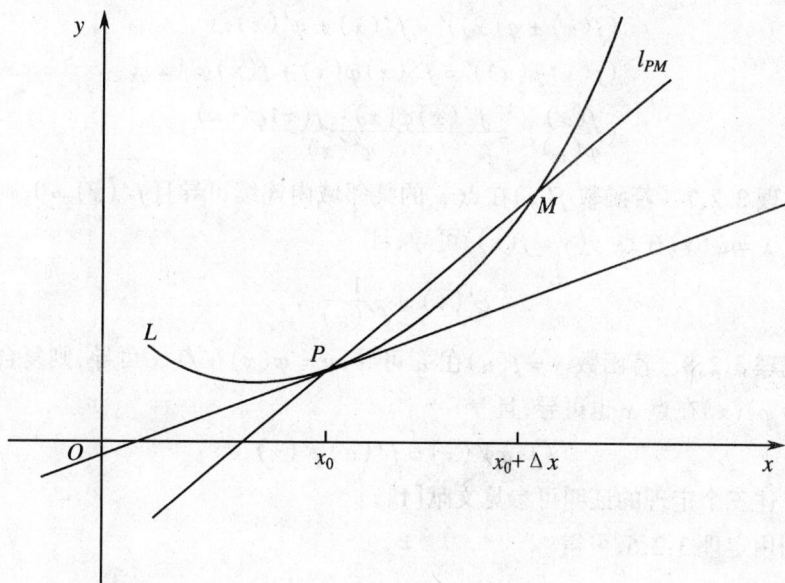

图 3-2

定理 3.2.5 若函数 $y = f(x)$ 在点 x_0 可导,则该函数在点 x_0 连续.

证 见学习指导.

定理 3.2.5 的逆命题不成立,即函数在一点连续,但函数可能在这点不可导.

例 10 函数 $f(x) = |x|$ 在点 $x = 0$ 连续,但在该点不可导.

证 略.

定义 3.2.5 若函数 $f(x)$ 在区间 I 上每一点都可导,则称 $f(x)$ 在区间 I 上可导.

现列出常用的导数公式如下:

1. $(c)' = 0(c$ 为常数$)$,

2. $(x^\alpha)' = \alpha x^{\alpha-1}$,

3. $(a^x)' = a^x \ln a$,

4. $(\sin x)' = \cos x$.

对于导数的运算,有如下的三个定理.

定理 3.2.6 若函数 $f(x), \varphi(x)$ 在点 x 可导,则 $f(x) \pm \varphi(x), f(x) \cdot \varphi(x)$ $\dfrac{f(x)}{\varphi(x)}(\varphi(x) \neq 0)$ 在点 x 可导,且

$$(f(x) \pm \varphi(x))' = f'(x) \pm \varphi'(x);$$
$$(f(x)\varphi(x))' = f'(x)\varphi(x) + f(x)\varphi'(x);$$
$$\left(\frac{f(x)}{\varphi(x)}\right)' = \frac{f'(x)\varphi(x) - f(x)\varphi'(x)}{\varphi^2(x)}.$$

定理 3.2.7　若函数 $f(x)$ 在点 x 的某邻域内连续可导且 $f'(x) \neq 0$,则它的反函数 $x = \varphi(y)$ 在点 $y(y = f(x))$ 可导,且

$$\varphi'(y) = \frac{1}{f'(x)}.$$

定理 3.2.8　若函数 $y = f(u)$ 在 u 可导, $u = \varphi(x)$ 在点 x 可导,则复合函数 $y = (f \circ \varphi)(x)$ 在点 x 也可导,且

$$(f \circ \varphi)'(x) = f'(u)\varphi'(x).$$

上述三个定理的证明可参见文献[1].

利用定理 3.2.6,可得

$$(\tan x)' = \left(\frac{\sin x}{\cos x}\right)' = \frac{1}{\cos^2 x}.$$

利用定理 3.2.7,可得

$$(\log_a x)' = \frac{1}{x}\log_a e = \frac{1}{x \ln a}.$$
$$(\arcsin x)' = \frac{1}{\sqrt{1 - x^2}}.$$

下面来讨论函数的微分,为了说清楚微分的意义,先来看下面的例子.

例 11　计算 $\sqrt[5]{1.001}$.

这个计算若由计算机来完成,人们不会体会到什么困难. 但是,若由人工来完成这个计算,就会感到它太难了. 因此,人们自然想到要寻找一种简单的计算方法,来做近似计算,使误差在允许的范围内.

什么计算简单? 应该说一次函数 $f(x) = ax + b$ 的计算简单. 我们有下面的定义:

定义 3.2.6　若函数 $y = f(x)$ 在 x_0 的改变量 Δy 与自变量的改变量 Δx 有如下的关系

$$\Delta y = f(x_0 + \Delta x) - f(x_0) = A\Delta x + o(\Delta x), \tag{1}$$

其中 A 是与 Δx 无关的常数,称函数 $f(x)$ 在点 x_0 可微,称 $A\Delta x$ 为函数 $f(x)$ 在点 x_0 的**微分**,记作

$$dy = A\Delta x.$$

进一步地讨论可知,常数 $A = f'(x_0)$.

微分的几何意义 如图 3-3,直线 l 是曲线 $y = f(x)$ 在点 $A(x_0, y_0)$ 的切线. 在点 $x_0 + \Delta x$ 函数的增量 Δy 为 BD,而微分 $\mathrm{d}y$ 为 BC,它是切线 l 的增量.

由(1)式可见,函数增量与切线的增量之差是自变量的增量 Δx 的高阶无穷小. 在近似计算中,我们常用微分 $\mathrm{d}y$ 来代替 Δy. 由(1)式,我们得

$$f(x) \approx f(x_0) + f'(x_0)(x - x_0). \tag{2}$$

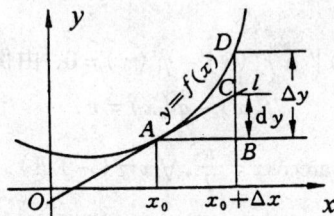

图 3-3

现在我们来解例 11.

解 设 $f(x) = \sqrt[5]{x}$,$x_0 = 1$,$x = 1.001$,则

$$f(1.001) \approx f(1) + f'(1)(1.001 - 1)$$

$$= 1 + \frac{1}{5} \times 0.001 = 1.0002.$$

例 12 计算 $\tan 31°$ 的近似值.

解 设函数 $f(x) = \tan x$,$x_0 = 30°$

$$f(31°) \approx f(30°) + f'(30°)(31° - 30°)$$

$$= \frac{1}{\sqrt{3}} + \frac{4}{3} \times \frac{\pi}{180}$$

$$\approx 0.57735 + 0.02327 = 0.60062.$$

注意到(2)式仅是近似等于,人们自然期望能的到一个等式表达式.

定理 3.2.9 拉格朗日(Lagrange)定理 设函数 $f(x)$ 满足下列条件:

1)在闭区间 $[a, b]$ 上连续,

2)在开区间 (a, b) 内可导,

则在开区间 (a, b) 内至少存在一点 c,使

$$f(b) = f(a) + f'(c)(b - a). \tag{3}$$

定理 3.2.9 被称之为微分学基本定理,它是沟通函数与其导数的桥梁,是利用导数的性质研究函数性质的重要工具,下面我们举例说明定理 3.2.9 的应用.

例 13   若 $\forall x \in (a,b)$，有 $f'(x) = 0$，则 $f(x)$ 是常数.

证   在 (a,b) 内取定一点 x_0，且 $\forall x \in (a,b)$，不妨设 $x > x_0$. 在 $[x_0,x]$ 上，$f(x)$ 满足定理 3.2.9 的条件. 故存在一点 $c \in (x_0,x)$，使得

$$f(x) = f(x_0) + f'(c)(x - x_0),$$

故 $f(x)$ 是常数.

注 2.3   若 $\forall x \in (a,b)$，有 $f'(x) = \varphi'(x)$，则 $f(x)$ 与 $\varphi(x)$ 彼此相差一个常数.

事实上，$[f(x) - \varphi(x)]' = f'(x) - \varphi'(x) = 0$. 由例 13 知，存在常数 c，使

$$f(x) - \varphi(x) = c.$$

例 14   证明 $\arcsin x + \arccos x = \dfrac{\pi}{2}$，$\forall x \in (-1,1)$.

证   设 $f(x) = \arcsin x + \arccos x$，则对于 $x \in (-1,1)$，有

$$f'(x) = (\arcsin x)' + (\arccos x)' = \frac{1}{\sqrt{1 - x^2}} - \frac{1}{\sqrt{1 - x^2}} = 0$$

故有 $f(x) = c$. 为了确定 c，令 $x = 0$，则

$$c = \arcsin 0 + \arccos 0 = \frac{\pi}{2},$$

即 $\arcsin x + \arccos x = \dfrac{\pi}{2}$，$\forall x \in (-1,1)$

定理 3.2.9 也可用于不等式的证明.

例 15   证明，当 $0 < a < b$ 时，有不等式

$$\frac{b - a}{1 + b^2} < \arctan b - \arctan a < \frac{b - a}{1 + a^2}.$$

证   设函数 $f(x) = \arctan x$，在 $[a,b]$ 上，函数 $f(x)$ 满足定理 3.2.9 的条件，有

$$\arctan b - \arctan a = (\arctan x)' \mid_{x=c} (b - a)$$

$$= \frac{1}{1 + c^2}(b - a), \quad a < c < b.$$

显然有

$$\frac{b - a}{1 + b^2} < \frac{b - a}{1 + c^2} < \frac{b - a}{1 + a^2},$$

故

$$\frac{b - a}{1 + b^2} < \arctan b - \arctan a < \frac{b - a}{1 + a^2}.$$

3.3　积分上限函数与和函数

3.3.1　原函数

若已知物体的运动规律是 $s = s(t)$，其中 t 表示时间，$s(t)$ 表示物体运动的路程，则导数 $s'(t)$ 是物体在时刻 t 的瞬时速度. 但是，在物理学中有时要讨论相反的问题，就是已知物体运动的瞬时速度 $v(t)$，求物体运动规律 $s(t)$，显然，这是导数运算的逆运算问题.

定义 3.3.1　函数 $y = f(x)$ 在区间 I 上有定义，若存在函数 $F(x)$，使得

$$F'(x) = f(x), \quad \forall x \in I,$$

则称 $F(x)$ 是函数 $f(x)$（在区间 I 上）的一个**原函数**.

例 1　因为 $(\sin x)' = \cos x$，故 $\sin x$ 是 $\cos x$ 的原函数；因为 $(0.2x^5 + 1)' = x^4$，故 $0.2x^5 + 1$ 是 x^4 的一个原函数.

注 3.1　若 $F(x)$ 是 $f(x)$ 的原函数，则对于任意的常数 C，$F(x) + C$ 也是 $f(x)$ 的一个原函数.

我们自然会提出这样的问题：函数 $f(x)$ 满足什么条件时存在原函数？

为回答上述问题，我们首先给出定积分的概念，并从曲边梯形的面积的定义开始.

设曲边梯形是由非负连续函数 $y = f(x)$ 的曲线，直线 $x = a$，$x = b$ 以及 x 轴围成（见图 3 - 4(a)）.

对区间 $[a, b]$ 任给一个分法 T：

$$[a, b] = [x_0, x_1] \bigcup [x_1, x_2] \bigcup \cdots \bigcup [x_{k-1}, x_k] \bigcup \cdots \bigcup [x_{n-1}, x_n]$$

其中 $a = x_0 < x_1 < x_2 < \cdots < x_{k-1} < x_k < \cdots < x_{n-1} < x_n = b$，并且记 $\Delta x_k = x_k - x_{k-1}$，过每个分点 x_k 做平行 y 轴的直线，将曲边梯形分成 n 个小曲边梯形（见图 3 - 4(b)）. "第 k 个小曲边梯形的面积"为 ΔA_k.

任取 $\xi_k \in [x_{k-1}, x_k]$，当 Δx_k 很小时，有 $\Delta A_k = f(\xi_k) \Delta x_k$，从而有

"曲边梯形面积" $= \displaystyle\sum_{k=1}^{n} \Delta A_k \approx \sum_{k=1}^{n} f(\xi_k) \Delta x_k$，

令 $l(T) = \max\{\Delta x_1, \Delta x_2, \cdots, \Delta x_n\}$，若存在数 A，有

$$\lim_{l(T) \to 0} \sum_{k=1}^{n} f(\xi_k) \Delta x_k = A,$$

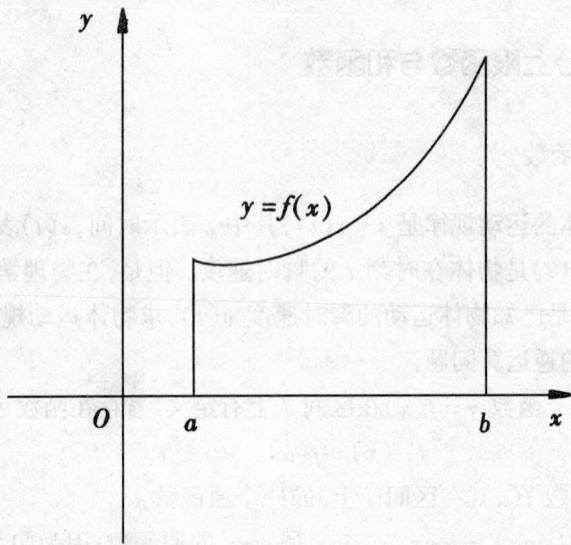

图 3 - 4(a)

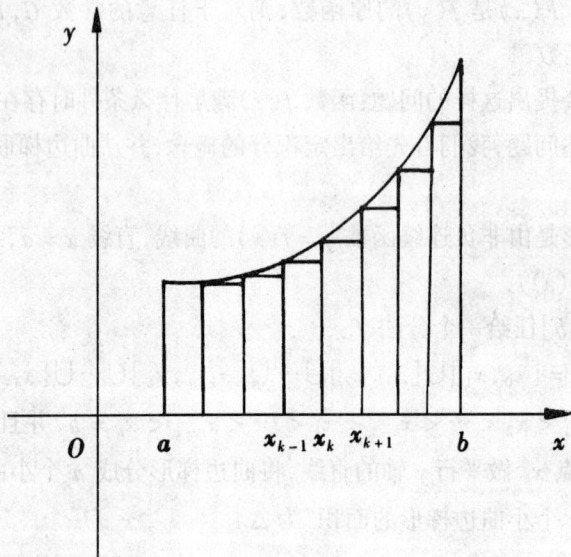

图 3 - 4(b)

则称 A 是曲边梯形的面积.

在曲边梯形面积的定义中,我们要求曲线函数 $y = f(x)$ 是非负连续的,我们可对一般的函数给出如下的定义.

定义 3.3.2　设函数 $f(x)$ 在区间 $[a,b]$ 上有定义.任给区间 $[a,b]$ 一个分法 T:

$$a = x_0 < x_1 < x_2 < \cdots < x_{n-1} < x_n = b,$$

任取 $\xi_k \in [x_{k-1}, x_k]$，$\Delta x_k = x_k - x_{k-1}$，作和 $\sigma_n = \sum_{k=1}^{n} f(\xi_k) \Delta x_k$，称 σ_n 为 $f(x)$ 在区间 $[a, b]$ 上的积分和．令 $l(T) = \max\{\Delta x_1, \Delta x_2, \cdots, \Delta x_n\}$，有：

定义 3.3.3 设 $f(x)$ 在区间 $[a, b]$ 上有定义．任给 $[a, b]$ 一个分法 T，作积分和 σ_n，若存在常数 I，使 $\lim_{l(T) \to 0} \sigma_n = I$，则称函数 $f(x)$ 在区间 $[a, b]$ 上可积，I 是函数 $f(x)$ 在 $[a, b]$ 上的**定积分**，记为 $\int_a^b f(x)\mathrm{d}x$．

由定积分的定义与曲边梯形的定义可知，当 $y = f(x)$ 非负连续时，定积分 $\int_a^b f(x)\mathrm{d}x$ 就是相应曲边梯形的面积．

设 $f(x)$ 是区间 $[a, b]$ 上给定的函数．$f(x)$ 满足什么条件才能保证它在 $[a, b]$ 上可积呢？有下面的定理：

定理 3.3.1 若函数 $f(x)$ 在闭区间 $[a, b]$ 上连续，则 $f(x)$ 在区间 $[a, b]$ 上可积．

证 参见文献[1]．

定理 3.3.2 若函数 $f(x)$ 在闭区间 $[a, b]$ 上有界，且有有限个不连续点，则 $f(x)$ 在 $[a, b]$ 上可积．

证 参见文献[1]．

关于定积分运算有许多重要性质，现选择其部分主要性质介绍如下：

定理 3.3.3 设函数 $f_1(x)$ 与 $f_2(x)$ 在区间 $[a, b]$ 上可积，c_1 与 c_2 是两个常数，则 $c_1 f_1(x) \pm c_2 f_2(x)$ 在区间 $[a, b]$ 上可积，且

$$\int_a^b [c_1 f_1(x) \pm c_2 f_2(x)]\mathrm{d}x = c_1 \int_a^b f_1(x)\mathrm{d}x \pm c_2 \int_a^b f_2(x)\mathrm{d}x.$$

证 参见文献[1]．

定理 3.3.4 函数 $f(x)$ 在区间 $[a, c]$ 与 $[c, b]$ 上可积，则 $f(x)$ 在区间 $[a, b]$ 上可积且

$$\int_a^b f(x)\mathrm{d}x = \int_a^c f(x)\mathrm{d}x + \int_c^b f(x)\mathrm{d}x.$$

证 参见文献[1]．

定理 3.3.5 若函数 $f(x)$ 与 $\varphi(x)$ 在区间 $[a, b]$ 上可积，且对于任意的 $x \in [a, b]$，有 $f(x) \leqslant \varphi(x)$，则 $\int_a^b f(x)\mathrm{d}x \leqslant \int_a^b \varphi(x)\mathrm{d}x$．

证　参见文献[1].

定理 3.3.6(积分中值定理)　若函数 $f(x)$ 在闭区间 $[a,b]$ 上连续,则在 $[a,b]$ 内至少存在一点 c,使 $\int_a^b f(x)\mathrm{d}x = f(c)(b-a)$.

证　参见文献[1].

例 2　证明 $\lim\limits_{n\to\infty} \int_0^{\frac{\pi}{2}} \sin^n x \mathrm{d}x = 0$.

证　当 $x \in [0,\frac{\pi}{2}]$ 时, $\sin^n x \geqslant 0$,由定理 3.3.5 知, $\int_0^{\frac{\pi}{2}} \sin^n x \mathrm{d}x \geqslant \int_0^{\frac{\pi}{2}} 0 \mathrm{d}x = 0$ 另一方面,对于任意的 $\varepsilon > 0$,我们有

$$\int_0^{\frac{\pi}{2}} \sin^n x \mathrm{d}x = \int_0^{\frac{\pi}{2}-\frac{\varepsilon}{2}} \sin^n x \mathrm{d}x + \int_{\frac{\pi}{2}-\frac{\varepsilon}{2}}^{\frac{\pi}{2}} \sin^n x \mathrm{d}x$$

$$\leqslant \int_0^{\frac{\pi}{2}-\frac{\varepsilon}{2}} \sin^n \left(\frac{\pi}{2} - \frac{\varepsilon}{2}\right) \mathrm{d}x + \int_{\frac{\pi}{2}-\frac{\varepsilon}{2}}^{\frac{\pi}{2}} 1 \mathrm{d}x$$

$$= \left[\sin^n \left(\frac{\pi}{2} - \frac{\varepsilon}{2}\right)\right] \cdot \left(\frac{\pi}{2} - \frac{\varepsilon}{2}\right) + \frac{\varepsilon}{2}.$$

因 $0 < \sin\left(\frac{\pi}{2} - \frac{\varepsilon}{2}\right) < 1$,故存在 $N \in \mathbf{N}$,当 $n \in \mathbf{N}$ 且 $n > N$ 时,有

$$\sin^n \left(\frac{\pi}{2} - \frac{\varepsilon}{2}\right) \cdot \left(\frac{\pi}{2} - \frac{\varepsilon}{2}\right) < \frac{\varepsilon}{2}.$$

从而有:当 $n > N$ 时, $0 \leqslant \int_0^{\frac{\pi}{2}} \sin^n x \mathrm{d}x < \varepsilon$,即 $\lim\limits_{n\to\infty} \int_0^{\frac{\pi}{2}} \sin^n x \mathrm{d}x = 0$.

现在,我们可以回答本节开始时提出的关于原函数的存在性的问题.

定理 3.3.7　设函数 $f(x)$ 在区间 $[a,b]$ 上连续,则存在可导函数 $F(x)$,使得

$$F'(x) = f(x).$$

证　对于任意的 $x \in [a,b]$,则 $f(t)$ 在 $[a,x]$ 上连续,故 $f(t)$ 在 $[a,x]$ 上可积.令

$$F(x) = \int_a^x f(t)\mathrm{d}t, \tag{1}$$

下面来证明 $F'(x) = f(x)$.

设 $x \in [a,b]$, $x+\Delta x \in [a,b]$,有

$$F(x+\Delta x) - F(x) = \int_a^{x+\Delta x} f(t)\mathrm{d}t - \int_a^x f(t)\mathrm{d}t$$

$$= \int_a^x f(t)\mathrm{d}t + \int_x^{x+\Delta x} f(t)\mathrm{d}t - \int_a^x f(t)\mathrm{d}t$$

$$= \int_x^{x+\Delta x} f(t)\mathrm{d}t.$$

由定理 3.3.6,有 $F(x+\Delta x) - F(x) = f(x+\theta\Delta x)\cdot\Delta x$. 由于 $f(x)$ 在点 x 的连续性有

$$F'(x) = \lim_{\Delta x \to 0}\frac{1}{\Delta x}\big[F(x+\Delta x) - F(x)\big] = \lim_{\Delta x \to 0} f(x+\theta\Delta x) = f(x).$$

注 3.2 我们称由(1)式定义的函数为**积分上限函数**.

3.3.2 定积分的计算

定义 3.3.3 给出了定积分的定义,但按照这个定义去计算定积分是不可能的. 因此,必须寻求定积分的计算方法.

定理 3.3.8 若函数 $f(x)$ 在区间 $[a,b]$ 上连续,且 $F(x)$ 是 $f(x)$ 的原函数. 则

$$\int_a^b f(x)\mathrm{d}x = F(b) - F(a) = F(x)\Big|_a^b. \tag{2}$$

证 已知 $f(x)$ 是 $[a,b]$ 上的连续函数,故对任意的 $x \in [a,b]$,积分上限函数 $F(x) = \int_a^x f(t)\mathrm{d}t$ 是 $f(x)$ 的一个原函数,故 $\int_a^x f(t)\mathrm{d}t - F(x) = C$,令 $x = a$,则得 $C = -F(a)$. 令 $x = b$ 得

$$\int_a^b f(x)\mathrm{d}x = F(b) - F(a)$$

公式(2)又称为牛顿 – 莱布尼茨公式.

下面,我们利用公式(2)来计算一些几何图形的面积与几何体的体积.

例 3 求椭圆 $\dfrac{x^2}{a^2} + \dfrac{y^2}{b^2} = 1$ 所围成的图形的面积.

解 设所求的面积为 S,由于图形关于 x 轴对称,关于 y 轴对称,故其面积是它所在第 1 象限的面积的 4 倍,因而

$$S = 4\int_0^a \frac{b}{a}\sqrt{a^2 - x^2}\,\mathrm{d}x.$$

设 $x = a\sin t$, $\mathrm{d}x = a\cos t\,\mathrm{d}t$,于是有

$$S = 4\frac{b}{a}\int_0^{\frac{\pi}{2}} a^2\cos^2 t\,\mathrm{d}t = 2ab\int_0^{\frac{\pi}{2}}(1+\cos 2t)\,\mathrm{d}t = 2ab\Big(t + \frac{1}{2}\sin 2t\Big)\Big|_0^{\frac{\pi}{2}} = \pi ab.$$

注3.3 半径为 a 的圆的面积是 $S = \pi a^2$.

注3.4 从半径为 a 的圆的面积 $S(a) = \pi a^2$ 可以得到圆的周长 $l(a) = \dfrac{\mathrm{d}}{\mathrm{d}a}(\pi a^2) = 2\pi a$.

在空间直角坐标系中,有封闭曲面围成的立体,用垂直于 z 轴的任意平面截立体,若截面的面积都是已知的,则截面的面积是 z 的函数,记为 $S(z)$.若立体在 z 轴上的投影是区间 $[a,b]$,并设 $S(z)$ 是 $[a,b]$ 上的连续函数.任取 $z \in [a,b]$,截面面积 $S(z)$,高是 $\mathrm{d}z$ 的体积微元 $\mathrm{d}v = S(z)\mathrm{d}z$,故 $v = \displaystyle\int_a^b \mathrm{d}v = \int_a^b S(z)\mathrm{d}z$.

例4 求椭球 $\dfrac{x^2}{a^2} + \dfrac{y^2}{b^2} + \dfrac{z^2}{c^2} \leqslant 1$ 的体积 V.

解 由于该椭球关于 xOy 平面对称,故该椭球的体积 V 是该椭球在 xOy 平面上部体积的 2 倍,任取一点 $z \in (0,c)$,过点 $(0,0,z)$ 做垂直于 z 轴的平面,其截口为一椭圆面,椭圆方程为

$$\frac{x^2}{\dfrac{a^2}{c^2}(c^2 - z^2)} + \frac{y^2}{\dfrac{b^2}{c^2}(c^2 - z^2)} \leqslant 1$$

其椭圆的面积 $S(z) = \pi \dfrac{ab}{c^2}(c^2 - z^2)$,故

$$V = 2\int_0^c S(z)\mathrm{d}z = \frac{2\pi ab}{c^2}\int_0^c (c^2 - z^2)\mathrm{d}z$$

$$= \frac{1}{c^2}2\pi ab\left[c^2 z - \frac{1}{3}z^3\right]\Big|_0^c = \frac{4}{3}\pi abc$$

注3.5 半径为 a 的球的体积是 $V(a) = \dfrac{4}{3}\pi a^3$.

注3.6 用 $\sum(a)$ 表示半径为 a 的球的表面积由导数定义可知,

$$\sum(a) = \frac{\mathrm{d}}{\mathrm{d}a}V(a) = 4\pi a^2.$$

例5 求顶点在坐标原点的锥面 $\dfrac{x^2}{a^2} + \dfrac{y^2}{b^2} - \dfrac{z^2}{c^2} = 0$ 与平面 $z = c$ 所围成的锥体的体积 V.

解 任取 $z \in (0,c)$,过点 $(0,0,z)$ 做垂直于 z 轴的平面,截口为椭圆,其方程为

$$\frac{x^2}{\dfrac{a^2 z^2}{c^2}} + \frac{y^2}{\dfrac{b^2 z^2}{c^2}} \leqslant 1.$$

椭圆面积 $S(z) = \pi abz^2 \dfrac{1}{c^2}$，故

$$V = \int_0^c S(z)\mathrm{d}z = \frac{\pi ab}{c^2}\int_0^c z^2\mathrm{d}z = \frac{1}{3}\pi abc.$$

注 3.7　πab 为该锥体的(上)底面面积，即锥体体积是同底等高柱体体积的 $\dfrac{1}{3}$.

例 6　求上底半径为 r，下底半径为 R，高为 h 的圆台的体积 V.

解　对于 $z\in[0,h]$，圆台侧表面上的点 (x,y,z) 满足方程 $x^2 + y^2 = (R - \dfrac{R-r}{h}z)^2$，过点 $(0,0,z)$ 做垂直于 z 轴的平面，截口为圆，其面积 $S(z) = \pi(R - \dfrac{R-r}{h}z)^2$，所求的体积

$$V = \int_0^h S(z)\mathrm{d}z = \int_0^h \pi(R - \frac{R-r}{h}z)^2\mathrm{d}z = \frac{\pi}{3}(-\frac{h}{R-r})(R - \frac{R-r}{h}z)^3\Big|_0^h$$

$$= \frac{\pi}{3}(-\frac{h}{R-r})[r^3 - R^3] = \frac{\pi}{3}(R^2 + Rr + r^2)h.$$

在注 3.4 中，我们对圆的面积关于半径求导数，得到了圆周长的计算公式. 对于定义在区间 $[a,b]$ 上的任一函数 $y = f(x)$，是否可以计算其曲线的弧长呢？有下面的定理：

定理 3.3.9　若函数 $y = f(x)$ 在区间 $[a,b]$ 上可导，且 $f'(x)$ 连续，则在区间 $[a,b]$ 上曲线 $y = f(x)$ 可求弧长，且弧长 L 是

$$L = \int_a^b \sqrt{1 + [f'(x)]^2}\,\mathrm{d}x. \tag{3}$$

证　参见文献[1].

定理 3.3.10　若曲线由参数方程 $x = \varphi(t), y = \psi(t)\,(\alpha \leqslant t \leqslant \beta)$ 表示，且 $\varphi'(t)$ 与 $\psi'(t)$ 在 $[\alpha,\beta]$ 上连续，则曲线可求长，且曲线长 L 是

$$L = \int_\alpha^\beta \sqrt{[\varphi'(t)]^2 + [\psi'(t)]^2}\,\mathrm{d}t \tag{4}$$

证　参见文献[1].

例 7　计算摆线

$$\begin{cases} x = a(\theta - \sin\theta) \\ y = a(1 - \cos\theta) \end{cases}$$

的一拱 $(0 \leqslant \theta \leqslant 2\pi)$ 的长度.（见图 3 - 5）

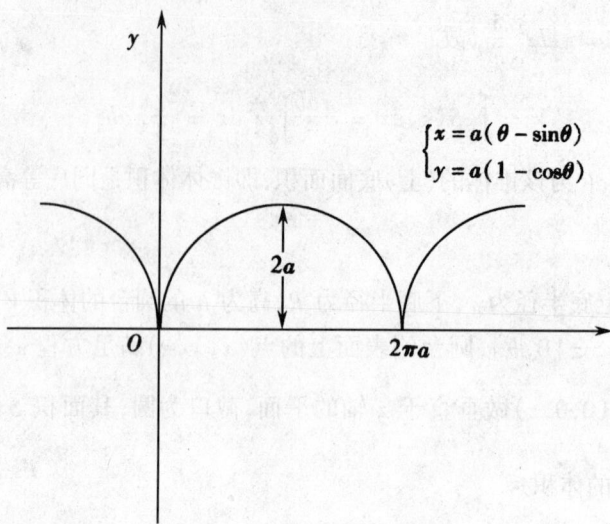

$$\begin{cases} x = a(\theta - \sin\theta) \\ y = a(1 - \cos\theta) \end{cases}$$

图 3 – 5

解　由计算公式(4)

$$L = \int_0^{2\pi} \sqrt{a^2(1 - \cos\theta)^2 + a^2\sin^2\theta}\,d\theta$$

$$= \int_0^{2\pi} 2a\sin\frac{\theta}{2}\,d\theta = 2a\left[-2\cos\frac{\theta}{2}\right]\Big|_0^{2\pi} = 8a.$$

在注 3.6 中,我们对球的体积关于半径求导数,得到了球面的计算公式.现在我们讨论将区间[a, b]上是非负连续曲线 y = f(x)绕 x 轴旋转,得到一个旋转体,如何求此旋转体的侧面积.

首先求旋转体的侧面积的微元 dS,在[a, b]上任取一点 x,旋转半径是 f(x),在曲线上点 P(x, f(x))弧长微元是 dL,则 dS = 2πf(x)dL,故旋转体的侧面积 S 是

$$S = \int_a^b dS = 2\pi\int_a^b f(x)\sqrt{1 + [f'(x)]^2}\,dx. \tag{5}$$

例 8　求半径为 r,高为 h 的锥体的侧面积(见图 3 – 6).

解　令 $y = \dfrac{r}{h}x$ 的曲线绕 x 轴旋转,即得到给出的锥面.由公式(5),我们得到所求的侧面积

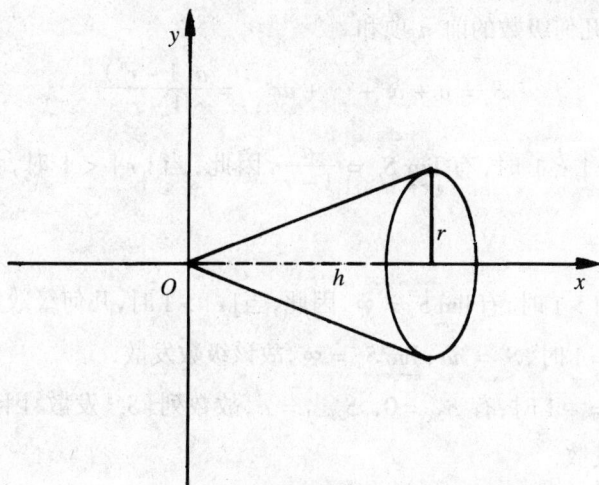

图 3 - 6

$$S = \int_0^h 2\pi \frac{r}{h} x \sqrt{1 + (\frac{r}{h})^2} \, dx$$

$$= \frac{\pi r}{h^2} \sqrt{h^2 + r^2} \, x^2 \bigg|_0^h = \pi r \sqrt{h^2 + r^2}.$$

3.3.3　和函数

对于给定的数列 $\{u_n\}$，将其各项依次用加号联接起来，即

$$u_1 + u_2 + \cdots + u_n + \cdots \tag{6}$$

或简写为 $\sum_{n=1}^{\infty} u_n$ 称为**数值级数**.

级数(6)的前 n 项和记作 S_n，即 $S_n = \sum_{k=1}^{n} u_k = u_1 + u_2 + \cdots + u_n$.

定义 3.3.4　若级数(6)的前 n 项和数列 $\{S_n\}$ 收敛，设 $\lim\limits_{n \to \infty} S_n = S$，则称级数

(6)收敛，并称 S 是级数(6)的和，记作 $S = \sum_{n=1}^{\infty} u_n$，而 $r_n = S - S_n$ 称为级数(6)的

第 n 项余和，若前 n 项和数列 $\{S_n\}$ 发散，则称级数(6)发散，此时级数(6)没有

和.

例 9　讨论几何级数

$$\sum_{n=1}^{\infty} ar^{n-1} = a + ar + \cdots + ar^{n-1} + \cdots$$

的敛散性，其中 $a \neq 0, r$ 是公比.

解 已知几何级数的前 n 项和

$$S_n = a + ar + \cdots + ar^{n-1} = \frac{a(1 - r^n)}{1 - r}$$

（ⅰ）当 $|r| < 1$ 时，有 $\lim\limits_{n \to \infty} S_n = \dfrac{a}{1-r}$. 因此，当 $|r| < 1$ 时，该级数收敛，

$$\sum_{n=1}^{\infty} ar^{n-1} = \frac{a}{1-r}.$$

（ⅱ）当 $|r| > 1$ 时，有 $\lim\limits_{n \to \infty} S_n = \infty$，因此，当 $|r| > 1$ 时，几何级数发散.

（ⅲ）当 $r = 1$ 时，$S_n = na$，$\lim\limits_{n \to \infty} S_n = \infty$，故该级数发散.

（ⅳ）当 $r = -1$ 时，有 $S_{2k} = 0$，$S_{2k+1} = a$，故数列 $\{S_n\}$ 发散. 因此，当 $r = -1$ 时，几何级数发散.

结论：对于几何级数 $\sum\limits_{n=1}^{\infty} ar^{n-1}$，当 $|r| < 1$ 时，该级数收敛，其和为 $\dfrac{a}{1-r}$；当 $|r| \geqslant 1$ 时，该级数发散.

在第二章讨论有理数时，涉及到了几何级数问题. 例如 $0.3333\cdots$，可改写为

$$0.\dot{3} = \frac{3}{10} + \frac{3}{10^2} + \frac{3}{10^3} + \cdots,$$

它是公比 $r = \dfrac{1}{10}$ 的几何级数，故

$$0.\dot{3} = \frac{3}{10} \Big/ \Big(1 - \frac{3}{10}\Big) = \frac{3}{9} = \frac{1}{3}.$$

对于级数，人们关心的核心问题是级数的敛散性. 有下面的级数敛散性的判别法则：

定理 3.3.11（柯西收敛准则） 级数 $\sum\limits_{n=1}^{\infty} u_n$ 收敛的充分必要条件是，对任意的 $\varepsilon > 0$，存在自然数 N，当 $n > N$ 时，对任意的自然数 m，有

$$|u_{n+1} + u_{n+2} + \cdots + u_{n+m}| < \varepsilon.$$

证 参见文献[1].

例 10 若级数 $\sum\limits_{n=1}^{\infty} u_n$ 收敛，其和是 S，则级数 $\sum\limits_{n=1}^{\infty} cu_n$ 也收敛，其和是 cS.

解 设 $P_n = cu_1 + cu_2 + \cdots + cu_n = cS_n$，已知有 $\lim\limits_{n \to \infty} S_n = S$，故

$$\lim_{n \to \infty} P_n = \lim_{n \to \infty} cS_n = cS,$$

即级数 $\sum\limits_{n=1}^{\infty} cu_n$ 收敛，其和为 cS.

设函数列 $\{u_n(x)\}$ 中的每个函数都是定义在数集 A 上,将它们用加号连接起来,即

$$\sum_{n=1}^{\infty} u_n(x) = u_1(x) + u_2(x) + \cdots + u_n(x) + \cdots \tag{7}$$

就是定义在数集 A 上的函数级数.

对于 $x_0 \in A$,若数值级数 $\sum\limits_{n=1}^{\infty} u_n(x_0)$ 收敛,则称 x_0 是函数级数(7)的收敛点;若数值级数 $\sum\limits_{n=1}^{\infty} u_n(x_0)$ 发散,则称 x_0 是函数级数(7)的发散点.函数级数(7)的收敛点的集合,称为函数级数的收敛域.

函数级数(7)的和是定义在收敛域上的函数,设此函数是 $S(x)$,即

$$S(x) = \sum_{n=1}^{\infty} u_n(x) = u_1(x) + u_2(x) + \cdots + u_n(x) + \cdots,$$

称 $S(x)$ 是函数级数(7)在收敛域上的和函数.

定义 3.3.5 设函数级数 $\sum\limits_{n=1}^{\infty} u_n(x)$ 的前 n 项和函数是 $S_n(x) = \sum\limits_{k=1}^{n} u_k(x)$,若对于任意的 $\varepsilon > 0$,总存在自然数 N,当 $n > N$ 时,区间 (a,b) 内的任意 x,都有

$$|S(x) - S_n(x)| = |R_n(x)| < \varepsilon,$$

称函数级数 $\sum\limits_{n=1}^{\infty} u_n(x)$ 在区间 (a,b) 内一致收敛于和函数 $S(x)$.

定理 3.3.12 若函数级数 $\sum\limits_{n=1}^{\infty} u_n(x)$ 的每一项,对 (a,b) 内任意的 x,有 $|u_n(x)| \leqslant a_n (n = 1,2,\cdots)$,且级数 $\sum\limits_{n=1}^{\infty} a_n$ 收敛,则函数级数 $\sum\limits_{n=1}^{\infty} u_n(x)$ 在 (a,b) 内一致收敛.

证 参见文献[1].

对于给定的函数级数 $\sum\limits_{n=1}^{\infty} u_n(x)$,若级数中的每项 $u_n(x)$ 都是连续(可积、可导)的,那么,和函数是否连续(可积、可导)呢? 下面的三个定理给予了回答.

定理 3.3.13 若函数级数 $\sum\limits_{n=1}^{\infty} u_n(x)$ 在 (a,b) 内一致收敛于和函数 $S(x)$,且 $u_n(x)$ 在 (a,b) 内连续 $(n = 1,2,\cdots)$,则和函数 $S(x)$ 在 (a,b) 内也连续.

证 参见文献[1].

注 3.8 对任意 $x_0 \in (a,b)$,定理 3.3.13 可以写成

$$\lim_{x \to x_0} \sum_{n=1}^{\infty} u_n(x) = \lim_{x \to x_0} S(x) = S(x_0) = \sum_{n=1}^{\infty} u_n(x_0) = \sum_{n=1}^{\infty} \lim_{x \to x_0} u_n(x)$$

即函数级数在一致收敛的条件下,极限运算与无限求和运算可以交换次序.

定理 3.3.14 若函数级数 $\sum\limits_{n=1}^{\infty} u_n(x)$ 在 $[a,b]$ 内一致收敛于和函数 $S(x)$,且 $u_n(x)$ 在 $[a,b]$ 连续,则和函数 $S(x)$ 在 $[a,b]$ 上可积,且

$$\int_a^b S(x) \mathrm{d}x = \sum_{n=1}^{\infty} \int_a^b u_n(x) \mathrm{d}x .$$

证 参见文献[1].

注 3.9 定理 3.3.14 可改写成

$$\int_a^b \left[\sum_{n=1}^{\infty} u_n(x) \right] \mathrm{d}x = \sum_{n=1}^{\infty} \int_a^b u_n(x) \mathrm{d}x$$

此即表明:在函数级数一致收敛的条件下,定积分运算与无限求和运算可以交换次序.

定理 3.3.15 若函数级数 $\sum\limits_{n=1}^{\infty} u_n(x)$ 在 $[a,b]$ 上收敛于和函数 $S(x)$,而 $u_n(x)$ 在 $[a,b]$ 上有连续导数($n=1,2,\cdots$),且函数级数 $\sum\limits_{n=1}^{\infty} u_n'(x)$ 在 $[a,b]$ 上一致收敛,则和函数 $S(x)$ 在 $[a,b]$ 上有连续导数,且

$$S'(x) = \sum_{n=1}^{\infty} u'_n(x) .$$

证 参见文献[1].

注 3.10 定理 3.3.15 指出,在函数级数 $\sum\limits_{n=1}^{\infty} u'_n(x)$ 一致收敛的条件下,求导运算与无限求和运算可以交换次序.

定理 3.3.16 若函数 $f(x)$ 在 $(-r,r)$ 内存在任意阶导数,且存在 $M>0$ 对任意的 $x \in (-r,r)$,有 $|f^{(n)}(x)| \leqslant M, n=0,1,2\cdots$,则对于 $x \in (-r,r)$,有

$$f(x) = \sum_{n=1}^{\infty} \frac{1}{n!} f^{(n)}(0) x^n . \tag{8}$$

证 参见文献[1].

注 3.11 公式(8)称为 $f(x)$ 的泰勒(B.Taylor)级数.

下面,我们将几个基本初等函数展成泰勒级数.

例 11 $f(x) = \sin x$.

解 可以计算得 $f^{(n)}(x) = (\sin x)^{(n)} = \sin\left(x + n\frac{\pi}{2}\right)$,对于任意的 $x \in \mathbf{R}$,有

$$|f^{(n)}(x)| = \left|\sin\left(x + n\frac{\pi}{2}\right)\right| \leqslant 1, \ n = 0,1,2\cdots$$

由定理 3.3.16, $\sin x$ 可以按公式(8)展开,计算有

$$f(0) = 0, \ f'(0) = 1, \ f''(0) = 0, \ f'''(0) = -1, \cdots$$

于是,对于 $x \in \mathbf{R}$,有

$$\sin x = x - \frac{1}{3!}x^3 + \frac{1}{5!}x^5 - \frac{1}{7!}x^7 + \cdots + (-1)^n \frac{1}{(2n+1)!}x^{2n+1} + \cdots.$$

注 3.12　可简记 $\sin x = \sum_{n=0}^{\infty}(-1)^n \frac{1}{(2n+1)!}x^{2n+1}$.

用同样的方法,可把函数 $\cos x$ 在 $\mathbf{R}$ 上展开成泰勒级数.

$$\cos x = \sum_{n=0}^{\infty}(-1)^n \frac{1}{(2n)!}x^{2n}$$

$$= 1 - \frac{1}{2!}x^2 + \frac{1}{4!}x^4 - \frac{1}{6!}x^6 + \cdots.$$

例 12　$f(x) = \mathrm{e}^x$.

解　计算可知 $f^{(n)}(x) = (\mathrm{e}^x)^{(n)} = \mathrm{e}^x$,故

$$f^{(n)}(0) = 1, \ n = 0,1,2\cdots$$

对任意的 $r > 0, x \in (-r, r)$ 有

$$|f^{(n)}(x)| = |\mathrm{e}^x| \leqslant \mathrm{e}^r, \quad n = 0,1,2\cdots.$$

由定理 3.3.16,函数 e^x 在 $(-r, r)$ 内可展成泰勒级数. 因为 r 是任意的,所以 e^x 可以在 $\mathbf{R}$ 上展成泰勒级数. 由公式(8),对任意的 $x \in \mathbf{R}$,有

$$\mathrm{e}^x = \sum_{n=0}^{\infty}\frac{1}{n!}x^n = 1 + x + \frac{1}{2!}x^2 + \frac{1}{3!}x^3 + \cdots.$$

例 13　$f(x) = \ln(1+x)$.

解　已知

$$\frac{1}{1+x} = 1 - x + x^2 - x^3 + \cdots.$$

这个函数级数的收敛域是 $(-1, 1)$,根据定理 3.3.14,对于任意的 $x \in (-1, 1)$,从 0 到 x 可逐项积分,有

$$\int_0^x \frac{1}{1+t}\mathrm{d}t = \int_0^x \mathrm{d}t - \int_0^x t\mathrm{d}t + \int_0^x t^2\mathrm{d}t - \int_0^x t^3\mathrm{d}t + \cdots$$

即

$$\ln(1+x) = x - \frac{1}{2}x^2 + \frac{1}{3}x^3 - \frac{1}{4}x^4 + \cdots + (-1)^{(n-1)}\frac{1}{n}x^n + \cdots.$$

3.4　初等函数及其性质

3.4.1　初等函数的概念

在中学数学中,下列六种函数被深刻研究过,它们是

(1)常值函数:$f(x) = C$(C 为常数)

(2)幂函数:$f(x) = x^\alpha$(α 为实数)

(3)指数函数:$f(x) = a^x$($a > 0, a \neq 1$)

(4)对数函数:$f(x) = \log_a x$($a > 0, a \neq 1$)

(5)三角函数:例如 $f(x) = \sin x$

(6)反三角函数:例如 $f(x) = \arcsin x$.

这六种函数称为**基本初等函数**,之所以对它们作深入研究,是因为它们能够描述许多自然界的现象,有着广泛的应用而受到人们的重视.

常值函数反映了某种事物的**稳定状态**.

许多自然规律的抽象与指数函数有关. 例如,已知空气的密度随着距离海平面的高度 h 的增大而减少,其密度函数 $p(h) = p_0 \mathrm{e}^{-kh}$,其中 p_0 是海平面的空气密度,k 是实值常数. 显然,密度函数是与指数函数 a^h 有关的函数. 再如在 RC 电路中,合上开关电池对电容充电,电容两端的电压逐渐升高. 升高的规律是函数 $U(t) = E(1 - \mathrm{e}^{-\frac{1}{RC}})$,其中 E, R 和 C 是常数,显然 $U(t)$ 是与指数函数 a^t 有关的函数.

对数函数 $\log_a x$($a > 0, a \neq$)是指数函数 a^x 的反函数. 函数 $y = f(x)$ 与其反函数 $y = f^{-1}(x)$,虽然对应法则 f 与 f^{-1} 是不同的,但是二者不是彼此无关的,而是互逆的. 如果 f 描述了一类自然规律,则 f^{-1} 描述了与 f 相反的规律. 因此,对数函数与指数函数具有同样的重要意义.

在自然界中,振动现象几乎到处可见. 振动物体的运动规律要利用三角函数来描述. 同时,三角函数或由三角函数生成的函数是描述具有周期性规律的数学工具. 此外,利用三角函数可以解决大量的几何问题. 因此,三角函数(同样,反三角函数)在函数类中占有十分重要的位置.

定义 3.4.1　由基本初等函数经过有限次四则运算以及有限次函数复合所构成的函数,叫做**初等函数**.

由定义可以看出,初等函数在其定义域内有统一的解析式. 因此,函数

$$f(x) = \begin{cases} \sqrt{x}, & 0 \leqslant x \leqslant 1 \\ x, & x > 1 \end{cases}$$

不是初等函数,因为在其定义域$[0, +\infty)$的不同部分$[0,1]$与$(1, +\infty)$上,函数被表成不相同的解析式,同样的道理,狄里赫列函数

$$D(x) = \begin{cases} 1, & x \text{ 为有理数} \\ 0, & x \text{ 为无理数} \end{cases}$$

也不是初等函数.

3.4.2 初等函数性质

在这一部分,我们主要讨论函数的有界性、单调性、奇偶性、周期性.

1.有界性

定义 3.4.2 设$f(x)$是定义在数集D上的函数,如果存在数$M > 0$,使得对于任意的$x \in D$,恒有$|f(x)| \leqslant M$,那么称函数$f(x)$在数集D上有界. 如果对于任意数$M > 0$,存在$x_M \in D$,使得$|f(x_M)| \geqslant M$,那么称函数$f(x)$在数集D上无界.

无界函数可细分为有上界无下界;有下界而无上界;无上界且无下界三种情况. 有界函数就是既有上界又有下界的函数.

定理 3.4.1 闭区间上的连续函数是有界函数.

证 参见文献[1].

注 4.1 开区间上的连续函数未必有界.例如,在区间$(0,1)$上,$f(x) = \dfrac{1}{x}$是无界函数. 事实上,$\forall M > 0$,令$x_M = \dfrac{1}{1 + M} \in (0,1)$,$f(x_M) = 1 + M > M$.

注 4.2 定义在闭区间上的函数未必有界,事实上,令

$$f(x) = \begin{cases} 1 & x \in [-1, 0], \\ \dfrac{1}{x} & x \in (0, 1]. \end{cases}$$

由注 4.1 即可知,$f(x)$在$[-1,1]$上是无界函数.

函数$f(x)$在开区间(a,b)上的有界性可利用其导函数$f'(x)$的有界性来估计.

定理 3.4.2 若$f(x)$在开区间(a,b)内具有导函数且$f'(x)$有界,则$f(x)$在开区间(a,b)内有界.

证 因 $f'(x)$ 在 (a,b) 内有界,故存在常数 $M>0$,使 $|f'(x)|\leqslant M$. 任取 x_0 $\in(a,b)$, $\forall x\in(a,b)$. 由拉格朗日中值定理有

$$f(x)=f(x_0)+f'(\xi)(x-x_0).$$

其中 $\xi=x_0+\theta(x-x_0)$, $\theta\in(0,1)$,从而可得

$$|f(x)|\leqslant|f(x_0)|+M(b-a)\overset{\text{def}}{=}C\textcircled{1}.$$

即 $f(x)$ 在开区间 (a,b) 内有界.

注 4.3 定理 3.4.2 的逆命题不一定成立,即存在 $f(x)$ 在 (a,b) 内有界,但 $f'(x)$ 在 (a,b) 内无界.

例如 $f(x)=\sqrt{1-x^2}$ 在开区间 $(-1,1)$ 内有界,但 $f'(x)=-\dfrac{x}{\sqrt{1-x^2}}$ 在 $(-1,1)$ 内无界.

定理 3.4.3 若 $f(x)$ 与 $\varphi(x)$ 是数集 A 上的有界函数,则 $f(x)\pm\varphi(x)$, $f(x)\cdot\varphi(x)$ 是 A 上的有界函数.

证 设 M_1,M_2 分别是 $f(x)$ 与 $\varphi(x)$ 在 A 上的界,则

$$|f(x)\pm\varphi(x)|\leqslant|f(x)|+|\varphi(x)|\leqslant M_1+M_2,$$

$$|f(x)\cdot\varphi(x)|=|f(x)|\cdot|\varphi(x)|\leqslant M_1\cdot M_2.$$

故定理结论成立.

注 3.4 两个有界函数之比的情形较复杂,其结论不定.例如,$f(x)=1$ 与 $\varphi(x)=x$ 都是 $(0,1)$ 上的有界函数,则 $\dfrac{\varphi(x)}{f(x)}$ 是 $(0,1)$ 上的有界函数,而 $\dfrac{f(x)}{\varphi(x)}$ 是 $(0,1)$ 上的无界函数.

若 $f(x)$ 是数集 A 上的有界函数,而对于 $x\in A$,有 $|\varphi(x)|\geqslant C>0$,则 $\dfrac{f(x)}{\varphi(x)}$ 是 A 上的有界函数.

2. 单调性

定义 3.4.3 函数 $f(x)$ 定义在区间 I 上,对于任意的 $x_1,x_2\in I$,当 $x_1<x_2$ 时,恒有 $f(x_1)\leqslant f(x_2)(f(x_1)\geqslant f(x_2))$,则称 $f(x)$ 在区间 I 上是**递增(递减)**的;若当 $x_1<x_2$ 时,有 $f(x_1)<f(x_2)(f(x_1)>f(x_2))$,则称 $f(x)$ 在区间 I 上**严格递增(严格递减)**.

---

① "$\overset{\text{def}}{=}$" 运算符号,例如 $a\overset{\text{def}}{=}b$,按定义 a 等于 b 或 a 以 b 为定义.

在区间 I 上的递增函数、递减函数、严格递增函数、严格递减函数统称为**单调函数**，I 叫做这个函数的**单调区间**.

注 4.5　如果 I 不是区间而是 **R** 上的点集，那么在点集 I 上也可类似地定义单调函数的概念.

一般说来，函数在定义的区间上不一定是单调的，但是函数在定义的子区间上可能是单调的. 例如 $f(x)=x^2$ 在定义域 **R** 上并不是单调的，但在 $(-\infty,0]$ 上是递减函数，在 $[0,+\infty)$ 上是递增函数，同时，也存在这样的函数，在它的定义域内的任何子区间上都不是单调函数. 例如

$$D(x)=\begin{cases} 1 & x \text{ 为有理数} \\ 0 & x \text{ 为无理数} \end{cases}$$

在 **R** 上任何区间 (α,β) 内都不是单调的.

定理 3.4.4　若 $y=f(x)$ 在它的定义域内是严格增加函数，则 $y=f^{-1}(x)$ 在其定义域内也是严格增加函数.

证　设 $y_1=f^{-1}(x_1),y_2=f^{-1}(x_2)$，且 $x_1<x_2$. 根据函数与反函数的关系有 $x_1=f(y_1),x_2=f(y_2)$. 由于 $f(y)$ 在其定义域内是严格增加的，故有 $y_1<y_2$，即反函数 $y=f^{-1}(x)$ 是严格增加的.

若 $f(x)$ 在区间 (a,b) 上导数存在，则可以利用导数判别函数的单调性.

定理 3.4.5　设 $f(x)$ 在区间 (a,b) 内存在导函数，且 $f'(x)>0$ $(f'(x)<0)$，则 $f(x)$ 在区间 (a,b) 内严格增加（严格减少）.

证　任取 $x_1,x_2\in(a,b)$ 且 $x<x_2$，利用微分中值定理有

$$f(x_2)-f(x_1)=f'(\xi)(x_2-x_1)>0$$

故 $f(x)$ 在区间 (a,b) 内严格增加. 同理可以证明，当 $f'(x)<0$ 时，$f(x)$ 在区间 (a,b) 内严格减少.

例 1　求 a 为何值时，函数 $f(x)=\sqrt{1+x^2}-ax$ 是单调函数.[①]

解　求函数 $f(x)$ 的导数

$$f'(x)=(1+x^2)^{-\frac{1}{2}}x-a$$

令 $\varphi(x)=(1+x^2)^{-\frac{1}{2}}x$，我们求 $\varphi(x)$ 的最大值与最小值，为此，求 $\varphi(x)$ 的导数.

$$\varphi'(x)=(1+x^2)^{-\frac{1}{2}}-(1+x^2)^{-\frac{3}{2}}x^3=(1+x^2)^{-\frac{3}{2}}.$$

---

① 此题为 2000 年高考试题

由此可见,$\forall\, x\in\mathbf{R}$,有 $\varphi'(x)>0$,且 $\lim\limits_{x\to+\infty}\varphi(x)=1$, $\lim\limits_{x\to-\infty}\varphi(x)=-1$,因此,$\forall\, x\in\mathbf{R}$ 有 $-1<\varphi(x)<1$.

若 $a\geqslant 1$,则 $f'(x)<0$,此时 $f(x)$ 是严格减少的函数;若 $a\leqslant-1$,则 $f'(x)>0$,此时 $f(x)$ 是严格增加的函数.

利用定理 3.4.5 可以证明某些不等式.

定理 3.4.6 若函数 $f(x)$ 与 $\varphi(x)$ 满足下列条件:

1)在闭区间 $[a,b]$ 上连续;

2)在开区间 (a,b) 内 $f'(x)>\varphi'(x)$;

3)$f(a)=\varphi(a)$.

则在 (a,b) 内有 $f(x)>\varphi(x)$.

证 设 $F(x)=f(x)-\varphi(x)$,则 $\forall\, x\in(a,b)$ 有

$$F'(x)=f'(x)-\varphi'(x)>0,$$

根据定理 3.4.5,$F(x)$ 在 (a,b) 内严格增加. 根据 $F(x)$ 在 $[a,b]$ 上连续且 $F(a)=0$,故 $\forall\, x\in(a,b)$,有 $F(x)>0$,即 $f(x)>\varphi(x)$.

例 2 证明,$\forall\, x\in(0,+\infty)$,有 $\ln(1+x)<x$.

证 设 $f(x)=x$,$\varphi(x)=\ln(1+x)$

$$f(x)=1>\frac{1}{1+x}=\varphi'(x),\quad \forall\, x\in(0,+\infty),$$

且 $f(0)=\varphi(0)=0$,根据定理 3.4.6,对于 $\forall\, x\in(0,+\infty)$,有 $\ln(1+x)<x$.

我们约定,如果 $f_1(x)$ 与 $f_2(x)$ 在所讨论的区间都是递增,或都是递减,那么 $f_1(x)$ 与 $f_2(x)$ 叫做同向变化的;如果 $f_1(x)$ 与 $f_2(x)$ 中,有一个是递增的,而另一个是递减的,那么它们叫做反向变化的.

定理 3.4.7 若 $y=f(u)$,$u=\varphi(x)$ 同向变化,那么复合函数 $y=(f\circ\varphi)(x)$ 是递增的;若反向变化,那么复合函数 $y=(f\circ\varphi)(x)$ 是递减的.

证 设 $y=f(u)$, $u=\varphi(x)$ 分别在区间 D_2 与区间 D_1 中是递增函数,$D_2\supset\varphi(D_1)$ 任取 $x_1,x_2\in D_1$,且 $x_1<x_2$. 因 $u=\varphi(x)$,在 D_1 中是递增函数,故有 $\varphi(x_1)\leqslant\varphi(x_2)$ 且 $\varphi(x_1),\varphi(x_2)\in D_2$,由 $y=f(u)$ 在 D_2 中是递增函数,$(f\circ\varphi)(x_1)\leqslant(f\circ\varphi)(x_2)$.

同样可以证明:若 $y=f(u)$, $u=\varphi(x)$ 分别是区间 D_2 与区间 D_1 中递减函数,且 $D_2\supset\varphi(D_1)$,则复合函数 $y=(f\circ\varphi)(x)$ 在 D_1 中是递增函数.

完全相似于上面的证明,即可证明该定理的后半部分.

3.奇偶性

定义 3.4.4 给定函数 $f(x)$,其定义域 D 是关于原点对称的点集.

(1)若 $f(x) = -f(-x)$,那么称 $f(x)$ 为 D 上的**奇函数**;

(2)若 $f(x) = f(-x)$,那么称 $f(x)$ 为 D 上的**偶函数**.

由此定义即可知,奇函数的图像关于原点对称,偶函数的图像关于 y 轴对称.

不难验证,函数 $f(x) = 0$ 是定义在任何关于原点对称的数集 D 上的既奇又偶的函数,反之,下面的结论也成立.

定理 3.4.8 若 $f(x)$ 是定义在数集 D 上既奇又偶的函数,则 $f(x) = 0$.

证 因为 $f(x)$ 是奇函数,故有 $f(x) = -f(-x)$;又因为 $f(x)$ 是偶函数,则 $f(x) = f(-x)$.由此二关系式,有 $f(x) = -f(x)$,故 $f(x) = 0$.

定理 3.4.9 设数集 D 关于原点对称,则定义在 D 上的任意函数 $f(x)$ 总可以表示成一个奇函数与一个偶函数的和.

证 在数集 D 上定义函数

$$g(x) = \frac{1}{2}[f(x) + f(-x)],$$

$$h(x) = \frac{1}{2}[f(x) - f(-x)],$$

不难验证,$g(x) = g(-x), h(x) = -h(-x)$ 且

$$g(x) + h(x) = f(x).$$

所以 $f(x)$ 可以表示成一个奇函数与一个偶函数之和.

由定义显然可知,偶函数不存在反函数.而奇函数也并非都有反函数.例如,函数 $f(x) = \sin x$ 是奇函数,它在定义域 **R** 上就没有反函数,若奇函数存在反函数,则有如下的定理成立:

定理 3.4.10 设奇函数 $y = f(x)$ 的定义域为 A,值域为 B,且存在反函数 $x = f^{-1}(y)$,则 $x = f^{-1}(y), (y \in B)$ 是奇函数.

证 对于任意的 $y \in B$ 存在惟一 $x \in A$,使 $y = f(x)$,从而 $x = f^{-1}(y)$. 由 $y = f(x)$ 是奇函数,得 $f(-x) = -f(x) = -y$,从而 $-y \in B$,故 B 是关于原点对称的点集,且 $f^{-1}(-y) = -x = -f^{-1}(-y)$,所以,$x = f^{-1}(y)$ 是奇函数.

关于复合函数的奇偶性,我们有下面的定理:

定理 3.4.11 (1)若函数 $u = \varphi(x)$ 为奇函数,函数 $y = f(u)$ 为奇(偶)函数,则复合函数 $y = f[\varphi(x)]$ 在其定义域为奇(偶)函数.

(2)若函数 $u = \varphi(x)$ 为偶函数,复合函数 $y = f[\varphi(x)]$ 存在,则 $y = f[\varphi(x)]$ 在其定义域内为偶函数.

证 由定义可直接验证.

4.周期函数

定义 3.4.5 设 $f(x)$ 是定义在数集 A 上的函数.若存在常数 $T(\neq 0)$,具有性质:

(1)对于任意的 $x \in A$,$x \pm T \in A$;

(2)对于任意的 $x \in A$,有 $f(x \pm T) = f(x)$

则称 $f(x)$ 为数集 A 上的周期函数,常数 T 叫做 $f(x)$ 的一个周期.

注 4.6 若 T 是 $f(x)$ 的一个周期,则 $-T$ 也是 $f(x)$ 的一个周期,事实上

$$f(x + (-T)) = f(x + (-T) + T) = f(x)$$

故周期函数一定有正周期,此外,若 T 是 $f(x)$ 的一个周期,则 nT 也是 $f(x)$ 的一个周期.故周期函数有无穷多个周期,且没有最大的正周期.

我们关心的问题是:若 $f(x)$ 是周期函数,它是否有最小的正周期.

注 4.7 周期函数未必有最小正周期.

事实上,对于狄里赫列函数

$$D(x) = \begin{cases} 1 & x \text{ 为有理数}, \\ 0 & x \text{ 为无理数}. \end{cases}$$

来说,任何有理数 r 都满足 $D(x + r) = D(x)$,即任意有理数 r 均为 $D(x)$ 的一个周期,显然 $D(x)$ 没有最小正周期.

若 T 是 $f(x)$ 的最小正周期,则称 T 是 $f(x)$ 的周期.

定理 3.4.12 若 T_0 是 $f(x)$ 的最小正周期,则 $f(x)$ 的任何正周期 T 必是 T_0 的正整数倍.

证 因 $0 < T_0 \leqslant T$,由阿基米德公理,必存在自然数 n,使得 $T < nT_0$.设自然数 m 使得 $mT_0 \leqslant T < (m+1)T_0$,记 $r = T - mT_0$,则 $0 \leqslant r < T_0$,从而有 $T = mT_0 + r$.于是对于任意的 $x \in A$,有

$$f(x) = f(x + T) = f(x + mT_0 + r) = f(x + r).$$

若 $r > 0$,则 r 是 $f(x)$ 的周期,这与 T_0 是 $f(x)$ 的最小正周期矛盾,故有 $T = mT_0$.

关于周期函数的最小正周期的存在性,有下面的定理:

定理 3.4.13 设 $f(x)$ 是定义在数集 A 上的周期函数,且 $f(x)$ 不是常值函数,若存在 $x_0 \in A$,$f(x)$ 在点 x_0 连续,则 $f(x)$ 存在最小正周期.

证　假设 $f(x)$ 没有最小正周期,设 T 是 $f(x)$ 的任意一个正周期,则小于 T 的正周期必有无限个.由于这些正周期所构成的集合是有界的,故有收敛子列,且存在不同的周期,它们彼此相差可以任意小.由周期的定义可知,若 T_1, T_2 是 $f(x)$ 的两个不同的周期,则 $T_1 - T_2$ 也是 $f(x)$ 的一个周期,故 $f(x)$ 有任意小的正周期.

因为 $f(x)$ 在 x_0 连续,所以对于任意的 $\varepsilon > 0$,存在 $\delta > 0$,当 $x \in A$ 且 $|x - x_0| < \delta$ 时,有

$$|f(x) - f(x_0)| < \varepsilon$$

对于上述 $\delta > 0$,存在 $T_0 \in (0, \delta)$,T_0 是 $f(x)$ 的一个周期.对于任意的 $x \in A$,存在整数 n,使得 $x_0 - x = nT_0 + r$,其中 $0 \leqslant r < T_0$,于是有

$$|(x + nT_0) - x_0| = |-r| = r < T_0 < \delta,$$

所以有

$$|f(x) - f(x_0)| = |f(x + nT_0) - f(x_0)| < \varepsilon.$$

由 ε 的任意性,有 $f(x) = f(x_0)$.因此 $f(x)$ 在 A 上为常值函数.这与已知条件矛盾.□

下面,我们来讨论周期函数的四则运算与复合运算.由周期函数的定义可知,若 $f(x)$ 是周期函数,则 $kf(x) + c$ 是周期函数,其中 k 与 c 是常数.

对于两个周期函数的四则运算,有下面的定理:

定理 3.4.14　若 $f_1(x), f_2(x)$ 是数集 A 上的周期函数,T_1, T_2 分别为它们的一个周期,且

$$\frac{T_1}{T_2} = \frac{n}{m}(n, m \in \mathbf{N})$$

则 $f_1(x) + f_2(x), f_1(x) \cdot f_2(x)$ 是 A 上以 mT_1 为一个周期的周期函数.

证　令 $T = mT_1 = nT_2, \forall x \in A$,有

$$f_1(x + T) + f_2(x + T) = f_1(x + mT_1) + f_2(x + nT_2)$$
$$= f_1(x) + f_2(x).$$

同理可证　$f_1(x + T) \cdot f_2(x + T) = f_1(x) \cdot f_2(x).$

注 4.8　上面定理中,$\frac{T_1}{T_2}$ 是有理数这一条件是充分条件,但不是必要条件.

例 3　$f_1(x) = \sin x$,其周期 $T_1 = 2\pi$,$f_2(x) = c$,它的一个周期 $T_2 = 1$,显然,$\frac{T_1}{T_2} = 2\pi$ 是无理数,但 $f_1(x) + f_2(x)$ 仍是周期函数.

注4.9　在定理3.4.14中,若 T_1 与 T_2 分别是它们的最小正周期,但 $T = mT_1$ 未必是 $f_1(x) + f_2(x)$ 与 $f_1(x) \cdot f_2(x)$ 的最小正周期.

例4　$f_1(x) = f_2(x) = \sin x$ 的周期为 2π,但

$$f_1(x)f_2(x) = \sin^2 x$$

的周期为 π.

$f_3(x) = \sin^2 x$ 周期为 π, $f_4(x) = \cos^2 x$ 周期为 π,但是

$$f_3(x) + f_4(x) = \sin^2 x + \cos^2 x = 1$$

没有最小正周期.

三角函数是一类重要的周期函数,对于三角函数,我们有比定理3.4.14更好的结果.

定理3.4.15　设 $f_1(x) = \sin\omega_1 x$, $f_2(x) = \cos\omega_2 x$, $\omega_1 > 0$, $\omega_2 > 0$, $\omega_1 \neq \omega_2$, 则, $f_1(x) \pm f_2(x)$, $f_1(x)f_2(x)$ 是周期函数的充要条件是 $\dfrac{\omega_1}{\omega_2}$ 是有理数.

证　充分性已得证,只需证明必要性.这里仅以 $f_1(x) - f_2(x) = \sin\omega_1 x - \cos\omega_2 x$ 为例.

设 $f_1(x) - f_2(x) = \sin\omega_1 x - \cos\omega_2 x$ 为周期函数,则存在正常数 T 为其一个周期,故对于任意 $x \in \mathbf{R}$,有

$$\sin\omega_1(x + T) - \cos\omega_2(x + T) = \sin\omega_1 x - \cos\omega_2 x,$$

也就是

$$\sin\omega_1(x + T) - \sin\omega_1 x = \cos\omega_2(x + T) - \cos\omega_2 x,$$

由此得到

$$2\cos(\omega_1 x + \frac{1}{2}\omega_1 T)\sin\frac{1}{2}\omega_1 T$$

$$= -2\sin(\omega_2 x + \frac{1}{2}\omega_2 T)\sin\frac{1}{2}\omega_2 T, \tag{1}$$

在(1)式中,令 $x = \dfrac{\pi}{\omega_2} - \dfrac{T}{2}$,得

$$2\cos(\frac{\omega_1 \pi}{\omega_2})\sin\frac{1}{2}\omega_1 T = 0.$$

若 $\cos\dfrac{\omega_1 \pi}{\omega_2} = 0$,则 $\dfrac{\omega_1 \pi}{\omega_2} = 2k\pi \pm \dfrac{1}{2}\pi$,从而有

$$\frac{\omega_1}{\omega_2} = \frac{1}{2}(4k \pm 1), \quad k \in \mathbf{N}. \tag{2}$$

此时 $\dfrac{\omega_1}{\omega_2}$ 为有理数, 若

$$\sin\frac{1}{2}\omega_1 T = 0, \text{则 } T = \frac{2k\pi}{\omega_1}, \quad k \in \mathbf{N}. \tag{3}$$

在 (1) 式中令 $x = \dfrac{\pi}{2\omega_1} - \dfrac{T}{2}$, 得

$$-2\sin\frac{\omega_2\pi}{2\omega_1} \cdot \sin\frac{1}{2}\omega_2 T = 0.$$

若 $\sin\dfrac{\omega_2\pi}{2\omega_1} = 0$, 则

$$\frac{\omega_1}{\omega_2} = \frac{1}{2m}, \quad m \in \mathbf{N} \tag{4}$$

即 $\dfrac{\omega_1}{\omega_2}$ 是有理数. 若 $\sin\dfrac{1}{2}\omega_2 T = 0$, 则

$$T = \frac{2n\pi}{\omega_2}, n \in \mathbf{N}. \tag{5}$$

由 (3) 与 (5) 式得

$$\frac{\omega_1}{\omega_2} = \frac{k}{n}, \quad k, n \in \mathbf{N}. \tag{6}$$

由 (2), (4) 和 (6) 知, $\dfrac{\omega_1}{\omega_2}$ 为有理数.

同理可证其他情形. $\square$

注 4.10 若 $f_1(x) = \cos\omega_1 x$, 定理 3.4.15 的结论仍然成立. 同时对于 $f_2(x) = \sin\omega_2 x$, 定理 3.4.15 仍为真. 由此我们可以知道

$$f_1(x) = \sin\pi x + \cos 2\pi x$$

是周期函数, 而函数

$$f_2(x) = \sin x + \cos\pi x$$

不是周期函数.

对于 $f_1(x) = \tan\omega_1 x$ (或 $\cot\omega_1 x$), $f_2(x) = \tan\omega_2 x$ (或 $\cot\omega_2 x$) 定理 3.4.15 仍然成立.

我们再来讨论复合函数的周期性问题

定理 3.4.16 设 $y = f(u)$ 是定义在数集 M 上的函数, $u = g(x)$ 是定义在数集 A 上的周期函数, 如果 $x \in A$ 时有 $g(x) \in M$, 则复合函数 $y = (f \circ g)(x)$ 是周

期函数.

证　由定义即可证得该定理.

注4.11　在定理 3.4.16 中,若 $y = f(u)$ 是定义在数集 M 上的一一对应函数, $u = g(x)$ 以 T_0 为最小正周期的周期函数,则 $y = (f \circ g)(x)$ 以 T_0 为周期.

事实上,若存在 $T_1 \in (0, T_0)$,使得

$$f[g(x + T_1)] = f[g(x)] = (f \circ g)(x), \quad \forall x \in A.$$

由于 $f(u)$ 是一一对应的函数,故有

$$g(x + T_1) = g(x), \quad \forall x \in A$$

这与 T_0 是 $g(x)$ 的最小正周期矛盾.

定理 3.4.17　设 $y = f(u)$ 是定义在 **R** 上的周期函数且周期为 T_0. $u = ax + b$,则复合函数 $y = f(ax + b)$ 是以 $\dfrac{T_0}{|a|}$ 为周期的周期函数.

证　对于任意实数 x,有

$$f\left[a\left(x + \frac{T_0}{|a|}\right) + b\right] = f(ax + b \pm T_0) = f(ax + b),$$

故 $y = f(ax + b)$ 是周期函数.

假设存在 $T' \in (0, \dfrac{T_0}{|a|})$, T' 是 $y = f(ax + b)$ 的周期,则

$$f[(ax + b) + aT'] = f[a(x + T') + b] = f(ax + b),$$

即对于任意的 $u = ax + b \in \mathbf{R}$,有

$$f(u + aT') = f(u).$$

由于 $|aT'| < T_0$,这与 T_0 是 $f(u)$ 的周期矛盾.□

注4.12　当 $u = g(x)$ 是非线性函数时, $(f \circ g)(x)$ 未必是周期函数.

例5　证明 $f(x) = \sin x^2 \ (x \in \mathbf{R})$ 不是周期函数.

证　假若 $f(x) = \sin x^2$ 是周期函数,则必存在常数 $T > 0$,使得 $\sin(x + T)^2 = \sin x^2$ 对一切 $x \in \mathbf{R}$ 成立.

现在分别取 $x = 0$, $x = \sqrt{\pi}$, $x = \sqrt{2\pi}$,则有 $\sin T^2 = 0$, $\sin(\sqrt{\pi} + T)^2 = 0$, $\sin(\sqrt{2\pi} + T)^2 = 0$.于是有

$$T^2 = k\pi, \quad (\sqrt{\pi} + T)^2 = m\pi, \quad (\sqrt{2\pi} + T)^2 = n\pi,$$

其中 k, m, n,是正整数. 由此解得

$$2\sqrt{\pi}T = \pi(m - 1 - k), \quad 2\sqrt{2\pi}T = \pi(n - 2 - k),$$

则有
$$\sqrt{2} = \frac{n-2-k}{m-1-k}.$$

显然,右端是有理数,这与 $\sqrt{2}$ 是无理数矛盾. 从而可知 $\sin x^2$ 不是周期函数.

3.5 超越性质

在这一节中,我们来讨论一些基本初等函数的超越性质. 为此,我们先来讨论超越数,然后再讨论超越函数.

3.5.1 超越数

在给出超越数概念之前,先给出代数数的概念.

定义 3.5.1   若复数 ξ 是某个整系数代数方程
$$a_n x^n + a_{n-1} x^{n-1} + \cdots + a_1 x + a_0 = 0 \quad (a_n \neq 0) \tag{1}$$
的根,则称 ξ 是**代数数**.

显然,有理数 $r = \dfrac{m}{n}$ 是代数数.

某些无理数也可能是代数数. 例如,$\sqrt{2}$ 是方程
$$x^2 - 2 = 0$$
的根,故无理数 $\sqrt{2}$ 是代数数.

某些特殊角的三角函数值是代数数,例如,$\sin \dfrac{\pi}{8}$ 是代数数. 事实上,因为

$$\frac{\sqrt{2}}{2} = \cos \frac{\pi}{4} = 1 - 2\sin^2 \frac{\pi}{8},$$

令 $\sin \dfrac{\pi}{8} = x$,于是 $\sin \dfrac{\pi}{8}$ 满足方程
$$8x^4 - 8x^2 + 1 = 0.$$

某些复数是代数数,例如,$1+i$ 是代数数. 事实上,
$$\left[(1+i)^2\right]^2 = (1 + 2i - 1)^2 = (2i)^2 = -4,$$
故 $1+i$ 是整系数代数方程
$$x^4 + 4 = 0$$
的根,即 $1+i$ 是代数数.

定义 3.5.2   若复数 x 不是代数数,则称 x 是**超越数**.

说明某个数是超越数绝非简单.下面,我们来证明 π 是超越数.

引理 3.5.1 设 $f(x)$ 是任一 n 次多项式,令

$$F(x) = f(x) + f'(x) + \cdots + f^{(n)}(x),$$

则

$$F(b) = e^b F(0) - e^b \int_0^b f(x) e^{-x} dx$$

证 对于连续可导的函数 $f(x)$,由分部积分法,有

$$\int_0^b f(x) e^{-x} dx = -\left[f(x) e^{-x} \right] \Big|_0^b + \int_0^b f'(x) e^{-x} dx.$$

重复使用分部积分法 n 次,可得

$$\int_0^b f(x) e^{-x} dx = -\left[\{ f(x) + f'(x) + \cdots + f^{(n)}(x) \} e^{-x} \right] \Big|_0^b + \int_0^b f^{(n+1)}(x) e^{-x} dx$$

因 $f^{(n+1)}(x) = 0$,因而有

$$\int_0^b f(x) e^{-x} dx = -e^{-b} F(b) + F(0),$$

由此即得引理 3.5.1.

定义 3.5.3 称

$$\begin{cases} \sigma_1 = x_1 + x_2 + \cdots + x_n \\ \sigma_2 = x_1 x_2 + x_1 x_3 + \cdots + x_{n-1} x_n \\ \cdots \cdots \cdots \cdots \cdots \cdots \\ \sigma_n = x_1 x_2 \cdots x_n \end{cases}$$

为 n 元初等对称多项式.

定义 3.5.4 n 元多项式 $f(x_1, x_2, \cdots, x_n)$,若对于任意的 $i, j, 1 \leq i < j \leq n$,都有

$$f(x_1, \cdots, x_i, \cdots, x_j, \cdots, x_n) = f(x_1, \cdots, x_j, \cdots, x_i, \cdots, x_n)$$

称该多项为对称多项式.

引理 3.5.2 对于任意一个 n 元对称整系数多项式 $f(x_1, x_2, \cdots, x_n)$,都有一个 n 元整系数多项式 $\varphi(y_1, y_2, \cdots, y_n)$,使得

$$f(x_1, x_2, \cdots, x_n) = \varphi(\sigma_1, \sigma_2, \cdots, \sigma_n).$$

引理 3.5.2 被称为对称多项式基本定理,该引理的证明可见文献[9].

引理 3.5.3 设整系数代数方程

$$a_0 x^m + a_1 x^{m-1} + \cdots + a_{m-1} x + a_m = 0 \quad (a_0 \neq 0) \tag{3}$$

的根是 $\omega_1, \omega_2, \cdots, \omega_m$,而 $\alpha_1, \alpha_2, \cdots, \alpha_n$ 代表

$$\omega_1, \omega_2, \cdots, \omega_m, \omega_1 + \omega_2, \omega_1 + \omega_3, \cdots, \omega_{m-1} + \omega_m,$$

$$\cdots, \omega_1 + \omega_2 + \cdots + \omega_m \tag{4}$$

中所有不等于零的数,则每一整系数对称多项式在 $a\alpha_1, a\alpha_2, \cdots, a\alpha_n$ 的值是整数.

证 (4)中共有

$$\binom{m}{1} + \binom{m}{2} + \cdots + \binom{m}{m} = 2^m - 1$$

个数,今以

$$\alpha_1, \alpha_2, \cdots, \alpha_n, \alpha_{n+1}, \cdots, \alpha_{2^m - 1} \tag{5}$$

表示它们,则 $\alpha_{n+1} = \alpha_{n+2} = \cdots = \alpha_{2^m-1} = 0$ 设 $f(a\alpha_1, a\alpha_2, \cdots, a\alpha_n)$ 是 $a\alpha_1, a\alpha_2, \cdots, a\alpha_n$ 的任一整系数对称多项式.则由引理 3.4.2 $f(a\alpha_1, a\alpha_2, \cdots, a\alpha_n)$ 能表示成 $a\alpha_1, a\alpha_2, \cdots, a\alpha_n$ 的初等对称多项式的整系数多项式.而 $a\alpha_1, a\alpha_2, \cdots, a\alpha_n$ 的初等对称多项式即为 $\alpha_1, \alpha_2, \cdots, \alpha_n, \alpha_{n+1}, \cdots, \alpha_{2^m-1}$ 的初等对称多项式,因而是 $a\omega_1, a\omega_2, \cdots, a\omega_m$ 的对称多项式,故 $f(a\alpha_1, a\alpha_2, \cdots, a\alpha_n)$ 能表成

$$\sigma_1 = \sum_{i=1}^{n} a\omega_i, \sigma_2 = \underset{i \neq j}{(a\omega_i)(a\omega_j)}, \cdots, \sigma_m = (a\omega_1)\cdots(a\omega_m)$$

的整系数多项式,但由根与系数的关系可知,$\sigma_1 = \alpha_1, \sigma_2 = a\alpha_2, \cdots, \sigma_m = (-1)^m a^{m-1} \alpha_m$ 都是整数,故 $f(a\alpha_1, a\alpha_2, \cdots, a\alpha_n)$ 是整数.

定理 3.5.1 π 是超越数.

证 采用反证法,假设 π 是代数数,则存在某个整系数多项式以 π 为其根,即

$$d_0 \pi^{m'} + d_1 \pi^{m'-1} + \cdots + d_{m'} = 0, \quad d_0 \neq 0$$

因此

$$\{d_0 (i\pi)^{m'} - d_2 (i\pi)^{m'-2} + \cdots\} + i\{d_1 (i\pi)^{m'-1} - d_3 (i\pi)^{m'-3} + \cdots\} = 0,$$

即

$$(d_0 (i\pi)^{m'} - d_2 (i\pi)^{m'-2} + \cdots)^2 + (d_1 (i\pi)^{m'-1} - d_3 (i\pi)^{m'-3} + \cdots)^2 = 0,$$

亦即 $i\pi$ 是一代数数.设 $i\pi$ 满足整系数代数方程

$$a_0 x^m + a_1 x^{m-1} + \cdots + a_{m-1} x + a_m = 0 \quad (a > 0),$$

其根为 $\omega_1 = i\pi, \omega_2, \cdots, \omega_n$.由于 $1 + e^{\omega_1} = 0$,故

$$(1 + e^{\omega_1})(1 + e^{\omega_2})\cdots(1 + e^{\omega_n}) = 0.$$

乘开即得

$$C + \sum_{k=1}^{n} e^{\alpha_k} = 0, C > 0, \tag{6}$$

其中 $\alpha_1, \alpha_2, \cdots, \alpha_n$ 为引理 3.5.3 所定义的各数,而 $C - 1$ 即为(4)中等于零的数的个数.

设 $f(x)$ 为一 l 次多项式,令

$$F(x) = f(x) + f'(x) + \cdots + f^{(l)}(x),$$

由引理 3.5.1 有

$$F(\alpha_k) = e^{\alpha_k} F(0) - e^{\alpha_k} \int_0^{\alpha_k} f(x) e^{-x} dx.$$

由(6)式即得

$$CF(0) + \sum_{k=1}^{n} F(\alpha_k) = -\sum_{k=1}^{n} e^{\alpha_k} \int_0^{\alpha_k} f(x) e^{-x} dx. \tag{7}$$

下面,我们将构造一个 $f(x)$,对其 .(7)式不成立,令

$$f(x) = \frac{1}{(p-1)!} (ax)^{p-1} \{(ax - a\alpha_1) \cdots (ax - a\alpha_n)\}^p,$$

其中素数 $P > \max\{a, C, |a^n\alpha_1 \cdots \alpha_n|\}$. 由引理 3.5.3 可知,$(P-1)! f(x)$ 是 ax 的整系数多项式,$f(x)$ 具有下面的性质:

(1) $f(x), f'(x), \cdots, f^{(p-1)}(x)$ 当 $x = \alpha_1, \alpha_2, \cdots, \alpha_n$ 时都等于零;

(2) $f^{(p)}(x), f^{(p+1)}(x), \cdots, f^{((n+1)p-1)}(x)$ 都是 ax 的整系数多项式,且这些系数都被 p 整除.

由(1)即可得

$$F(\alpha_k) = f^{(p)}(\alpha_k) + f^{(p+1)}(\alpha_k) + \cdots + f^{((n+1)p-1)}(\alpha_k).$$

由(2),$F(\alpha_k)$ 可以写成 $(a\alpha_k)$ 的整系数多项式,且系数都是 p 的倍数,即

$$F(\alpha_k) = p \sum_{l=0}^{np-1} b_l (a\alpha_k)^l$$

故

$$\sum_{k=1}^{n} F(\alpha_k) = p \sum_{l=0}^{np-1} b_l \left(\sum_{k=1}^{n} (a\alpha_k)^l \right).$$

由引理 3.5.3 知,$\sum_{k=1}^{n} (a\alpha_k)^l (l = 0,1,2,\cdots,np-1)$ 都是整数,故 $\sum_{k=1}^{n} F(\alpha_k)$ 是整数,且

$$\sum_{k=1}^{n} F(\alpha_k) \equiv 0 (\bmod p).$$

现在来看 $F(0)$,由定义可知

$$F(0) = f(0) + f'(0) + \cdots + f^{(p-1)}(0)$$
$$+ f^{(p)}(0) + f^{(p+1)}(0) + \cdots + f^{((n+1)p-1)}(0).$$

上式右端中前 $p-1$ 项为零,从 $p+1$ 项以后各项都是 p 的倍数,而

$$f^{(p-1)}(0) = (-1)^{np} a^{p-1} (a\alpha_1 a\alpha_2 \cdots a\alpha_n)^p,$$

故

$$F(0) = (-1)^{np} a^{p-1} (a\alpha_1 a\alpha_2 \cdots a\alpha_n)^p (\bmod p).$$

进一步,我们得到

$$CF(0) + \sum_{k=1}^{n} F(\alpha_k) = Ca^{p-1} ((-1)^n a\alpha_1 a\alpha_2 \cdots a\alpha_n)^p (\bmod p).$$

但素数 $P > \max\{a, C, |a^n\alpha_1 \cdots \alpha_n|\}$,从而有 $(p,a) = (p,C) = (p, a^n\alpha_1 \cdots \alpha_n) = 1$ 所以 Ca^{p-1} $((-1)^n a\alpha_1 a\alpha_2 \cdots a\alpha_n)^p$ 不能被 p 整除,即

$$CF(0) + \sum_{k=1}^{n} F(\alpha_k) \not\equiv 0 (\bmod p). \tag{8}$$

另一方面,设 $M = \max\{|\alpha_1|, \cdots, |\alpha_n|\}$,则当 $|x| \leqslant M$ 时,有

$$|f(x)| \leqslant \frac{1}{(p-1)!}|a|^{(n+1)p-1}M^{p-1}(2M)^{np}$$

$$|e^{-x}| \leqslant e^{|x|} \leqslant e^M.$$

故

$$\left|\int_0^{a_k} f(x)e^{-x}dx\right| \leqslant \frac{1}{(p-1)!}2^{np}a^{(n+1)p-1}M^{(n+1)p}e^M \quad \text{因积分路线的长是 } |\alpha_k| \leqslant M, \text{由此得}$$

$$\left|\sum_{k=1}^n e^{\alpha_k}\int_0^{a_k} f(x)e^{-x}dx\right| \leqslant \frac{1}{(p-1)!}2^{np}na^{(n+1)p-1}M^{(n+1)p}e^{2M}.$$

当 $p \to +\infty$ 时,上式右端趋于零,故对于充分大的素数 p,可以得到

$$\left|\sum_{k=1}^n e^{\alpha_k}\int_0^{a_k} f(x)e^{-x}dx\right| < 1. \tag{9}$$

由(8)式与(9)式,知(7)式不成立,故 π 是超越数.

定理 3.5.1 是林德曼(Linedmann)在 1882 年证明的. 由此证明可见,证明一个数是超越数,绝非是一件容易事. 1900 年,德国大数学家希尔伯特(Hilbert)曾列举了 23 个未解决的难题,其中第七个问题是:若 α 是一代数数, $\alpha \neq 0$ 且 $\alpha \neq 1$. 又 β 是一无理数的代数数, α^β 是否是超越数? 直到 1934 年,这个问题得到了圆满的解答: α^β 是超越数,特别地 $2^{\sqrt{2}}$ 是超越数.

定理 3.5.2 设 r 是有理数,且 $1 < r < 10$,证明 $a = \lg r$ 是超越数.

证 先证 a 是无理数,采用反证法,假设 $a = \frac{n}{m}$(n 与 m 互质),于是有

$$10^{\frac{n}{m}} = r$$

所以

$$10^n = r^m$$

因为 $1 < r < 10$,所以 r^m 不能被 10 整除,但 10^n 能被 10 整除,这样就产生了矛盾. 所以 a 是无理数.

再证 a 是超越数. 假设 a 是无理数的代数数,因此 10^a 是超越数. 但另一方面 $10^a = 10^{\lg r} = r$ 是有理数,这与 10^a 是超越数矛盾. 故 a 是超越数. □

作为超越数的应用,我们来讨论"化圆为方"的尺规作图问题.

化圆为方问题 求作一个正方形,使它的面积等于已知圆的面积.

这个问题是个著名的经典问题. 许多著名学者曾致力于这个问题的研究,都未获得成功. 直到十九世纪,利用代数数与超越数的理论,才证明了化圆为方问题是不可能的.

为了说清楚这个问题,我们先给出 n 次代数数的概念.

定义 3.5.5 如果一个代数数它所满足的整系数方程的最低次数为 n,则称

其为 n 次代数数.

结论 仅用直尺与圆规所能作的线段,它的长度为 2^n 次代数数(n 是非负整数).

对于半径为 1 的圆,其面积为 π,设所求的正方形边长为 x,则 $x^2 = \pi$,即 $x = \sqrt{\pi}$. 由 π 是超越数,可知 $\sqrt{\pi}$ 是超越数. 故化圆为方问题的尺规作图是不可能的.

3.5.2 超越函数

如同超越数的讨论一样,在这里我们先给出代数函数的概念.

定义 3.5.6 对于 $y = f(x)$,若存在
$$P(x,y) = p_0(x)y^n + p_1(x)y^{n-1} + \cdots + p_{n-1}(x)y + p_n(x),$$
其中 $p_i(x)$ 是 x 的多项式且 $p_0(x) \neq 0$,使得 $P(x, f(x)) \equiv 0$,则称 $y = f(x)$ 为**代数函数**.

由定义 3.5.6 可见,任意多项式函数 $p(x)$ 是代数函数. 事实上,令
$$P(x,y) = y - p(x),$$
则 $P(x, p(x)) = 0$,故多项式函数是代数函数.

此外,对于任一有理函数 $r(x) = p(x)/q(x)$,其中 $p(x), q(x)$ 是多项式函数,且 $q(x) \neq 0$,它们是代数函数,事实上,令
$$P(x,y) = q(x)y - p(x),$$
则 $P(x, r(x)) = 0$.

某些无理函数也可以是代数函数. 例如 $I(x) = \sqrt{x+1}$ 是代数函数,因为对于
$$P(x,y) = y^2 - (x+1),$$
有 $P(x, I(x)) = 0$.

定义 3.5.7 不是代数函数的实函数,称之为**超越函数**.

本节的主要内容是研究基本初等函数的超越性质. 我们知道指数函数与对数函数,三角函数与反三角函数互为反函数. 因此,我们有必要讨论一个函数与其反函数的超越性质.

定理 3.5.3 若 $y = f(x)$ 是代数函数,且它存在反函数 $x = f^{-1}(y)$,则反函数 $x = f^{-1}(y)$ 也是代数函数.

证 因为 $y = f(x)$ 是代数函数,所以存在某个二元多项式 $P(x,y)$,使得 $P(x, f(x)) \equiv 0$. 把 $P(x,y)$ 按 x 的降幂排成系数为 y 的一元多项式的形式,由

$P(x, f(x)) \equiv 0$ 得 $P(f^{-1}(y), y) \equiv 0$,所以 $x = f^{-1}(y)$ 是代数函数. $\square$

推论 3.5.1 若 $y = f(x)$ 是超越函数,且它存在反函数 $x = f^{-1}(y)$,则反函数 $x = f^{-1}(y)$ 也是超越函数.

证 若 $x = f^{-1}(y)$ 不是超越函数,则它是代数函数,由定理 3.5.3 知,$y = f(x)$ 是代数函数,这与已知条件矛盾. $\square$

定理 3.5.4 指数函数 $y = a^x (a > 0$ 且 $a \neq 1)$ 是超越函数.

证 假设 $y = a^x (a > 0$ 且 $a \neq 1)$ 是代数函数,则存在二元多项式函数

$$P(x, y) = p_0(x)y^n + p_1(x)y^{n-1} + \cdots + p_{n-1}(x)y + p_n(x)$$

使得

$$0 \equiv P(x, a^x) = p_0(x)a^{nx} + p_1(x)a^{(n-1)x} + \cdots + p_{n-1}(x)a^x + p_n(x),$$

其中,$p_0(x) = b_0 x^m + b_1 x^{m-1} + \cdots + b_{m-1}x + b_m$,且 $b_0 \neq 0$.

当 $a > 1$,在上面等式中提取因式 $a^{nx}x^m$,得

$$a^{nx}x^m \left[b_0 + \frac{b_1}{x} + \cdots + \frac{b_m}{x^m} + \frac{p_1(x)}{x^m a^x} + \cdots + \frac{p_{n-1}(x)}{x^m a^{(n-1)x}} + \frac{p_n(x)}{x^m a^{nx}} \right] = 0.$$

因为

$$\lim_{x \to \infty} \left[b_0 + \frac{b_1}{x} + \cdots + \frac{b_m}{x^m} + \frac{p_1(x)}{x^m a^x} + \cdots + \frac{p_n(x)}{x^m a^{nx}} \right] = b_0 = 0$$

且 $\lim_{x \to \infty} x^m a^{nx} = +\infty$,所以对充分大的 x,$P(x, a^x) \neq 0$. 这个矛盾表明,当 $a > 1$ 时,$y = a^x$ 不是代数函数.

当 $0 < a < 1$ 时,只需讨论 $x \to -\infty$ 的情形,证明过程与上面完全相同.

综上所述,指数函数 $y = a^x (a > 0$ 且 $a \neq 1)$ 不是代数函数,而是超越函数.

定理 3.5.5 对数函数 $y = \log_a x (a > 0$ 且 $a \neq 1)$ 是超越函数.

证 由定理 3.5.4 与推论 3.5.1 即得该定理.

下面研究幂函数 $y = x^\alpha (\alpha$ 为实数$)$ 的超越性.

当 α 是正有理数时,设 $\alpha = \frac{n}{m}$,则 x^α 是代数函数,事实上,对于 $P_1(x, y) = y^m - x^n$,有 $P_1(x, x^\alpha) \equiv 0$. 当 $\alpha = -\frac{n}{m}$ 时,x^α 也是代数函数,因为对于 $P_2(x, y) = x^n y^m - 1$,有 $P_2(x, x^\alpha) \equiv 0$. 那么当 α 是无理数时,x^α 是代数函数吗?

定理 3.5.6 当 α 是无理数时,$y = x^\alpha$ 是超越函数.

证 假设 $y = x^\alpha (\alpha$ 是无理数$)$ 是代数函数,则存在某个二元多项式

$$P(x, y) = p_0(x)y^n + p_1(x)y^{n-1} + \cdots + p_{n-1}(x)y + p_n(x),$$

其中 $p_0(x)\neq0$，使得 $P(x,x^\alpha)\equiv0$. 设

$$p_i(x) = a_{i0}x^{m_i} + a_{i1}x^{m_i-1} + \cdots + a_{im_i},$$

将 $P(x,x^\alpha)=0$ 展开得

$$a_{00}x^{m_0+na} + a_{01}x^{(m_0-1)+na} + \cdots + a_{0m_0}x^{na}$$

$$+ a_{10}x^{m_1+(n-1)a} + \cdots + a_{1m_1}x^{(n-1)a} + \cdots$$

$$+ a_{n0}x^{m_n} + a_{n1}x^{m_n-1} + \cdots + a_{nm_n} \equiv 0. \tag{10}$$

下面证明(10)式的左端各项 x 的指数各不相同(因此无同类项). 事实上，任取(10)中左端的两项，设它们的幂指数分别是 $k+l\alpha$, $k'+l'\alpha$，其中 $k,k',l,$ l'，都是整数，若 $k+l\alpha = k'+l'\alpha$，则

$$k - k' = (l - l')\alpha.$$

因 $(k,l)\neq(k',l')$，由于 $\alpha\neq0$，且 $k\neq k'$，$l\neq l'$，故 $\alpha = \dfrac{k-k'}{l-l'}$，从而 α 是一有理数，这与 α 是无理数矛盾.

将(10)式的左端按 x 的降幂排列，可得

$$a_0 x^{\alpha_0} + a_1 x^{\alpha_1} + \cdots + a_k x^{\alpha_k} \equiv 0,$$

其中 $a_0, a_1, \cdots, a_k$ 为实数，且 $a_0 > a_1 > \cdots > a_k$ 及 $a_0\neq0$. 因 $x\in(0,+\infty)$ 时，$x^{\alpha_0}>0$，所以有

$$a_0 + a_1 x^{\alpha_1-\alpha_0} + a_2 x^{\alpha_2-\alpha_0} + \cdots + a_k x^{\alpha_k-\alpha_0} = 0. \tag{11}$$

由于 $\alpha_i - \alpha_0 < 0$, $(i=1,2,\cdots,k)$，故 $\lim\limits_{x\to+\infty} x^{\alpha_i-\alpha_0} = 0$，从而有

$$\lim_{x\to+\infty}(a_0 + a_1 x^{\alpha_1-\alpha_0} + a_2 x^{\alpha_2-\alpha_0} + \cdots + a_k x^{\alpha_k-\alpha_0}) = a_0 \neq 0,$$

于是，对于充分大的 x，有

$$a_0 + a_1 x^{\alpha_1-\alpha_0} + a_2 x^{\alpha_2-\alpha_0} + \cdots + a_k x^{\alpha_k-\alpha_0} \neq 0.$$

这与(11)式矛盾，所以，当 α 是无理数时，$y=x^\alpha$ 是超越函数. □

定理 3.5.7 三角函数是超越函数.

证 这里仅给出 $y=\sin x$ 是超越函数的证明，对于其他三角函数同法可证.

假设 $y=\sin x$ 是代数函数，则存在某个二元多项式 $P(x,y)$，使得

$$P(x,\sin x) = p_0(x)\sin^n x + p_1(x)\sin^{n-1}x + \cdots + p_{n-1}(x)\sin x + p_n(x) \equiv 0 \tag{12}$$

其中 $p_i(x)$ 是多项式，且 $p_0(x)\neq0$. 在(12)式中，令 $x=k\pi$, k 为整数，则有 $p_n(k\pi)=0$. 因为 $p_n(x)$ 是多项式函数，由代数学基本定理可知，$p_n(x)\equiv0$. 从 (12)式得，当 $x\neq k\pi$ 时，

$$p_0(x)\sin^{n-1}x + p_1(x)\sin^{n-2}x + \cdots + p_{n-1}(x) \equiv 0. \qquad (13)$$

但等式(13)对于 $x = k\pi$ 也成立. 事实上,根据 $p_i(x)(i = 0,1,2,\cdots,n-1)$ 的连续性以及 $\sin x$ 的连续性,可得 $x = k\pi$ 时,(13)式仍成立. 故对于任意的 $x \in \mathbf{R}$,有

$$p_0(x)\sin^{n-1}x + p_1(x)\sin^{n-2}x + \cdots + p_{n-1}(x) \equiv 0. \qquad (14)$$

对(14)式进行如同前面的讨论,可得 $p_{n-1}(x) = 0$,如此下去,有 $p_{n-2}(x) = 0, \cdots, p_0(x) = 0$. 这与 $p_0(x) \neq 0$ 矛盾. 故 $y = \sin x$ 是超越函数. □

定理 3.5.8 反三角函数是超越函数.

证 由定理 3.5.7 及推论 3.5.1 即可得.

3.6 一次函数

在这一节中,我们主要讨论如下的函数

$$Y = AX + B \qquad (1)$$

我们将讨论在 A 与 B 的各种形式下,函数(1)所表达的具体意义.

3.6.1 直线与平面

1. 切(法)线方程

若函数 $y = f(x)$ 在 (a,b) 内可导,由导数的几何意义可知,对于 $x_0 \in (a,b)$,$f'(x_0)$ 是过点 $P_0(x_0, f(x_0))$ 曲线 $y = f(x)$ 切线的斜率,故其切线方程为

$$y = f(x_0) + f'(x_0)(x - x_0). \qquad (2)$$

进一步地,我们可以得到过点 $P_0(x_0, f(x_0))$,曲线 $y = f(x)$ 的法线方程

$$y = f(x_0) - \frac{1}{f'(x_0)}(x - x_0). \qquad (3)$$

注 6.1 方程(2)与(3)都是函数(1)的具体表现形式. 在(2)式中,$A = f'(x_0)$,$B = f(x_0) - f'(x_0)x_0$. 在(3)式中,$A = -\dfrac{1}{f'(x_0)}$,$B = f(x_0) + \dfrac{x_0}{f'(x_0)}$.

注 6.2 若函数 $y = f(x)$ 在区间 $[a,b]$ 上可导,则对于 $x_0 \in [a,b]$,过点 $P_0(x_0, f(x_0))$,曲线 $y = f(x)$ 有切线,反之未必成立,即过点 $P_0(x_0, f(x_0))$,曲线 $y = f(x)$ 有切线,但函数 $y = f(x)$ 在点 x_0 未必可导. 例如,函数 $y = \sqrt{1 - x^2}$ 在 $[-1,1]$ 上有定义,函数曲线是上半单位圆周. 在该曲线上的点 $P_0(1,0)$ 处有切

线,但函数 $y = \sqrt{1-x^2}$ 在点 $x = 1$ 无导数.

注6.3　在(3)式中,若 $f'(x_0) = 0$,则法线方程为 $x = x_0$.

例1　求过双曲线 $\dfrac{x^2}{a^2} - \dfrac{y^2}{b^2} = 1$ 上一点 (x_0, y_0) 的切线方程.

解　首先求过点 (x_0, y_0) 的切线斜率 k. 由双曲线方程,我们可以得到

$$\frac{\mathrm{d}}{\mathrm{d}x}\left(\frac{x^2}{a^2} - \frac{y^2}{b^2}\right) = \frac{\mathrm{d}}{\mathrm{d}x}1,$$

即

$$\frac{2x}{a^2} - \frac{2y}{b^2} \cdot y' = 0.$$

解得 $y' = \dfrac{b^2 x}{a^2 y}$. 故在点 (x_0, y_0) 的斜率 $k = \dfrac{b^2 x_0}{a^2 y_0}$. 于是,得到切线方程

$$y - y_0 = \frac{b^2 x_0}{a^2 y_0}(x - x_0).$$

整理后得

$$\frac{x_0 x}{a^2} - \frac{y_0 y}{b^2} = \frac{x_0^2}{a^2} - \frac{y_0^2}{b^2} = 1.$$

例2　求垂直于直线 $2x + 4y - 3 = 0$,并与双曲线 $\dfrac{x^2}{2} - \dfrac{y^2}{7} = 1$ 相切的直线方程.

解　已知直线 $2x + 4y - 3 = 0$ 的斜率是 $-\dfrac{1}{2}$,于是,所求的垂直于直线 $2x + 4y - 3 = 0$ 并与双曲线 $\dfrac{x^2}{2} - \dfrac{y^2}{7} = 1$ 相切的直线斜率是 2.

求双曲线上的点 (x, y) 的切线斜率 k,由方程求导数得

$$\frac{2x}{2} - \frac{2y}{7} \cdot y' = 0$$

即得 $y' = \dfrac{7x}{2y}$. 令 $k = \dfrac{7x}{2y} = 2$,得 $7x = 4y$.

因为切点 (x, y) 既在双曲线 $\dfrac{x^2}{2} - \dfrac{y^2}{7} = 1$ 上,又满足等式 $7x = 4y$,故点 (x, y) 的坐标 x 与 y 满足方程组:

$$\begin{cases} \dfrac{x^2}{2} - \dfrac{y^2}{7} = 1, \\ 7x = 4y, \end{cases}$$

解此方程组得 $P_1(4, 7), P_2(-4, -7)$. 即双曲线上点 P_1 与 P_2 的切线斜率为 2.

则所求的切线方程分别是

$$y - 7 = 2(x - 4) \text{ 与 } y + 7 = 2(x + 4).$$

2. 渐近线方程

在中学平面解析几何中,给出了双曲线 $\dfrac{x^2}{a^2} - \dfrac{y^2}{b^2} = 1$ 的渐近线是两条直线 $\dfrac{x}{a} \pm \dfrac{y}{b} = 0$. 我们虽然不能画出全部双曲线,但是有了渐近线,就能知道双曲线无限延伸时的走向及趋势. 对于一般的曲线,我们也有必要去研究它的渐近线.

定义 3.6.1　当曲线 C 上动点 P 沿着曲线 C 无限远移时,若动点 P 到某直线 l 的距离无限趋近于 0, 则称直线 l 是曲线 C 的渐近线.

曲线的渐近线有两种,一种是垂直渐近线,一种是斜渐近线(包括水平渐近线).

(1)垂直渐近线

若 $\lim\limits_{x \to a^+} f(x) = +\infty$ 或 $\lim\limits_{x \to a^-} f(x) = -\infty$, 则直线 $x = a$ 是曲线 $y = f(x)$ 的垂直渐近线(垂直于 x 轴).

例如,对曲线 $f(x) = \dfrac{1}{(x+1)(x-2)}$, 有

$$\lim_{x \to -1^+} \frac{1}{(x+1)(x-2)} = -\infty, \quad \lim_{x \to -1^-} \frac{1}{(x+1)(x-2)} = +\infty.$$

$$\lim_{x \to 2^+} \frac{1}{(x+1)(x-2)} = +\infty, \quad \lim_{x \to 2^-} \frac{1}{(x+1)(x-2)} = -\infty.$$

则此曲线有两条垂直渐近线: $x = -1, x = 2$.

曲线 $y = \tan x$ 有无穷多条渐近线 $x = k\pi + \dfrac{\pi}{2}, k = 0, \pm 1, \pm 2, \cdots$.

(2)斜渐近线

如图 3-7, 若直线 $y = ax + b$ 是曲线 $y = f(x)$ 的斜渐近线 $\left(\alpha \neq \dfrac{\pi}{2}\right)$, 问 a 与 b 应该为何值?

设曲线 $y = f(x)$ 上动点 P 的横坐标为 x, 则点 P 的平面坐标是 $(x, f(x))$. 已知 $PB = |f(x) - (ax + b)|$. 在直角三角形 PMB 中, $\angle BPM = \alpha$, 于是动点 P 到直线 $y = ax + b$ 的距离 PM 是

$$PM = PB\cos\alpha = |f(x) - ax - b|\cos\alpha.$$

因为 α 是常数,所以当动点 P 沿曲线 $y = f(x)$ 无限远移时,即当 $x \to \infty$ 时,有

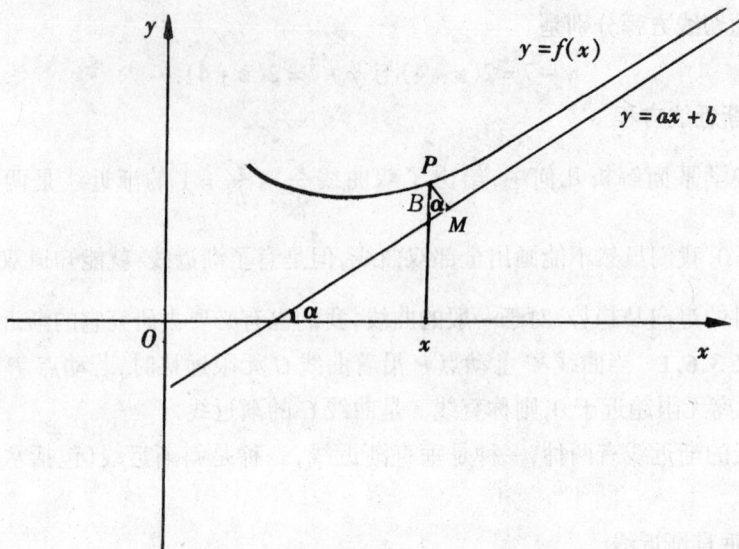

图 3 - 7

$$\lim_{x \to \infty} (f(x) - ax - b) = 0,$$

则有 $\lim\limits_{x \to \infty} \dfrac{1}{x}[f(x) - ax - b] = 0$，从而有

$$a = \lim_{x \to \infty} \frac{1}{x} f(x), \, b = \lim_{x \to \infty} [f(x) - ax]. \tag{4}$$

由上述讨论知，若直线 $y = ax + b$ 是曲线 $y = f(x)$ 的斜渐近线，则 a 与 b 由 (4) 式给出.

例 3 求曲线 $f(x) = \dfrac{1}{4} \dfrac{(x-3)^2}{(x-1)}$ 的渐近线.

解 因为 $\lim\limits_{x \to 1^+} \dfrac{1}{4} \dfrac{(x-3)^2}{(x-1)} = + \infty$，$\lim\limits_{x \to 1^-} \dfrac{1}{4} \dfrac{(x-3)^2}{(x-1)} = - \infty$.

则 $x = 1$ 是曲线的垂直渐近线. 又有

$$a = \lim_{x \to \infty} \frac{f(x)}{x} = \lim_{x \to \infty} \frac{(x-3)^2}{4x(x-1)} = \frac{1}{4},$$

$$b = \lim_{x \to \infty} [f(x) - ax] = \lim_{x \to \infty} \left[\frac{(x-3)^2}{4x(x-1)} - \frac{1}{4} x \right] = \lim_{x \to \infty} \frac{-5x+9}{4(x-1)} = -\frac{5}{4},$$

则直线 $y = \dfrac{1}{4} x - \dfrac{5}{4}$ 是曲线的斜渐近线.

例 4 求双曲线 $\dfrac{x^2}{a^2} - \dfrac{y^2}{b^2} = 1$ 的渐近线.

解 $y = \pm \dfrac{b}{a}\sqrt{x^2 - a^2}$. 设它的渐近线是 $y = px + q$,则

$$p = \lim_{x \to \infty}\frac{y}{x} = \lim_{x \to \infty} \pm \frac{b}{a}\frac{\sqrt{x^2 - a^2}}{x} = \pm \frac{b}{a},$$

$$q = \lim_{x \to \infty}[y - px] = \lim_{x \to \infty}\left[\pm \frac{b}{a}\sqrt{x^2 - a^2} \mp \frac{b}{a}x \right]$$

$$= \lim_{x \to \infty} \pm \frac{b}{a}(\sqrt{x^2 - a^2} - x)$$

$$= \lim_{x \to \infty} \pm \frac{b}{a}\frac{-a^2}{a\sqrt{x^2 - a^2} + x} = 0.$$

故双曲线 $\dfrac{x^2}{a^2} - \dfrac{y^2}{b^2} = 1$ 的渐近线是 $y = \pm \dfrac{b}{a}x$,即 $y = \dfrac{b}{a}x$ 与 $y = -\dfrac{b}{a}x$ 都是双曲线的斜渐近线.

3. $y = ax + b$ 的几何意义

函数 $y = ax + b$ 的图像是过点 $(0, b)$ 的斜率为 a 的直线. 改变数值 b 起到了将图像上下平移的作用;改变数值 a 起到了将图像以 $(0, b)$ 为固定点的旋转作用(见图 $3 - 8$(a),(b),(c)).

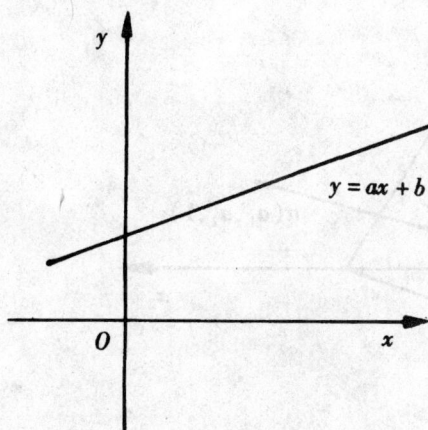

(a)

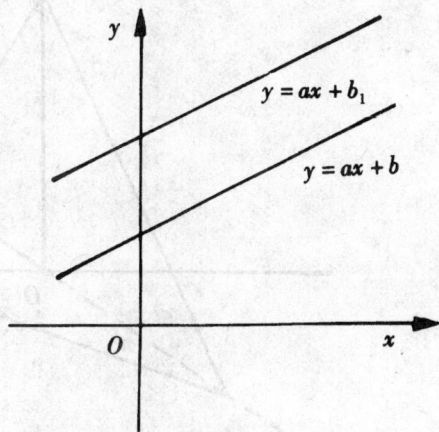

(b)

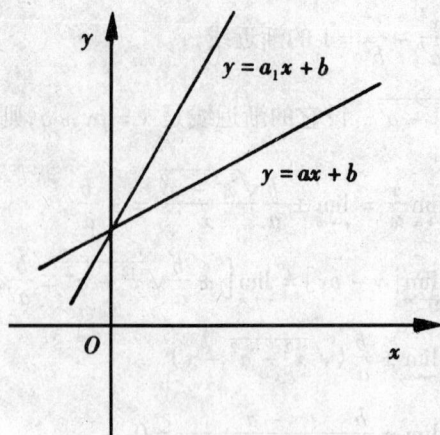

(c)

图 3 - 8

4. 平面方程

如图 3 - 9，设平面 π 的法向量是 $(a_1, a_2, 1)$，取点 $M_0(x_1^0, x_2^0, y^0) \in \pi$，对于动点 $M(x_1, x_2, y) \in \pi$，有

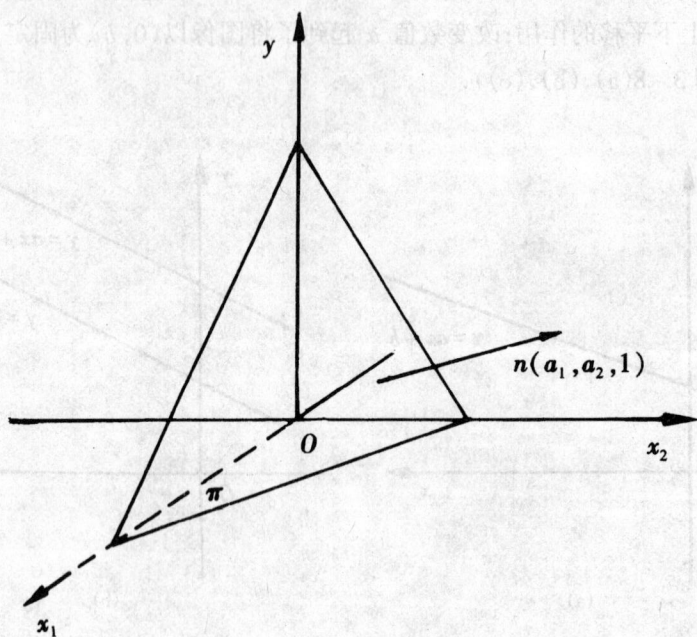

图 3 - 9

$$\vec{n} \cdot \overrightarrow{M_0 M} = 0,$$

即

$$y - y_0 + a_1(x_1 - x_1^0) + a_2(x_2 - x_2^0) = 0 \tag{5}$$

也就是

$$y = -a_1 x_1 - a_2 x_2 + y_0 + a_1 x_1^0 + a_2 x_2^0. \tag{5'}$$

方程(5)即为平面 π 的方程.

我们令 $A = (-a_1, -a_2)$, $X = \begin{pmatrix} x_1 \\ x_2 \end{pmatrix}$, $b = y_0 + a_1 x_1^0 + a_2 x_2^0$,则(5')可以写成

$$y = AX + b.$$

下面我们来讨论曲面的切平面方程.设曲面 S 的方程是(如图 3-10)

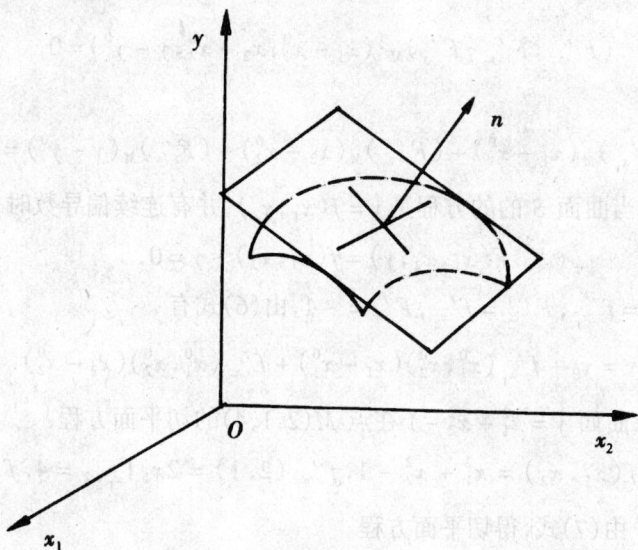

图 3-10

$$F(x_1, x_2, y) = 0.$$

函数 $F(x_1, x_2, y)$ 在 $M_0(x_1^0, x_2^0, y^0)$ 可微,且

$$(F'_{x_1}, F'_{x_2}, F'_y)|_M \neq 0.$$

在曲面 S 上过点 M 任意取一条光滑曲线 l,其参数方程是

$$x_1 = x_1(t), \quad x_2 = x_2(t), \quad y = y(t).$$

设 $x_1^0 = x_1(t_0)$, $x_2^0 = x_2(t_0)$, $y^0 = y(t_0)$. 因为曲线 l 在曲面 S 上,所以有

$$F(x_1(t), x_2(t), y(t)) \equiv 0.$$

由复合函数求导法则有

$$(F'_{x_1})_M x'_1(t_0) + (F'_{x_2})_M x'_2(t_0) + (F'_y)_M y'(t_0) = 0,$$

由向量的内积公式,上式可以写成

$$(F'_{x_1}, F'_{x_2}, F'_y)_M \cdot (x'_1(t_0), x'_2(t_0), y'(t_0)) = 0.$$

即曲线 l 的切向量 $T = (x'_1(t_0), x'_2(t_0), y'(t_0))$ 与向量 $\boldsymbol{n} = (F'_{x_1}, F'_{x_2}, F'_y)_M$ 垂直. 由于曲线 l 的任意性,则向量 $\boldsymbol{n}$ 与曲面上过点 M 的任意一条光滑曲线 l 的切线都垂直. 于是,这些切线位于过点 M 的同一平面上,这个平面称为曲面 S 在点 M 的切平面. 显然,向量 $\boldsymbol{n}$ 是曲面 S 在点 M 切平面的法向量. 在切平面上任取一点 $P(x_1, x_2, y)$,则向量 $\overrightarrow{PM} = (x_1 - x_1^0, x_2 - x_2^0, y - y^0)$ 与向量 $\boldsymbol{n}$ 垂直,有

$$(F'_{x_1}, F'_{x_2}, F'_y)_M \cdot (x_1 - x_1^0, x_2 - x_2^0, y - y^0) = 0,$$

即

$$(F'_{x_1})_M (x_1 - x_1^0) + (F'_{x_2})_M (x_2 - x_2^0) + (F'_y)_M (y - y^0) = 0. \tag{6}$$

特别地,当曲面 S 的的方程是 $y = f(x_1, x_2)$,并有连续偏导数时,有

$$F(x_1, x_2, y) = f(x_1, x_2) - y = 0.$$

于是有 $F'_{x_1} = f'_{x_1}, F'_{x_2} = f'_{x_2}, F'_y = -1$,由(6)式有

$$y = y_0 + f'_{x_1}(x_1^0, x_2^0)(x_1 - x_1^0) + f'_{x_2}(x_1^0, x_2^0)(x_2 - x_2^0). \tag{7}$$

例5 求曲面 $y = x_1^2 + x_2^2 - 1$ 在点 $M(2,1,4)$ 的切平面方程.

解 设 $f(x_1, x_2) = x_1^2 + x_2^2 - 1, f'_{x_1}(2,1) = 2x_1 |_{x_1=2} = 4, f'_{x_2}(2,1) = 2x_2 |_{x_2=1} = 2$. 由(7)式,得切平面方程

$$y = 4 + 4(x_1 - 2) + 2(x_2 - 1) = 4x_1 + 2x_2 - 6.$$

3.6.2 坐标变换

在中学几何中,我们曾讨论过两个三角形的全等、相似,一个几何图形的对称等. 在这里,我们将用函数的观点来讨论上述的几何问题.

1. 平面图形的全等

定义 3.6.2 设 $x_1 O x_2$ 在平面上有图形 ω,$y_1 O' y_2$ 平面上有图形 Ω. 若映射 $F: \omega \to \Omega$ 是一个双射,有距离 $M_1 M_2 = F(M_1)F(M_2)$,则称 F 是**合同映射**,称 ω 与 Ω 是全等图形.

显然,恒等映射是合同映射.

由定义 3.6.2 易知,若 F_1, F_2 是合同映射,则复合映射 $F_2 \circ F_1$ 是合同映射.

进一步可知,合同映射 F 把直线映成直线.

事实上,设 A, B, C 是直线 l 上的三点(如图 3 – 11),点 B 在 A 与 C 之间. $A' = F(A)$, $B' = F(B)$, $C' = F(C)$. 由于 F 是合同映射,故有

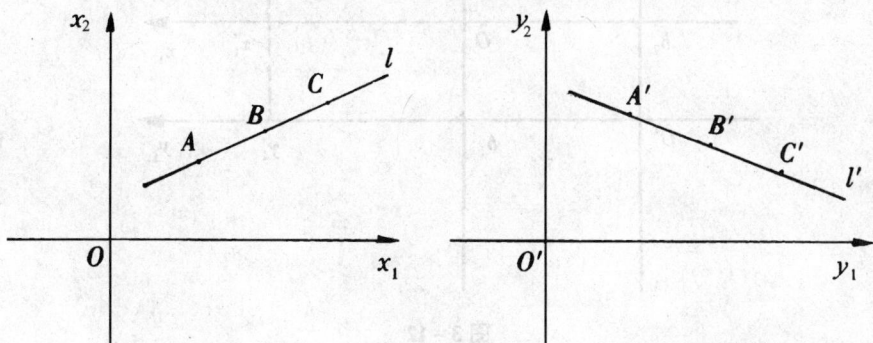

图 3 – 11

$$AB = A'B', \quad BC = B'C', \quad AC = A'C'$$

因为 A, B, C 在直线 l 上,故 $AB + BC = AC$,从而有 $A'B' + B'C' = A'C'$,所以 A', B', C' 在某条直线 l' 上. 并且 B' 在 A' 与 C' 之间,即 $l' = F(l)$ 是一条直线.

根据上面讨论可知,两点间的距离,两条射线所构成的角度的大小,是合同映射的不变量.

2. 合同映射的基本形式

(1)平移映射

在平面上取定一个向量 $\boldsymbol{B} = \begin{pmatrix} b_1 \\ b_2 \end{pmatrix}$, b_1 与 b_2 是坐标系 $x_1 O x_2$ 的原点 O 在坐标系 $y_1 O' y_2$ 中的坐标(如图 3 – 12)

任取 $x_1 O x_2$ 中的一点 $P(x'_1, x'_2)$,设点 P 在 $y_1 O' y_2$ 中的坐标是 y'_1 与 y'_2,则

$$\begin{cases} y'_1 = x'_1 + b_1, \\ y'_2 = x'_2 + b_2. \end{cases}$$

令 $\boldsymbol{X} = \begin{pmatrix} x'_1 \\ x'_2 \end{pmatrix}$, $\boldsymbol{Y} = \begin{pmatrix} y'_1 \\ y'_2 \end{pmatrix}$,则上式可以写成

$$\boldsymbol{Y} = \boldsymbol{X} + \boldsymbol{B}. \tag{8}$$

(8)式是(1)的一个特殊形式.

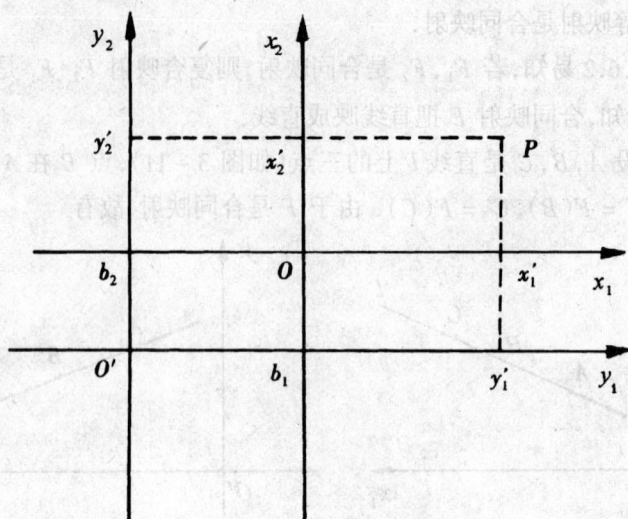

图 3 - 12

(2)旋转映射

设坐标系 x_1Ox_2 与坐标系 y_1Oy_2 有相同的坐标原点,且 Ox_1 与 Oy_1 的夹角为 θ(如图 3 – 13)

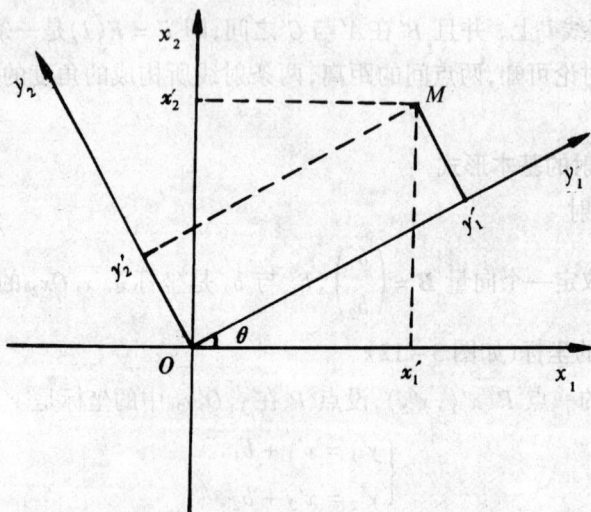

图 3 - 13

令 $OM = r, \varphi$ 是 Ox_1 与 OM 的夹角. 显然有

$$\begin{cases} x'_1 = r\cos\varphi, \\ x'_2 = r\sin\varphi, \end{cases}$$

以及

$$\begin{cases} y'_1 = r\cos(\varphi - \theta), \\ y'_2 = r\sin(\varphi - \theta). \end{cases}$$

进一步可得

$$\begin{cases} y'_1 = r\cos\varphi\cos\theta + r\sin\varphi\sin\theta = x'_1\cos\theta + x'_2\sin\theta, \\ y'_2 = r\sin\varphi\cos\theta - r\cos\varphi\sin\theta = x'_2\cos\theta - x'_1\sin\theta. \end{cases} \tag{9}$$

(9)式可以表成

$$\begin{pmatrix} y'_1 \\ y'_2 \end{pmatrix} = \begin{pmatrix} \cos\theta & \sin\theta \\ -\sin\theta & \cos\theta \end{pmatrix} \begin{pmatrix} x'_1 \\ x'_2 \end{pmatrix} \tag{10}$$

我们记 $Y = \begin{pmatrix} y'_1 \\ y'_2 \end{pmatrix}$, $X = \begin{pmatrix} x'_1 \\ x'_2 \end{pmatrix}$, $A = \begin{pmatrix} \cos\theta & \sin\theta \\ -\sin\theta & \cos\theta \end{pmatrix}$, 则(10)为

$$Y = AX,$$

它是(1)的特殊形式.

注 6.4 在函数表达式(1)中, A 起到旋转向量的作用, B 起到平移向量的作用.

(3)反射映射

设坐标系 x_1Ox_2 与坐标系 $y_1O'y_2$ 满足条件: O 与 O' 重合, Ox_2 与 $O'y_2$ 方向相反(如图 3–14)

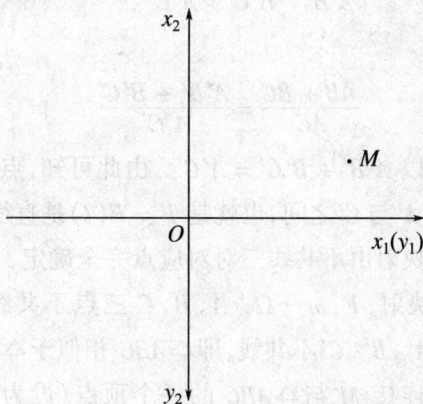

图 3–14

设点 M 在坐标系 $x_1 O x_2$ 中的坐标是 x'_1 与 x'_2,在坐标系 $y_1 O' y_2$ 中的坐标是 y'_1 与 y'_2,则有

$$\begin{cases} y'_1 = x'_1, \\ y'_2 = - x'_2. \end{cases}$$

我们可以将此关系式写成

$$\begin{pmatrix} y'_1 \\ y'_2 \end{pmatrix} = \begin{pmatrix} 1 & 0 \\ 0 & -1 \end{pmatrix} \begin{pmatrix} x'_1 \\ x'_2 \end{pmatrix}. \tag{11}$$

(11)式是(1)式的特殊形式.

注 6.5   对于两个全等的图形,我们可以看成将其中的一个图形经过一次平移,再经过一次旋转(或者再经过一次翻转)后,两个图形重合. 也就是说,对于全等的两个图形,它们点的坐标满足函数关系(1).

3. 平面图形的相似

定义 3.6.3   设 $x_1 O x_2$ 平面上有图形 ω,$y_1 O' y_2$ 平面上有图形 Ω. 若映射 $F : \omega \rightarrow \Omega$ 是一个双射,存在常数 $k > 0$,对于任意的 $M_1, M_2 \in \omega$,有距离 $M_1 M_2 = k F(M_1) F(M_2)$,则称 F 是**相似映射**,称 ω 与 Ω 相似.

显然,合同映射是相似映射.

由定义 3.6.3 易知,相似映射 F 把直线映成直线.

事实上,设 A, B, C 是一条直线上的三个点,并且点 B 在 A 与 C 之间,$A' = F(A), B' = F(B), C' = F(C)$. 根据相似映射的定义,存在 $k > 0$,使

$$\frac{AB}{A'B'} = \frac{BC}{B'C'} = \frac{AC}{A'C'} = k$$

由此得到

$$\frac{AB + BC}{AC} = \frac{A'B' + B'C'}{A'C'}$$

因为 $AB + BC = AC$,所以 $A'B' + B'C' = A'C'$. 由此可知,点 A', B', C' 也在一条直线 l' 上,并且点 B' 在 A' 与 C' 之间,也就是 $l' = F(l)$ 是直线.

定理 3.6.1   相似映射由不共线三对对应点完全确定.

证   设 F 是相似映射,$F : \omega \rightarrow \Omega$. A, B, C 三点不共线,$A' = F(A), B' = F(B), C' = F(C)$,则 A', B', C' 不共线,即 $\triangle ABC$ 相似于 $\triangle A'B'C'$.

任取一点 $M \in \omega$,连接 M 与 $\triangle ABC$ 的一个顶点(设为 B 点),使该连线与 AC 边(或 AC 的延长线)相交于点 D(如图 3 - 15).

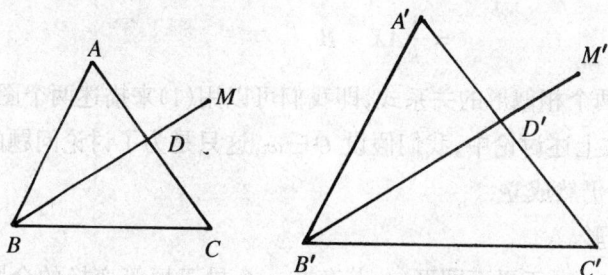

图 3 – 15

显然有 $AD:DC = A'D':D'C'$，则 D' 由 D 惟一确定；进一步有 $BD:DM = B'D':D'M'$，从而 M' 是由 M 惟一确定.

反之，有如下的结论.

定理 3.6.2 若 $\triangle ABC$ 与 $\triangle A'B'C'$ 满足 $AB:A'B' = AC:A'C' = BC:B'C'$，则 $\triangle ABC$ 与 $\triangle A'B'C'$ 相似.

证 此定理作为习题，由读者来完成.

设 $F:\omega\rightarrow\Omega$ 是相似变换，即存在常数 $k>0$，对于任意的 $P\in\omega,M\in\omega$，有

$$PM = kF(P)F(M).$$

假设坐标原点 $O\in\omega$，我们令映射 $G:\omega\rightarrow\omega' = G(\omega)$ 如下：任意 $X = \begin{pmatrix} x_1 \\ x_2 \end{pmatrix}\in\omega$，

$$G(X) = \begin{pmatrix} \dfrac{1}{k} & \\ & \dfrac{1}{k} \end{pmatrix}X = X'\in\omega',$$

显然 G 是从 ω 到 ω' 的双射，且任意的 $P\in\omega,M\in\omega$，有

$$PM = kG(P)F(M).$$

也就是说，对于任意的 $P'\in\omega',M'\in\omega'$，则

$$P'M' = \frac{1}{k}G^{-1}(P')G^{-1}(M').$$

由于 $G^{-1}(P')\in\omega,G^{-1}(M')\in\omega$，故

$$G^{-1}(P')G^{-1}(M') = kF(G^{-1}(P'))F(G^{-1}(M')),$$

从而有

$$P'M' = F(G^{-1}(P'))F(G^{-1}(M')).$$

故 $F\circ G^{-1}$ 是从 ω' 到 Ω 的合同映射. 由前面的讨论知，存在 A 与 B，使得

$$Y = F\circ G^{-1}(X') = AX' + B$$

$$= \frac{1}{k}AX + B. \tag{12}$$

(12)式给出了两个相似形的关系式,即我们可以用(1)来描述两个图形的相似.

注6.6 在上述讨论中,我们假设 $O \in \omega$,这只是为了讨论问题的方便,若 $O \overline{\in} \omega$,上述结论仍然成立.

4. 对称图形

定义3.6.4 对于平面图形 ω,若存在一个异于恒等变换的合同映射 F,使 $\omega = F(\omega)$,则称 ω 是对称图形.

对称图形可分为如下情形:

(1)若合同映射 F 是反射映射,则称 ω 是关于 x_1 轴(或 x_2 轴)的轴对称图形.

例6 以 $A(0,1)$, $B(0,-1)$, $C(1,-1)$, $D(1,1)$ 为顶点的矩形是关于 x_1 轴的轴对称图形;如图 3 – 16 给出的五边形是关于 x_2 轴的轴对称图形.

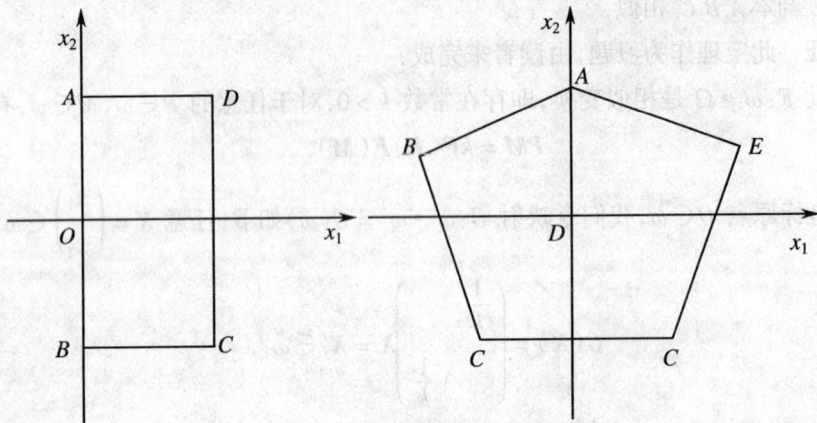

图 3 – 16

注6.7 若图形 ω 关于 x_1 轴对称,我们将图形做一个旋转,设 x_1 轴旋转后是直线 l(在另一坐标系下看),l 的方程是 $x_2 = ax_1 + b$,则称 ω 是关于直线 l 的轴对称图形. 反之,若 ω 是关于直线 l(其方程是 $x_2 = ax_1 + b$)的轴对称图形,经过旋转后可关于 x_1 轴对称.

对于关于 x_1 轴对称的图形,其映射 F 为

$$F\begin{pmatrix} x_1 \\ x_2 \end{pmatrix} = \begin{pmatrix} 1 & 0 \\ 0 & -1 \end{pmatrix} \begin{pmatrix} x_1 \\ x_2 \end{pmatrix},$$

即它是(1)式的特殊形式.

(2)如果合同映射 F 是旋转映射,则称 ω 是旋转对称图形.

例如,五角星形是旋转对称图形,其映射 F 为

$$F\begin{pmatrix} x_1 \\ x_2 \end{pmatrix} = \begin{pmatrix} \cos\dfrac{2\pi}{5} & \sin\dfrac{2\pi}{5} \\ -\sin\dfrac{2\pi}{5} & \cos\dfrac{2\pi}{5} \end{pmatrix}\begin{pmatrix} x_1 \\ x_2 \end{pmatrix},$$

即这也是(1)式的特殊形式.

特别地,当旋转映射中旋转角 $\theta = \pi$ 时,旋转对称图形称为中心对称图形.
例如平行四边形.

本 章 小 结

本章研究的内容是函数.函数是数学分析研究的主要对象.在这里,我们
主要借助导数来研究函数.

1.函数的定义与运算.在这里定义的函数包括了多元向量值函数.函数的
运算包括四则运算、复合运算与逆运算.

2.函数的分析性质是指函数的连续性与可导性,特别地介绍了函数微分的
定义.读者要深刻理解微分的意义与作用,并体会其深刻的思想.

3.积分上限函数与和函数,这是两类与初等函数可能不同的新的函数类.
例如对于 $x > 0$

$$F(x) = \int_1^x \frac{\sin t}{t}\,\mathrm{d}t$$

不是初等函数.

利用积分上限函数,可以计算大量的几何体体积与表面积,计算平面图形的
面积与周长.利用和函数可以计算某些函数在给定点的近似值.

积分上限函数是黎曼和(函数)的极限,和函数是给定函数列前 n 项和函数
的极限.这是两类函数的相同之处.

4.函数的几何性质:有界性、单调性、奇偶性、周期性、超越性.

5.一类重要的特殊函数——次函数的某些具体意义.

习 题 三

1. 已知 $f(x) = \dfrac{1}{1-x}$，求 $f(f(x))$.

2. 已知 $af(x) + f\left(\dfrac{1}{x}\right) = ax(a^2 \neq 1)$，求 $f(x)$.

3. 已知 $f(x) = \cos 2x - 1$，求 $f(x)$.

4. 已知 $f\left(\dfrac{e^x - 1}{e^x - 1}\right) = 3x$，求 $f(x)$.

5. 已知 $f(x+1) = x^2 - 3x + 2$，求 $f(x)$，$f(x-1)$.

6. 对下列各式，判断其对错，或加以证明，或举出反例.

(1) $f \circ (g+h) = f \circ g + f \circ h$.

(2) $(g+h) \circ f = g \circ f + h \circ f$.

(3) $\dfrac{1}{f \circ g} = \dfrac{1}{f} \circ g$.

(4) $\dfrac{1}{f \circ g} = f \circ \left(\dfrac{1}{g}\right)$.

7. 证明，若函数 $f(x)$ 在点 a 连续，则函数 $|f(x)|$ 在点 a 也连续. 逆命题是否成立?

8. 证明：若 $f(x)$ 与 $g(x)$ 是区间 (a,b) 上的连续函数，则 $\max\{f(x), g(x)\}$ 是 (a,b) 上的连续函数.

9. 证明下列函数在其定义域上皆连续：

(1) $f(x) = 3x^2 + x + 5$; 　　　　(2) $f(x) = \sqrt[3]{x+4}$;

(3) $f(x) = \dfrac{1}{x}$; 　　　　(4) $f(x) = \sin \dfrac{1}{x}$.

10. 证明：若函数 $f(x)$ 在 $(a, +\infty)$ 上连续，且 $\lim\limits_{x \to a^+} f(x) = A$，$\lim\limits_{x \to +\infty} f(x) = B$，则 $f(x)$ 在 $[a, +\infty)$ 上有界.

11. 证明：若函数 $f(x)$ 在区间 (a,b) 内连续，对于任意的有理数 $r \in (a,b)$，有 $f(r) = 0$，则 $\forall x \in (a,b)$ 有 $f(x) = 0$.

12. 设 $f(x)$ 定义在 $\mathbf{R}$ 上，且满足 $f(x+y) = f(x) + f(y)$，$f(x)$ 在点 $x = 0$ 连续，证明 $f(x)$ 在 $\mathbf{R}$ 上的任意一点皆连续.

13. 设 $f(x)$ 与 $g(x)$ 是区间 (a,b) 内的连续函数,且 $f^2(x) = g^2(x)$,对于所有的 $x \in (a,b)$,$f(x) \neq 0$,证明对于所有的 x,或者 $f(x) = g(x)$,或者 $f(x) = -g(x)$.

14. 设函数 $f(x)$ 与 $g(x)$ 在区间 $[a,b]$ 上连续,且 $f(a) < g(a)$,$f(b) < g(b)$,证明在 $[a,b]$ 内必有某数 x_0,使得 $f(x_0) = g(x_0)$.

15. 证明下列各题

(1)$x^2 \cos x - \sin x = 0$ 在区间 $\left(\pi, \dfrac{3\pi}{2} \right)$ 内至少有一实根.

(2)$\dfrac{5}{x-1} + \dfrac{7}{x-2} + \dfrac{16}{x-3} = 0$ 在区间 $(1,2)$ 与 $(2,3)$ 内各有一实根.

(3)$x - 2\sin x = a(a > 0)$ 至少有一正实根.

(4)$x^5 - 2x^2 + 4x + 6 = 0$ 在区间 $(-1,1)$ 内有且仅有一个实根.

16. 求下列曲线在指定点的切线方程与法线方程.

(1)$y = \dfrac{1}{x}$,在点 $(1,1)$;

(2)$y = x^3$,在点 $(2,8)$;

(3)$y = 2x - x^3$,在点 $(-1,1)$.

17. 求一函数 $y = f(x)$,其曲线过坐标原点且曲线上的每一点的切线斜率是该点横坐标的 2 倍.

18. 若函数 $f(x)$ 在点 $x = 0$ 可导,且 $f(0) = 0$,求 $\lim\limits_{x \to 0} \dfrac{f(x)}{x}$.

19. 若函数 $f(x)$ 在点 $x = a$ 可导,且 $f(a) = 0$,求 $\lim\limits_{n \to +\infty} nf\left(a + \dfrac{1}{n} \right)$.

20. 若函数 $f(x)$ 在点 $x = a$ 可导,计算:

(1)$\lim\limits_{h \to a} \dfrac{f(h) - f(a)}{h - a}$;   (2)$\lim\limits_{h \to 0} \dfrac{f(a) - f(a-h)}{h}$;

(3)$\lim\limits_{t \to 0} \dfrac{f(a+2t) - f(a)}{t}$;   (4)$\lim\limits_{t \to 0} \dfrac{f(a+2t) - f(a+t)}{2t}$.

21. 证明:若 a,b 是实数,$b > 0$,函数

$$f(x) = \begin{cases} x^a \sin \dfrac{1}{x^b}, & x \neq 0 \\ 0 & x = 0 \end{cases}$$

(1)若 $a > 0$,则 $f(x)$ 在 $[-1,1]$ 上连续.

(2)若 $a > 1$,则 $f(x)$ 在点 $x = 0$ 可导.

(3)若 $a \geqslant 1+b$,则 $f'(x)$ 在 $[-1,1]$ 上有界.

22. 求下列函数在指定点的 Δy 与 $\mathrm{d}y$

(1) $y = x^2 - x$,在点 $x = 1$;

(2) $y = x^3 - 2x - 1$,在点 $x = 2$;

(3) $y = \sqrt{x+1}$,在点 $x = 0$.

23. 证明下列不等式

(1) $|\sin x - \sin y| \leqslant |x - y|$;

(2) $\dfrac{1}{x+1} < \ln(1+x) - \ln x < \dfrac{1}{x}, x > 0$;

(3)若 $0 \leqslant x_1 < x_2 < x_3 \leqslant \pi$,则

$$\frac{\sin x_2 - \sin x_1}{x_2 - x_1} > \frac{\sin x_3 - \sin x_2}{x_3 - x_2}.$$

24. 计算下列定积分

(1) $\displaystyle\int_{-1}^{3} (3x^2 - 2x + 1)\mathrm{d}x$; $\qquad$ (2) $\displaystyle\int_{2}^{3} \frac{x+1}{\sqrt{x}}\mathrm{d}x$;

(3) $\displaystyle\int_{0}^{\frac{\pi}{2}} (3x + \sin x)\mathrm{d}x$; $\qquad$ (4) $\displaystyle\int_{0}^{\frac{\pi}{6}} \frac{1}{\cos^2 2x}\mathrm{d}x$;

(5) $\displaystyle\int_{0}^{2} \frac{1}{4+x^2}\mathrm{d}x$; $\qquad$ (6) $\displaystyle\int_{1}^{e^2} \frac{1}{x}\mathrm{d}x$;

(7) $\displaystyle\int_{-1}^{1} \frac{1}{\sqrt{5-4x}}\mathrm{d}x$; $\qquad$ (8) $\displaystyle\int_{0}^{2} \frac{x}{(1+x)^3}\mathrm{d}x$;

(9) $\displaystyle\int_{0}^{2} x^2 \sqrt{1+x^3}\mathrm{d}x$; $\qquad$ (10) $\displaystyle\int_{0}^{\frac{\pi}{2}} \sin^2 x \cos x\mathrm{d}x$.

25. 证明下列各式

(1) $\displaystyle\int_{0}^{a} x^3 f(x^2)\mathrm{d}x = \frac{1}{2}\int_{0}^{a^2} xf(x)\mathrm{d}x, (a > 0)$;

(2) $\displaystyle\int_{0}^{1} x^m (1-x)^n \mathrm{d}x = \int_{0}^{1} x^n (1-x)^m \mathrm{d}x, (n > 0, m > 0)$.

26. 证明:若函数 $f(x)$ 在 $[a,b]$ 上连续且非负,存在 $x_0 \in [a,b]$,使 $f(x_0) > 0$,则 $\displaystyle\int_{a}^{b} f(x)\mathrm{d}x > 0$.

27. 证明:若函数 $f(x)$ 在 $[a,b]$ 上连续且 $\displaystyle\int_{a}^{b} f^2(x)\mathrm{d}x = 0$,则 $f(x) \equiv 0$.

28. 证明:若函数 $f(x)$ 在 $[a,b]$ 上连续,且对于 $[a,b]$ 上任意的连续函数

$\varphi(x)$,有 $\int_a^b f(x)\varphi(x)\mathrm{d}x = 0$,则 $f(x)\equiv 0$.

29. 讨论函数 $f(x) = \dfrac{1}{x^2 + x + 1}$ 的单调性.

30. 讨论函数 $f(x) = \log_{\frac{1}{2}}(-2x^2 + 5x + 3)$ 在什么区间上是递增的? 在什么区间上是递减的?

31. 已知函数 $f(x) = a^{\sin^4 x - \sin^2 x}\ (0 < a < 1)$

(1)$f(x)$ 的奇偶性如何?

(2)在什么区间上 $f(x)$ 是递增函数? 在什么区间上 $f(x)$ 是递减函数?

32. 证明,若函数 $f(x),g(x),h(x)$ 都是递增函数,且满足 $f(x)\leqslant g(x)\leqslant h(x)$,则有如下的不等式

$$f(f(x))\leqslant g(g(x))\leqslant h(h(x))$$

33. 设 $f(x)$ 是定义在实数集 **R** 上的奇函数,且 $\forall x_1, x_2 \in \mathbf{R}$,有 $\dfrac{f(x_1) + f(x_2)}{x_1 + x_2} > 0\ (x_1 + x_2 \neq 0)$,证明 $f(x)$ 是单调增加函数.

34. 证明下列不等式

(1)若 $x > 0$,则 $x - \dfrac{1}{2}x^2 < \ln(1+x) < x$;

(2)若 $x > 0$,则 $x - \dfrac{1}{6}x^3 < \sin x < x$.

35. 讨论函数 $f(x) = \dfrac{x-1}{x+1}$ 的有界性.

36. 讨论函数 $f(x) = \dfrac{1}{2^x - 1}$ 的有界性.

37. 证明 $f(x) = \sin x - 2\cos 3x + \sin 4x$ 是周期函数.

38. 证明 $f(x) = \sin \dfrac{1}{x}$ 不是周期函数.

39. 证明 $f(x) = x\sin x$ 不是周期函数.

40. 若函数 $y = f(x)\ (x \in \mathbf{R})$ 的图像关于直线 $x = a$ 与 $x = b\ (b > 0)$ 都对称,则 $f(x)$ 是周期函数,且 $2(b - a)$ 是它的一个周期.

学 习 指 导

关 键 词

函数,连续,导数,微分,拉格朗日中值定理,积分上限函数,和函数,有界性,单调性,奇偶性,周期性,超越性.

重、难点解析

重点:函数概念与性质,函数的分析性质在初等函数中的应用.

难点:解函数方程,函数的有界性,超越函数.

(一)函数的概念

本教材中函数的概念有着与其他教材的不同之处. 在一般教材中,有关函数的概念强调的是函数的两个要素——函数的定义域和对应关系. 在本教材中,对应关系是作为二元映射,即 $\forall x \in A$,存在惟一一个 $y \in B$,使得 $(x,y) \in f$,强调的是所惟一对应的 y 值.

在此定义下,若 $f_1 = f_2$,当且仅当 $f_1 \subset f_2$ 且 $f_1 \supset f_2$,具体地说,f_1 与 f_2 相等当且仅当

(1)$f_1(x)$ 与 $f_2(x)$ 有相同的定义域 A;

(2)$\forall x \in A, f_1(x) = f_2(x)$.

一般说来,$f_1(x)$ 与 $f_2(x)$ 分别由数学表达式给出,而 $f_1(x)$ 与 $f_2(x)$ 的相等并不意味着它们的数学表达式相同,例如函数

$f(x) = x$ 与 $g(x) = x(\sin^2 x + \cos^2 x)$ 有相同的定义域 $(-\infty, +\infty)$,尽管这两个函数有不同的解析式,即它们有不同的运算,但是 $\forall x \in (-\infty, +\infty)$,有

$$x = x(\sin^2 x + \cos^2 x)$$

于是 $f(x) = x$ 与 $g(x) = x(\sin^2 x + \cos^2 x)$ 相等.

也就是说,两个函数是相等的,但可能会有不同的函数表达式.

(二)关于解函数方程

函数方程:含有未知函数的等式. 如果函数 $f(x)$ 在其定值均满足函数方

程,则称函数 $f(x)$ 是方程的解.

函数方程常用解法:

(1)配方法:利用配方的方法将 $f(\varphi(x)) = g(x)$ 的右端变成关于 $\varphi(x)$ 的函数.

例如　已知 $f\left(x + \dfrac{1}{x}\right) = x^2 + \dfrac{1}{x^2}$,求 $f(x)$.

解　$\varphi(x) = x + \dfrac{1}{x}$,利用配方的方法,设法将等式的右端变成以 $x + \dfrac{1}{x}$ 为变元的函数,即

$$x^2 + \frac{1}{x^2} = x^2 + 2 + \frac{1}{x^2} - 2 = \left(x + \frac{1}{x}\right)^2 - 2,$$

于是有　　　　　　$f\left(x + \dfrac{1}{x}\right) = x^2 + \dfrac{1}{x^2} = \left(x + \dfrac{1}{x}\right)^2 - 2,$

得到　　　　　　　　　　$f(x) = x^2 - 2.$

(2)换元法:将函数方程的变量进行适当的变量替换,求出方程的解.

例如　已知 $f\left(\dfrac{e^x + 1}{e^x - 1}\right) = 2\sqrt{x}$,求 $f(x)$.

解　利用换元的方法,令 $y = \dfrac{e^x + 1}{e^x - 1}$,则 $x = \ln\dfrac{y+1}{y-1}$,带入原方程得到 $f(y) = 2\sqrt{\ln\dfrac{y+1}{y-1}}$,即为

$$f(y) = 2\sqrt{\ln\frac{y+1}{y-1}} \qquad (x > 1).$$

有时得到一个新的函数方程,将函数方程的变量进行适当的变量替换,会得到一个或几个新的函数方程,则联立新旧方程,然后求得其解.

(3)待定系数法:当已知 $f(x)$ 是多项式函数时,可利用待定系数的方法求解函数方程. 首先写出函数的一般表达式,然后由已知条件,根据多项式相等来确定待定的系数. 例如已知函数 $f(x+1) = x^2 - 3x - 2$,求 $f(x)$.

解　由于 $f(x+1)$ 不改变 $f(x)$ 的次数,所以 $f(x)$ 为二次函数. 可设

$$f(x) = ax^2 + bx + c$$

则　　　$f(x+1) = a(x+1)^2 + b(x+1) + c = ax^2 + 2ax + a + bx + b + c$

$$= ax^2 + (2a+b)x + c + b + a = x^2 - 3x - 2,$$

由已知条件得出 $a = 1,\quad b = -5,\quad c = 2,$

故有　　　　　　　　　　$f(x) = x^2 - 5x + 2.$

(三)函数的分析性质

1. 函数的连续性

因为连续性是由极限定义的,所以连续性的概念是个局部概念,且有函数 $f(x)$ 在 $x = a$ 处的左、右连续的概念;

函数 $f(x)$ 在区间 I 上连续的充分必要条件是函数在区间 I 上每一个点都连续;

连续函数在闭区间上的三个性质(有界性、最值性和介值性)在分析学中占有很重要的地位,特别是介值定理在初等数学的研究中具有广泛的应用.

介值定理证明

证明　如果 $m = M$,则函数 $f(x)$ 在 $[a,b]$ 是常数. 显然,定理成立.

如果 $m < M$,根据最值定理,在闭区间 $[a,b]$ 上必存在二点 x_1 与 x_2,使得 $f(x_1) = m$,$f(x_2) = M$,不妨设 $x_1 < x_2$,且 $a \leqslant x_1 < x_2 \leqslant b$. 已知 $f(x_1) \leqslant \xi \leqslant f(x_2)$. 如果 $f(x_1) = \xi$ 或 $f(x_2) = \xi$,则 $c = x_1$ 或 $c = x_2$,定理成立. 只须证明 $f(x_1) < \xi < f(x_2)$ 的情况. 作辅助函数

$$\varphi(x) = f(x) - \xi.$$

根据连续函数的运算性质,函数 $\varphi(x)$ 在闭区间 $[a,b]$ 连续,从而在闭区间 $[x_1, x_2]$ 上也连续,且

$$\varphi(x_1) = f(x_1) - \xi < 0 \ \text{与} \ \varphi(x_2) = f(x_2) - \xi > 0,$$

根据零点定理,在区间 (x_1, x_2) 至少存在一点 c,使得 $\varphi(c) = 0$ 或 $f(c) - \xi = 0$,即

$$f(c) = \xi.$$

注:零点定理

若函数 $f(x)$ 在闭区间 $[a,b]$ 连续,且 $f(a)f(b) < 0$(即 $f(a)$ 与 $f(b)$ 异号),则在区间 (a,b) 至少存在一点 c,使得 $f(c) = 0$.

利用介值定理可以讨论方程根的存在性问题.

2. 导数与微分

导数和微分是分析学中的两个重要概念,利用导数和微分去研究函数,会使问题变得简单.

函数的导数是一个特殊之比的极限,即 $f(x)$ 在 x_0 可导等价于

$$\lim_{\Delta x \to 0} \frac{\Delta y}{\Delta x} = \lim_{\Delta x \to 0} \frac{f(x_0 + \Delta x) - f(x_0)}{\Delta x} = f'(x_0).$$

且有结论:函数 $f(x)$ 在 x_0 可导 $\Leftrightarrow$ 函数 $f(x)$ 在 x_0 的左右导数都存在且相等.

可导、可微在存在性上是等价的,可导则连续,反之则不然.

证明教材中定理 3.2.2

证明 设在自变量 x_0 处的改变量是 Δx,相应的函数的改变量是

$$\Delta y = f(x_0 + \Delta x) - f(x_0)$$

且有

$$\lim_{\Delta x \to 0} \Delta y = \lim_{\Delta x \to 0} \frac{\Delta y}{\Delta x} \cdot \Delta x = \lim_{\Delta x \to 0} \frac{\Delta y}{\Delta x} \cdot \lim_{\Delta x \to 0} \Delta x = f'(x_0) \cdot 0 = 0,$$

即函数 $f(x)$ 在 x_0 处连续.

反之,函数 $f(x)$ 在 x_0 处连续不一定在 x_0 处可导. 例如,函数 $y = |x|$ 在 $x = 0$ 处连续但不可导.

事实上,设函数在 $x = 0$ 处的改变量为 Δx,分别有

当 $\Delta x > 0$ 时,$\Delta y = f(\Delta x) - f(0) = |\Delta x| = \Delta x$

$$\frac{\Delta y}{\Delta x} = \frac{\Delta x}{\Delta x} = 1,$$

右导数为 $f'_+(0) = \lim_{\Delta x \to 0} \frac{\Delta y}{\Delta x} = 1.$

当 $\Delta x < 0$ 时,$\Delta y = f(\Delta x) - f(0) = |\Delta x| = -\Delta x$

$$\frac{\Delta y}{\Delta x} = \frac{-\Delta x}{\Delta x} = -1,$$

左导数为 $f'_-(0) = \lim_{\Delta x \to 0} \frac{\Delta y}{\Delta x} = -1.$

显然,$f'_+(0) \neq f'_-(0)$,说明函数 $y = |x|$ 在 $x = 0$ 处不可导.

Lagrange 定理是微分学的重要定理之一,是应用导数的局部性研究函数的重要数学工具. Lagrange 定理经常用于证明问题.

例如,证明:若函数 $f(x)$ 的导数 $f'(x) = $ 常数,则 $f(x)$ 是线性函数.

分析:设 $f'(x) = k$(k 为常数),若能证明 $f(x) = kx + b$,则 $f(x)$ 就是线性函数.

证明 由于 $f(x)$ 在 **R** 上连续,故满足 Lagrange 定理的条件. 任取 $[x_0, x]$,在该区间 $f(x)$ 上也满足 Lagrange 定理的条件,故存在 $c(x_0 < c < x)$,使得

$$f(x) - f(x_0) = f'(c)(x - x_0)$$

成立,而 $f'(x) = k$,所以有

$$f(x) = kx + [f(x_0) - kx_0],$$

x_0 是一个定点,$f(x_0) - kx_0$ 就是一个常数,不妨记为 b,于是 $f(x) = kx + b$.

在利用 Lagrange 定理进行证明时,往往会遇到中间点 c 的不确定问题,一般说来,应用定理后得到一个含有 $f'(c)$ 的式子,尽管 $f'(c)$ 不能确定,但有时只需知道 $f'(c)$ 的上、下界就可以了. 例如

证明不等式

$$\arctan x_2 - \arctan x_1 \leqslant x_2 - x_1 (x_1 < x_2).$$

证明 设 $f(x) = \arctan x$,$f(x)$ 在 $[x_1, x_2]$ 上满足 Lagrange 定理条件,因此有

$$\arctan x_2 - \arctan x_1 = \frac{1}{1 + c^2}(x_2 - x_1), c \in (x_1, x_2).$$

因为 $\dfrac{1}{1 + c^2} \leqslant 1$,所以可得

$$\arctan x_2 - \arctan x_1 \leqslant x_2 - x_1.$$

(四) 原函数与不定积分的概念

原函数与不定积分是两个不同的概念,它们之间有着密切的联系. 对于定义在某区间上的函数 $f(x)$,若存在函数 $F(x)$,使得该区间上的每一点 x 处都有 $F'(x) = f(x)$,则称 $F(x)$ 是 $f(x)$ 在该区间上的原函数. 而表达式 $F(x) + C$(C 为任意常数)称为 $f(x)$ 的不定积分.

原函数 $F(x)$ 与不定积分 $\displaystyle\int f(x)\mathrm{d}x$ 是个体与全体的关系,$F(x)$ 只是 $f(x)$ 的某个原函数,而 $\displaystyle\int f(x)\mathrm{d}x$ 是 $f(x)$ 的全体原函数. 由原函数的性质知,任意两个原函数之间仅相差一个常数,所以求 $f(x)$ 的全体原函数,只需求得其某个原函数再加上积分常数 C,即为 $f(x)$ 的不定积分.

(五) 关于定积分的概念

在定积分的定义中,极限

$$\lim_{l(T) \to 0} \sum_{i=1}^{n} f(\xi_i)\Delta x_i$$

的存在不依赖于对区间 $[a, b]$ 的分法,也不依赖于 ξ_i 在小区间 $[x_{i-1}, x_i]$ 的取法 $(i = 1, 2, \cdots, n)$,换言之,若由于对 $[a, b]$ 的分割方法的不同而使极限

$$\lim_{l(T) \to 0} \sum_{i=1}^{n} f(\xi_i)\Delta x_i$$

不同,则称函数 $f(x)$ 在区间 $[a, b]$ 上是不可积的;若上述极限因 ξ_i 的取法不同而取不同的值,$f(x)$ 在区间 $[a, b]$ 上同样是不可积的.

定积分

$$\int_a^b f(x)\mathrm{d}x$$

是一个数,且此数依赖于被积函数 $f(x)$ 和积分区间 $[a,b]$.

(六)积分的计算

积分基本公式:

$$\int \mathrm{d}x = x + C$$

$$\int x^\alpha \mathrm{d}x = \frac{1}{\alpha + 1} x^{\alpha+1} + C \quad (\alpha \neq -1)$$

$$\int \frac{1}{x} \mathrm{d}x = \ln |x| + C$$

$$\int a^x \mathrm{d}x = \frac{a^x}{\ln a} + C \quad (a > 0, a \neq 1)$$

$$\int \mathrm{e}^x \mathrm{d}x = \mathrm{e}^x + C$$

$$\int \sin x \mathrm{d}x = -\cos x + C$$

$$\int \cos x \mathrm{d}x = \sin x + C$$

$$\int \sec^2 x \mathrm{d}x = \tan x + C$$

$$\int \csc^2 x \mathrm{d}x = -\cot x + C$$

$$\int \frac{1}{1 + x^2} \mathrm{d}x = \arctan x + C$$

$$\int \frac{1}{\sqrt{1 - x^2}} \mathrm{d}x = \arcsin x + C$$

积分方法:

不定积分:直接积分法、换元积分法、分部积分法;

定积分:微积分基本定理(N-L公式)、换元积分法、分部积分法.

(七)定积分应用

利用定积分可以计算平面图形的面积,几何体的体积和曲线的弧长.

(八)和函数

和函数 $S(x)$ 是函数级数 $\sum\limits_{n=1}^{\infty} u_n(x)$ 在其收敛域上定义的函数,且有结论:

(1)若 $\sum\limits_{n=1}^{\infty} u_n(x)$ 在 (a,b) 上一致收敛于 $S(x)$,且每一项 $u_n(x)$ 都是连续的,则和函数 $S(x)$ 在 (a,b) 内连续,即极限运算可以与无限求和运算交换次序;

(2)若 $\sum\limits_{n=1}^{\infty} u_n(x)$ 在 (a,b) 上一致收敛于 $S(x)$,且每一项 $u_n(x)$ 都是可积的,则和函数 $S(x)$ 在 (a,b) 内可积,且

$$\int_a^b S(x)\mathrm{d}x = \sum_{n=1}^{\infty} \int_a^b u_n(x)\mathrm{d}x ,$$

即积分运算可以与无限求和运算交换次序;

(3)若 $\sum\limits_{n=1}^{\infty} u_n(x)$ 在 (a,b) 上收敛于 $S(x)$,每一项 $u_n(x)$ 都是可导的,且 $\sum\limits_{n=1}^{\infty} u_n'(x)$ 在 (a,b) 上一致收敛,则和函数 $S(x)$ 在 (a,b) 内可导,即求导运算可以与无限求和运算交换次序.

设函数 $f(x)$ 在点 $x=0$ 处存在任意阶导数,则 $f(x)$ 在点 $x=0$ 处的泰勒级数为

$$f(x) = \sum_{n=1}^{\infty} \frac{1}{n!} f^{(n)}(0) x^n .$$

(九)关于函数的初等性质

1. 有界性

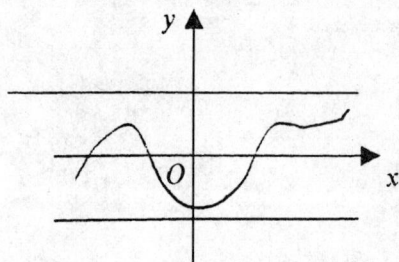

图 3-17

从几何直观上看,有界函数的图形在两条平行于 x 轴的直线 $y=M$ 及 $y=-M$ 所确定的带形区域内(如图 3-17).

若函数 $f(x)$ 在数集 D 内无界,即对任意的 $M>0$,总有 $x_0 \in D$,使得 $|f(x_0)| > M$. 从几何直观上看,找不到这样一个带形区域,使 $f(x)$ 的图像落入带形区域中.

注意结论:

1)闭区间上的连续函数是有界函数 (开区间则不然).

2)若 $f(x)$ 在开区间 (a,b) 内具有导数且 $f'(x)$ 有界,则 $f(x)$ 在开区间 (a,b) 内有界.

3)数集 A 上的两个有界函数经加、减、乘运算后仍有界 (两个函数相除则不然).

2．单调性

理解函数的单调性要注意几点：

(1)定义中的 x_1,$x_2 \in I$ 选取的任意性,即 $\forall x_1$,$x_2 \in I$,恒有 $f(x_1) < f(x_2)$ (或 $f(x_1) > f(x_2)$)成立.

(2)函数在其定义区间上可能不是单调函数,但在其子区间上可能是单调的.

(3)若函数在区间 I 上为单调函数,则区间 I 为函数的单调区间.

注意结论：

1)若函数 $y = f(x)$ 为定义域内严格递增(递减),则其反函数 $y = f^{-1}(x)$ 也在其定义域内严格递增(递减);

2)若 $f(x)$ 在开区间 (a,b) 内具有导数,则①若 $f'(x) > 0$,则 $f(x)$ 在区间 (a,b) 内严格递增;②若 $f'(x) < 0$,则 $f(x)$ 在区间 (a,b) 内严格递减.

3)若函数 $f(x)$,$\varphi(x)$ 满足下列条件:①在 $[a,b]$ 上可导;②在 (a,b) 内有 $f'(x) > \varphi'(x)$;③$f(a) = \varphi(a)$,则在 (a,b) 内有 $f(x) > \varphi(x)$.

4)若 $y = f(u)$,$u = \varphi(x)$ 同向变化(即均递增或递减),则其复合函数 $y = f(\varphi(x))$ 是递增的;若 $y = f(u)$,$u = \varphi(x)$ 反向变化(即一个递增另一个递减),则复合函数 $y = f(\varphi(x))$ 是递减的.

3．奇偶性

理解函数的奇偶性要掌握其定义式,并且奇函数和偶函数都具有对称性,在研究此类函数时,只要知其一半,便可知其全部. 从函数图形上看,奇函数的图形关于原点对称,偶函数的图形关于 y 轴对称.

注意结论：

1)若函数 $f(x)$ 既为奇函数又为偶函数,则 $f(x) = 0$.

2)定义在对称区间上的任意函数都可以表为一个奇函数和一个偶函数的和.

3)若奇函数 $y = f(x)$ 的定义域为 A,值域为 B,且存在反函数 $x = f^{-1}(y)$,则 $x = f^{-1}(y)$ 是奇函数.

4)①若函数 $u = \varphi(x)$ 是奇函数,函数 $y = f(u)$ 为奇(偶)函数,则复合函数 $y = f(\varphi(x))$ 在其定义域内为奇(偶)函数;②若函数 $u = \varphi(x)$ 是偶函数,复合函数 $y = f(\varphi(x))$ 存在,则复合函数 $y = f(\varphi(x))$ 在其定义域内为偶函数.

4．周期性

理解周期函数的定义和图形的特点,若常数 T 是函数 $f(x)$ 的一个周期,则

$-T$ 也是函数 $f(x)$ 的一个周期. 对于周期函数在其定义数集 A 一定要满足

(1) 对于任意的 $x \in A$, $x \pm T \in A$;

(2) 对于任意的 $x \in A$, 有 $f(x \pm T) = f(x)$.

注意结论:

1)若 T_0 是 $f(x)$ 的周期, 则 $f(x)$ 的任何周期 T 必是 T_0 的正整数倍.

2)设 $f(x)$ 是定义在数集 A 上的周期函数, 且 $f(x)$ 不是常值函数. 若存在 $x_0 \in A$, $f(x)$ 在点 x_0 连续, 则 $f(x)$ 存在最小正周期.

3)设 $f(u)$ 是定义在数集 M 上的函数, $u = g(x)$ 是定义在数集 A 上的周期函数, 如果 $x \in A$ 时, 有 $g(x) \in M$, 则复合函数 $y = f[g(x)]$ 是周期函数.

4)若 $f_1(x)$, $f_2(x)$ 是数集 A 上的周期函数, T_1, T_2 分别为它们的一个周期, 且 $\dfrac{T_1}{T_2} = \dfrac{n}{m}$ $(n, m \in \mathbf{N})$, 则 $f_1(x) + f_2(x)$, $f_1(x) \cdot f_2(x)$ 是 A 上以 mT_1 为一个周期的周期函数.

5)设 $f_1(x) = \sin\omega_1 x$, $f_2(x) = \cos\omega_2 x$, $\omega_1 > 0$, $\omega_2 > 0$, $\omega_1 \neq \omega_2$ 则 $f_1(x) \pm f_2(x)$, $f_1(x) \cdot f_2(x)$ 是周期函数的充要条件是 $\dfrac{\omega_1}{\omega_2}$ 是有理数.

(十)函数的超越性质

1. 理解代数数和超越数的定义

$$复数\begin{cases} 代数数 & 是某个整系数代数方程的根 \\ 超越数 & 不是代数数的数 \end{cases}$$

判断一个数是否为代数数, 关键是能否找到一个整系数代数方程, 且该数为这个方程的根;

判断一个数是否为超越数, 只要证明此数不是代数数.

可以证明:

(1)两个代数数的和(差)仍为代数数;

(2)一个整数与代数数的乘积仍为代数数;

(3)代数数的平方仍为代数数;

(4)代数数的开方仍为代数数.

例题与练习

例 1 已知 $f(\dfrac{1}{x} - 1) = \dfrac{x}{2x - 1}$, 求 $f(x)$, $f(x + 1)$.

[思路] 利用换元法,令 $y = \dfrac{1}{x} - 1$,反解出 x,代入求解.

解 方法 1:令 $y = \dfrac{1}{x} - 1$,则 $x = \dfrac{1}{y+1}$,将其代入有

$$f(y) = \frac{\dfrac{1}{y+1}}{2\dfrac{1}{y+1} - 1} = \frac{\dfrac{1}{y+1}}{\dfrac{2-y-1}{y+1}} = \frac{1}{1-y}$$

再令 $y = x$,则有

$$f(x) = \frac{1}{1-x},$$

$$f(x+1) = \frac{1}{1-(x+1)} = -\frac{1}{x}.$$

方法 2:对 $f(\dfrac{1}{x} - 1) = \dfrac{x}{2x-1}$ 进行整理,变形为

$$f(\frac{1}{x} - 1) = \frac{1}{2 - \dfrac{1}{x}} = \frac{1}{1 + 1 - \dfrac{1}{x}} = \frac{1}{1 - (\dfrac{1}{x} - 1)},$$

令 $y = \dfrac{1}{x} - 1$ 也可得到结果.

对照练习 已知 $f(\dfrac{1}{x}) = x + \sqrt{1+x^2}\ (x > 0)$,求 $f(x)$.

例 2 已知 $af(x) + f(\dfrac{1}{x}) = ax\ (a^2 \neq 1)$,求 $f(x)$.

[思路] 利用解方程法.

解 用 $\dfrac{1}{x}$ 代替 x,则方程变形为

$$af(\frac{1}{x}) + f(x) = a\frac{1}{x} \tag{1}$$

将原方程两边同乘 a,得到

$$a^2 f(x) + af(\frac{1}{x}) = a^2 x \tag{2}$$

将(2)式减去(1)式,得到

$$(a^2 - 1)f(x) = a^2 x - a\frac{1}{x},$$

于是

$$f(x) = \frac{a^2 x - a \dfrac{1}{x}}{a^2 - 1}.$$

对照练习　已知 $2f(1-x) + f(x) = x^2 + x - 1$，求 $f(x)$.

例3　设 $f:[0,1] \to [0,1]$ 是连续的，则至少存在一点 x_0，使 $f(x_0) = x_0$.

[思路]　做辅助函数，利用介值定理求证.

证　做辅助函数 $F(x) = f(x) - x$，考察 $F(0)$ 的值.

若 $F(0) = f(0) - 0 = 0$，即 $f(0) = 0$，则 $x_0 = 0$ 结论得证. 否则 $f(0) > 0$，再考察 $F(1)$ 的值，若 $F(1) = f(1) - 1 = 0$，即 $f(1) = 1$，则 $x_0 = 1$，结论得证. 否则 $f(1) < 0$，因为 $f(x)$ 是连续函数，则 $F(x) = f(x) - x$ 也是连续函数，且在 $[0,1]$ 有 $F(0) > 0$，$F(1) < 0$，由介值定理知，存在 $x_0 \in (0,1)$，使得 $F(x_0) = 0$，即 $f(x_0) = x_0$.

对照练习　证明：若函数 $f(x)$ 在 $[a,b]$ 上连续，且函数值集合也是 $[a,b]$，则 $f(x)$ 在 $[a,b]$ 内至少存在一个不动点.

对照练习　设函数 $f(x)$，$g(x)$ 在区间 $[a,b]$ 上均连续，且 $f(a) < g(a)$，$f(a) > g(a)$，试证明在 (a,b) 内至少存在一点 ξ，使得 $f(\xi) = g(\xi)$.

例4　证明不等式

$$ab^{a-1}(a - b) < a^a - b^a < aa^{a-1}(a - b),$$

其中 a 为大于 1 的实数，$a > b > 0$.

[思路]　利用拉格朗日定理证明.

证　设

$$f(x) = x^a \quad (x > 0)$$

对于函数 $f(x) = x^a$ 在区间 $[b,a]$ 上使用拉格朗日定理，有

$$a^a - b^a = a\xi^{a-1}(a - b) \quad b < \xi < a.$$

因为 $a > 1$，则 $a - 1 > 0$，$b < \xi < a$，则有 $b^{a-1} < \xi^{a-1} < a^{a-1}$，因此有 $ab^{a-1}(a - b) < a\xi^{a-1}(a - b) < aa^{a-1}(a - b)$，所以有

$$ab^{a-1}(a - b) < a^a - b^a < aa^{a-1}(a - b).$$

对照练习　证明不等式

$$1 - x + \frac{x^2}{2} > e^{-x} > 1 - x \quad (x > 0)$$

例5　求 $y = \sqrt{1 - x^2}$（$x \in (-1,1)$）所给出的曲线上任意一点的切线方程和法线方程.

[思路]　由函数的可导性求出切线方程的斜率 $y'(x_0)$ 和法线方程的斜率 $-\dfrac{1}{y'(x_0)}$.

解　$y' = \dfrac{-2x}{2\sqrt{1-x^2}}(x \in (-1,1))$，则在 $x_0 \in (-1,1)$ 处的切线的斜率是 $y' = \dfrac{-x_0}{\sqrt{1-x_0^2}}$. 切线方程是

$$y - \sqrt{1-x_0^2} = \frac{-x_0}{\sqrt{1-x_0^2}}(x-x_0).$$

即 $y = \dfrac{-x_0 x}{\sqrt{1-x_0^2}} + \dfrac{x_0^2}{\sqrt{1-x_0^2}} + \sqrt{1-x_0^2} = \dfrac{-x_0 x}{\sqrt{1-x_0^2}} + \dfrac{1}{\sqrt{1-x_0^2}}.$

法线方程的斜率为 $\dfrac{\sqrt{1-x_0^2}}{x_0}$. 则法线方程为

$$y - \sqrt{1-x_0^2} = \frac{\sqrt{1-x_0^2}}{x_0}(x-x_0),$$

即

$$y = \frac{x\sqrt{1-x_0^2}}{x_0} - \sqrt{1-x_0^2} + \sqrt{1-x_0^2} = \frac{x\sqrt{1-x_0^2}}{x_0}.$$

对照练习　试求曲线 $y = -\sqrt{x} + 2$ 在它与直线 $y = x$ 交点处的切线与法线方程.

例6　计算积分 $\displaystyle\int \frac{x^2}{1+x^2}\mathrm{d}x$.

[思路]　将被积函数进行变形，使其转化为可以利用积分基本公式表中函数的线性组合.

解　$\displaystyle\int \frac{x^2}{1+x^2}\mathrm{d}x = \int \frac{x^2+1-1}{1+x^2}\mathrm{d}x = \int \mathrm{d}x - \int \frac{1}{1+x^2}\mathrm{d}x$

$\qquad\qquad = x + \arctan x + C.$

对照练习　计算积分 $\displaystyle\int \frac{1+2x^2}{x^2(1+x^2)}\mathrm{d}x$.

例7　计算积分 $\displaystyle\int \frac{1+\tan x}{2\sin x \cos x}\mathrm{d}x$.

[思路]　利用三角公式，将被积函数 $\dfrac{1+\tan x}{2\sin x \cos x}$ 凑成 $f(\tan x)\dfrac{1}{\cos^2 x}$ 的形式，再

利用第一换元积分法求积分.

解
$$\int \frac{1 + \tan x}{2\sin x \cos x}\mathrm{d}x = \frac{1}{2}\int \frac{1 + \tan x}{\tan x} \cdot \frac{1}{\cos^2 x}\mathrm{d}x$$

$$\overset{t = \tan x}{=} \frac{1}{2}\int \frac{1 + t}{t}\mathrm{d}t = \frac{1}{2}\ln|t| + \frac{1}{2}t + C$$

$$= \frac{1}{2}\ln|\tan x| + \frac{1}{2}\tan x + C.$$

对照练习　计算积分 $\int \dfrac{\ln x}{\sqrt{x}}\mathrm{d}x$.

例 8　计算定积分　(1) $\displaystyle\int_{\frac{1}{e}}^{e} |\ln x|\,\mathrm{d}x$; (2) $\displaystyle\int_0^1 x^2\sqrt{1 - x^2}\,\mathrm{d}x$.

[**思路**]　有了牛顿 – 莱布尼茨公式,求定积分的问题实质上就归结为求原函数的问题. 因此定积分的积分方法与不定积分相对应.

定积分的分部积分公式是

$$\int_a^b u(x)\mathrm{d}v(x) = u(x)v(x)\Big|_a^b - \int_a^b v(x)\mathrm{d}u(x).$$

在使用过程中 $u(x)v(x)\big|_a^b$ 是一个确定的数,应及时计算出来. 在(1)的求解中,应先设法去掉被积函数的绝对值号,这时需要根据绝对值的性质适当利用定积分对区间的可加性质.

定积分的换元积分公式是

$$\int_a^b f(x)\mathrm{d}x = \int_\alpha^\beta f[\varphi(t)]\varphi'(t)\mathrm{d}t.$$

在(2)中是利用定积分的换元积分法计算定积分,需要注意的是换元一定要换限,积分变量一定要与自己的积分限相对应.

解　(1)因为

$$|\ln x| = \begin{cases} \ln x & 1 < x < e \\ -\ln x & \dfrac{1}{e} < x < 1 \end{cases},$$

所以
$$\int_{\frac{1}{e}}^{e} |\ln x|\,\mathrm{d}x = \int_{\frac{1}{e}}^{1} \ln x\,\mathrm{d}x + \int_1^e \ln x\,\mathrm{d}x$$

$$= -x\ln x\Big|_{\frac{1}{e}}^{1} + \int_{\frac{1}{e}}^{1} \frac{x}{x}\mathrm{d}x + x\ln x\Big|_1^e - \int_1^e \frac{x}{x}\mathrm{d}x$$

$$= 2 - \frac{2}{e}.$$

(2)令 $x = \sin t$ $(0 \leqslant t \leqslant \frac{\pi}{2})$,

则有

$$x^2 \sqrt{1-x^2} = \sin^2 t \cos t, \quad \mathrm{d}x = \cos t \mathrm{d}t,$$

$$\int_0^1 x^2 \sqrt{1-x^2} \, \mathrm{d}x = \int_0^{\frac{\pi}{2}} \sin^2 t \cos^2 t \, \mathrm{d}t$$

$$= \frac{1}{4} \int_0^{\frac{\pi}{2}} \sin^2 2t \, \mathrm{d}t = \frac{1}{4} \int_0^{\frac{\pi}{2}} \frac{1-\cos 4t}{2} \mathrm{d}t$$

$$= \frac{1}{8} \int_0^{\frac{\pi}{2}} (1-\cos 4t) \mathrm{d}t$$

$$= \frac{1}{8} \left[t - \frac{\sin 4t}{4} \right] \Big|_0^{\frac{\pi}{2}} = \frac{\pi}{16}.$$

对照练习 计算定积分 (1) $\int_0^1 \mathrm{e}^{\sqrt{x}} \mathrm{d}x$;(2) $\int_a^{2a} \frac{\sqrt{1-x^2}}{x^4} \mathrm{d}x$.

例 9 展开函数 $f(x) = (1+x)^\alpha$ 为麦克劳林级数,其中 α 为任意常数.

[思路] 函数的麦克劳林级数为 $f(x) = \sum_{n=1}^{\infty} \frac{1}{n!} f^{(n)}(0) x^n$,求函数在 $x = 0$ 处的各阶导数,得到展式的各项.

解 $f'(x) = \alpha(1+x)^{\alpha-1}, \quad f'(0) = \alpha$

$f''(x) = \alpha(\alpha-1)(1+x)^{\alpha-2}, \quad f''(0) = \alpha(1-\alpha)$

... ...

$f^{(n)}(x) = \alpha(\alpha-1)\cdots(\alpha-n+1)(1+x)^{\alpha-n}, f^{(n)}(0) = \alpha(\alpha-1)\cdots(\alpha-n+1),$

由此得到 $f(x)$ 的麦克劳林级数为

$$f(x) = \sum_{n=1}^{\infty} \frac{1}{n!} f^{(n)}(0) x^n = \sum_{n=1}^{\infty} \frac{\alpha(\alpha-1)\cdots(\alpha-n+1)}{n!} x^n.$$

对照练习 展开函数 $f(x) = \ln \sqrt{\frac{1+x}{1-x}}$ 为麦克劳林级数.

例 10 讨论函数 $f(x) = \frac{x}{x+2}$ 的有界性.

[思路] 利用有界性定义进行讨论.

解 此函数的定义域为 $x \neq -2$.

首先,考虑 $x \to -2$ 时,对于任意的 $M > 0$,选取 $x_M = -2 + \frac{1}{M+1}$,故

$$f(x_M) = \left[(-2) + \frac{1}{M+1}\right](M+1),$$

$$|f(x_M)| > M,$$

说明 $f(x)$ 当 $x \to -2$ 时是无界的.

但对于任意的 $\delta > 0$，$f(x)$ 在 $(-\infty, -2-\delta) \bigcup (-2+\delta, +\infty)$ 上有界. 所以，$f(x)$ 在定义域内是无界的.

对照练习 讨论函数 $f(x) = \dfrac{x-3}{x+3}$ 的有界性.

例 10 证明，$\forall x \in [0, +\infty)$，有不等式 $\dfrac{x}{1+x} < \ln(1+x)$.

[思路] 利用定理 3.6 证明.

证 设 $f(x) = \dfrac{x}{1+x}$，$g(x) = \ln(1+x)$

$$f'(x) = \frac{1}{(1+x)^2} < \frac{1}{(1+x)} = g'(x),$$

且有 $f(0) = g(0) = 0$，由定理 3.4.6 的结论，有 $f(x) < g(x)$，即

$$\frac{x}{1+x} < \ln(1+x).$$

对照练习 讨论函数 $f(x) = \dfrac{1}{x^2 + x + 2}$ 的单调性.

例 12 证明：函数 $\sin x + \cos 2x - 3\sin 3x$ 是周期函数.

[思路] 利用定理 3.17 进行证明，首先证明 $\sin x + \cos 2x$ 是周期函数，再证明 $\sin x + \cos 2x - 3\sin 3x$ 是周期函数.

证 设

$$f_1(x) = \sin x, \quad f_2(x) = \cos 2x, \quad f_3(x) = \sin 3x,$$

即 $\omega_1 = 1 > 0$，$\omega_2 = 2 > 0$，$\omega_3 = 3 > 0$，$\omega_1 \neq \omega_2 \neq \omega_3$.

由定理 3.17 知 $f_1(x) + f_2(x) = \sin x + \cos 2x$ 是周期函数，不妨设 T_1, T_2, T_3 分别为 $\sin x, \cos 2x, \sin 3x$ 的周期，则有 $\dfrac{T_1}{T_2} = \dfrac{n}{m}(n, m \in \mathbf{N})$，$\dfrac{T_2}{T_3} = \dfrac{k}{l}(k, l \in \mathbf{N})$，若 $T = T_2 n = m T_1$ 为 $f_1(x) + f_2(x)$ 的周期，则对于 $f_1(x) + f_2(x)$ 与 $f_3(x) = -3\sin 3x$ 的和函数，有

$$\frac{T}{T_3} = \frac{T_2 n}{T_3} = \frac{kn}{l}(k, n, l \in \mathbf{N}) \text{为有理数，}$$

再利用定理 3.17，则它们是周期函数.

对照练习 证明函数 $f(x) = \sin x + \cos 2x - 3\sin 3x + 4\cos 4x$ 是周期函数.

例 13 证明：$\frac{1}{2}(1+\sqrt{5})$ 是代数数.

[思路] 根据代数数的定义,设法找出以 $\frac{1}{2}(1+\sqrt{5})$ 为根的整系数方程.

证 设 $x = \frac{1}{2}(1+\sqrt{5})$,则有 $2x = 1+\sqrt{5}$.

两边平方得
$$4x^2 = 1 + 2\sqrt{5} + 5 = 6 + 2\sqrt{5} \tag{1}$$

移项得
$$4x^2 - 6 = 2\sqrt{5}$$

两边再平方得
$$16x^4 - 48x^2 + 36 = 20$$

整理得
$$16x^4 - 48x^2 + 16 = 0. \tag{2}$$

由于方程(2)式为整系数方程,且 $\frac{1}{2}(1+\sqrt{5})$ 为方程的根,所以 $\frac{1}{2}(1+\sqrt{5})$ 为代数数.

对照练习 证明 $\sin 15°$ 是代数数.

对照练习 证明 3π 是超越数.

例 14 证明：$y = \cos x$ 是超越函数.

[思路] 反证法,设法证明 $y = \cos x$ 不是代数函数.

证 假设 $y = \cos x$ 是代数函数,则存在一个二元多项式 $P(x,y)$,使得
$$P(x, \cos x) = p_0(x)\cos^n x + p_1(x)\cos^{n-1} x + \cdots + p_{n-1}(x)\cos x + p_n(x) \equiv 0 \tag{1}$$
其中 $p_i(x)$ 是多项式,且 $p_0(x) \neq 0$.

在(1)式中,令 $x = \frac{k\pi}{2}$,k 为整数,则有 $p_n(\frac{k\pi}{2}) = 0$. 因为 $p_n(x)$ 是多项式函数,由代数学基本定理知,$p_n(x) \equiv 0$.

从(1)式得,当 $x \neq \frac{k\pi}{2}$ 时,
$$p_0(x)\cos^{n-1} x + p_1(x)\cos^{n-2} x + \cdots + p_{n-2}(x)\cos x + p_{n-1}(x) \equiv 0 \tag{2}$$
等式(2)对于 $x = \frac{k\pi}{2}$ 也成立.

事实上,根据 $p_i(x)(i=0,1,\cdots,n-1)$ 的连续性和 $\cos x$ 的连续性,可得 $x = \frac{k\pi}{2}$ 时,(2)式仍成立,故对于 $\forall x \in \mathbf{R}$ 有
$$p_0(x)\cos^{n-1} x + p_1(x)\cos^{n-2} x + \cdots + p_{n-2}(x)\cos x + p_{n-1}(x) \equiv 0$$
由此得 $p_{n-1}(x) = 0$,如此继续下去,可得

$p_{n-2}(x)=0,\cdots,p_0(x)=0,$

这与 $p_0(x)\neq0$ 矛盾,说明假设不真,即 $y=\cos x$ 是超越函数.

对照练习　证明 $y=\tan x$ 是超越函数.

自我测试题

一、单项选择题

1. 已知 $f\left(\dfrac{1}{x}\right)=4x-\sqrt{1+x^2}$,则 $f(x)=($　　$)$.

A. $4\dfrac{1}{x}-\dfrac{\sqrt{x^2+1}}{|x|}$ 　　　　　B. $4x-\sqrt{1+x^2}$

C. $\dfrac{4}{x}-\sqrt{1+x^2}$ 　　　　　　D. $\dfrac{4}{x}-\sqrt{\dfrac{1+x^2}{x}}$

2. 若函数 $f(x)=($　　$)$,则 $f\{f[f(x)]\}=f(x)$.

A. $\dfrac{1}{x}$ 　　　B. $-\dfrac{1}{x}$ 　　　C. $\dfrac{x+1}{x-1}$ 　　　D. $\dfrac{1-x}{1+x}$

3. 下列各式中,对一切 $x>1$ 均成立的是($\qquad$).

A. $e^x>(1+e)x$ 　　　　　B. $e^x<(e-1)x$

C. $e^x>e\cdot x$ 　　　　　　D. $e^x<e\cdot x$

4. 下列结论正确的是($\qquad$).

A. 函数 $y=f(x)$ 在点 $x=x_0$ 处连续,则一定在 $x=x_0$ 处可导

B. 函数 $y=f(x)$ 在点 $x=x_0$ 处可导,则一定在 $x=x_0$ 处连续

C. 函数 $f(x)=\begin{cases}1 & [0,1)\\ x & [2,3]\end{cases}$ 在定义区间内连续

D. 函数 $y=|x|$ 在定义区间内既连续,又可导

5. $x^4-2=0$ 在实数域内至少有($\qquad$)个实根.

A. 1 　　　　B. 2 　　　　C. 3 　　　　D. 4

6. 函数 $f(x),g(x)$ 分别是数集 A 上的有界函数,则下列结论不正确的是($\qquad$).

A. $f(x)\pm g(x)$ 在数集 A 上有界 　　B. $f(x)\cdot g(x)$ 在数集 A 上有界

C. $kf(x)$ 在数集 A 上有界 　　　　D. $\dfrac{f(x)}{g(x)}$ 在数集 A 上有界

7. 下列结论正确的是($\qquad$).

A. 若函数 $u = \varphi(x)$ 为奇函数，函数 $y = f(u)$ 为偶函数，则复合函数 $y = f[\varphi(x)]$ 是奇函数

B. 若函数 $u = \varphi(x)$ 为奇函数，函数 $y = f(u)$ 为偶函数，则复合函数 $y = f[\varphi(x)]$ 是偶函数

C. 若函数 $y = f(x)$ 既为奇函数，又为偶函数，则 $y = f(x)$ 是常数函数

D. 因为 $u = \sin^2 x + \sin^4 x$ 是偶函数，$y = e^u$ 是非奇非偶函数，所以 $y = e^{\sin^2 x + \sin^4 x}$ 是非奇非偶函数.

8. 设 $f_1(x) = \sin\omega_1 x, f_2(x) = \sin\omega_2 x$，当 ω_1, ω_2 的取值分别为（   ）时，$f_1(x) \cdot f_2(x)$ 仍是周期函数.

A. $\omega_1 = \pi, \omega_2 = 2$ B. $\omega_1 = \sqrt{\pi}, \omega_2 = \pi$

C. $\omega_1 = \dfrac{\sqrt{2}}{2}, \omega_2 = \sqrt{2}$ D. $\omega_1 = \sqrt{3}, \omega_2 = \sqrt{2}$

9. 下列说法正确的是（   ）.

A. $f(x)$ 是代数函数，则 $f(x)$ 一定是实函数

B. $g(x)$ 是超越函数，则 $g(x)$ 一定是实函数

C. 不是代数函数的函数一定是超越函数

D. 不是代数函数的实函数一定是超越函数

10. 下列函数中为超越函数的是（   ）.

A. $\sqrt{1+x}$ B. $\dfrac{x^2 - x + 1}{x^2 + x + 1}$ C. $(x+1)^{\frac{\pi}{2}}$ D. $(x-1)^{\frac{1}{2}}$

二、计算题

11. 设 $f(2^x) = x^2 + \sin x$，求 $f(x)$.

12. 已知 $x + 2\sqrt{x-y} + 4y = 2$，求 $\dfrac{dy}{dx}$.

13. 已知 $2f(2-x) + f(x) = 3x + 6$，求 $f(x)$.

14. 计算下列定积分：

(1) $\displaystyle\int_1^2 (x + \frac{1}{x})^2 dx$；   (2) $\displaystyle\int_4^7 \frac{x}{\sqrt{x-3}} dx$；

(3) $\displaystyle\int_{\frac{1}{e}}^{e} |\ln x| dx$；   (4) $\displaystyle\int_0^1 e^{\sqrt{x}} dx$.

三、证明题

15. 证明：设 $f(x)$ 是从 $[0,1]$ 到 $[0,1]$ 的连续函数，则存在点 $x_0 \in [0,1]$，使得

$f(x_0) = x_0^5$.

16. 设 $f(x)$ 定义在 **R** 上,对于任意的 x_1, x_2,有
$$|f(x_1) - f(x_2)| \leqslant (x_1 - x_2)^2,$$
则 $f(x)$ 是常值函数.

17. 若函数 $f(x)$ 在闭区间 $[a, b]$ 上连续,且 $x_1, x_2, \cdots, x_n$ 皆属于 $[a, b]$,则至少存在一点 $\xi \in [a, b]$,使得 $f(\xi) = \dfrac{1}{n} [f(x_1) + f(x_2) + \cdots + f(x_n)]$.

答　案:

一、单选题

1. A　　2. A　　3. C　　4. B　　5. B

6. D　　7. B　　8. C　　9. D　　10. C

二、计算题

11. 设 $t = 2^x$,则 $x = \log_2 t$,代入得
$$f(t) = (\log_2 t)^2 + \sin(\log_2 t);$$
$$f(x) = (\log_2 x)^2 + \sin(\log_2 x).$$

12. 已知 $x + 2\sqrt{x-y} + 4y = 2$,对两端关于 x 求导,得
$$1 + \frac{1}{\sqrt{x-y}}(x - y'_x) + 4y'_x = 0$$

由此
$$y'_x = \frac{1 + \dfrac{1}{\sqrt{x-y}}}{\dfrac{1}{\sqrt{x-y}} - 4} = \frac{\sqrt{x-y} + 1}{1 - 4\sqrt{x-y}}.$$

13. 已知 $2f(2-x) + f(x) = 3x + 6$,　　　　　　　　　　　　　(1)

令 $2 - x = t$,即 $x = 2 - t$,得

$2f(x) + f(2-x) = 12 - 3x$　　　　　　　　　　　　　　　(2)

$(2) \times 2 - (1)$ 得

$4f(x) + 2f(2-x) - 2f(2-x) - f(x) = 24 - 6x - 3x - 6$,

即

$f(x) = 6 - 3x$.

14. (1)$\dfrac{23}{6}$;　(2)$\dfrac{32}{3}$;　(3)$1-\dfrac{2}{e}$;　(4)2.

三、证明题

15. 证明

若 $f(0)=0$,则选取 $x_0=0$ 结论得证.

若 $f(1)=1$,则选取 $x_0=1$ 结论得证.

否则有 $f(0)>0$,$f(1)<1$,则 $\varphi(0)>0$,$\varphi(1)<0$,由介值定理,存在 $x_0\in(0,$ $1)$,使得 $\varphi(x_0)=0$,即 $f(x_0)=x_0^5$.

16. 证明　对于 $\forall x_1,x_2\in\mathbf{R}$,有

$$\left|\frac{f(x_1)-f(x_2)}{x_1-x_2}\right|\leqslant|x_1-x_2|$$

令 $x_2\to x_1$,则得 $f'(x_1)=0$,

由 x_1 的任意性知,$f(x)=c$.

17. 已知 $f(x)$ 在 $[a,b]$ 上连续,故 $f(x)$ 在 $[a,b]$ 有最大值 M 与最小值 m,从而有 $m\leqslant\dfrac{1}{n}[f(x_1)+f(x_2)+\cdots+f(x_n)]\leqslant M$.

由介值定理,存在 $\xi\in[a,b]$,使

$$f(\xi)=\frac{1}{n}[f(x_1)+f(x_2)+\cdots+f(x_n)].$$

第4章 指数函数和对数函数

学习目标

1. 理解指数函数的各种定义,掌握指数函数的性质,能够运用分析的工具研究指数函数.

2. 理解对数函数的各种定义,掌握对数函数的性质,能够运用分析的工具研究对数函数.

3. 掌握指数函数的应用,并会运用对数函数与指数函数去建立某些实际问题的数学模型.

导　　学

指数函数与对数函数是两类重要的基本初等函数.它们在工程技术问题与人们日常生活问题中有着广泛的应用.在中学数学教学中,都是先来介绍指数函数,然后再来研究指数函数的反函数——对数函数.然而,在历史上,人们为了计算的需要,先发明了对数.在研究了对数之后,人们才开始研究指数函数.出于对知识接受难易的考虑,本书也将先定义指数函数,然后再讨论对数函数.

要掌握指数函数的公理化定义以及其他形式的定义,并会计算指数.要认识到指数函数从 $(\mathbf{R}, +)$ 到 $(\mathbf{R}_+, \cdot)$ 的同构作用.

要掌握对数函数的公理化定义以及其他形式的定义,并会计算对数,要认识到对数函数从 $(\mathbf{R}_+, \cdot)$ 到 $(\mathbf{R}, +)$ 的同构作用.

要会运用指数函数来建立某些问题的数学模型.

4.1 指数函数

指数函数是基本初等函数之一,是一类自然规律的数学抽象,又是将实数集 $\mathbf{R}$ 上的加法运算转化为正实数集 $\mathbf{R}_+ = (0, +\infty)$ 上乘法运算的连续同构映射.

4.1.1　由特殊到一般的定义

在初等数学中,当 x 是有理数时,则 x 可以表成 $x = \dfrac{m}{n}$,其中 $m \in \mathbf{Z}, n \in \mathbf{N}_+$,

$a^x = a^{\frac{m}{n}}$ 已经定义,其中 $a > 0$. 但是,当 x 是无理数时,$a^x = ?$ 本节对此问题进行严格的讨论.

$\forall x \in \mathbf{R} - \mathbf{Q}$,总存在单调的有理数列 $\{r_n\}$,使得 $\lim\limits_{n \to \infty} r_n = x$. 例如,设

$x = a_0 \cdot a_1 \cdot a_2 \cdots a_n \cdots$,它的 n 位截尾的数列 $\{x^{(n)}\}$:

$$x^{(1)} = a_0 \cdot a_1, x^{(2)} = a_0 \cdot a_1 \cdot a_2, \cdots, x^{(n)} = a_0 \cdot a_1 \cdot a_2 \cdots a_n, \cdots$$

就是单调的有理数列,且 $\lim\limits_{n \to \infty} x^{(n)} = x$,显然,使 $\lim\limits_{n \to \infty} r_n = x$ 的单调有理数列 $\{r_n\}$ 是有无限多的.

定义 4.1.1　$\forall x \in \mathbf{R}$,存在单调的有理数列 $\{r_n\}$,使 $\lim\limits_{n \to \infty} r_n = x$,定义

$$a^x = \lim_{n \to \infty} a^{r_n} \quad (a > 0).$$

注 4.1　需要指出,a^x 不因单调的有理数列 $\{r_n\}$ 的不同而不同,即若 $\{r_n\}$ 与 $\{r_n'\}$ 是两个单调的有理数列,且 $\lim\limits_{n \to \infty} r_n = \lim\limits_{n \to \infty} r_n' = x$,则 $\lim\limits_{n \to \infty} a^{r_n} = a^x = \lim\limits_{n \to \infty} a^{r_n'}$.

由定义 4.3.2 定义的 a^x 具有下列性质:

性质 1.1　$\forall x, y \in \mathbf{R}$,有 $a^x \cdot a^y = a^{x+y}$.

证　不论 α, β 是有理数还是无理数,总存在两个单调增加的有理数列 $\{x_n\}$ 与 $\{y_n\}$,使得

$$\lim_{n \to \infty} x_n = x, \quad \lim_{n \to \infty} y_n = y$$

而 $\{x_n + y_n\}$ 也是单调增加的有理数列,且

$$\lim_{n \to \infty} (x_n + y_n) = x + y$$

已知有理指数幂,有

$$a^{x_n} \cdot a^{y_n} = a^{x_n + y_n},$$

则

$$a^x \cdot a^y = \lim_{n \to \infty} (a^{x_n} \cdot a^{y_n}) = \lim_{n \to \infty} a^{x_n + y_n} = a^{x+y}.$$

性质 1.2　若 $a > 1$,$\forall x, y \in \mathbf{R}$,且 $x < y$,则 $a^x < a^y$. 若 $0 < a < 1$,$\forall x, y \in \mathbf{R}$,且 $x < y$,则 $a^x > a^y$.

证　证明从略.

性质 1.3　函数 a^x 在定义域 $\mathbf{R}$ 上连续.

证   首先证明 $\lim\limits_{x \to 0} a^x = 1$.

$\forall x \in (0,1)$, 根据阿基米德原理, $\exists n \in \mathbf{N}_+$, 使得 $\dfrac{1}{n+1} \leqslant x < \dfrac{1}{n}$. 显然 $x \to 0^+ \Leftrightarrow n \to \infty$.

$$\begin{cases} \text{当}\ 0 < a < 1\ \text{时,}\quad \text{有}\ a^{\frac{1}{n}} < a^x \leqslant a^{\frac{1}{n+1}}; \\ \text{当}\ a > 1\ \text{时,}\quad \text{有}\ a^{\frac{1}{n+1}} \leqslant a^x < a^{\frac{1}{n}}. \end{cases} \tag{1}$$

当 $a > 1$ 时, $\forall \varepsilon > 0$, $\exists n_0 > 0$, 当 $n > n_0$ 时, 有 $a < 1 + n\varepsilon < (1+\varepsilon)^n$, 也就是

$$\left| a^{\frac{1}{n}} - 1 \right| < \varepsilon$$

即

$$\lim\limits_{n \to \infty} a^{\frac{1}{n}} = 1.$$

当 $0 < a < 1$ 时, 设 $\dfrac{1}{a} = b > 1$, 则

$$\left| a^{\frac{1}{n}} - 1 \right| = \left| \left(\frac{1}{b}\right)^{\frac{1}{n}} - 1 \right| = \left| \frac{1 - b^{\frac{1}{n}}}{b^{\frac{1}{n}}} \right| < \left| b^{\frac{1}{n}} - 1 \right|,$$

由 $a > 1$ 的讨论知, $\forall \varepsilon > 0$, $\exists n_0 > 0$, 当 $n > n_0$ 时, 有

$$\left| a^{\frac{1}{n}} - 1 \right| < \left| b^{\frac{1}{n}} - 1 \right| < \varepsilon,$$

即

$$\lim\limits_{n \to \infty} a^{\frac{1}{n}} = 1.$$

由 (1) 式且根据 $\lim\limits_{n \to \infty} a^{\frac{1}{n}} = 1$, 利用两面夹定理, 有

$$\lim\limits_{x \to 0^+} a^x = 1. \tag{2}$$

当 $x < 0$ 时, 设 $x = -y$, $y > 0$. $x \to 0^- \Leftrightarrow y \to 0^+$. 有

$$\lim\limits_{x \to 0^-} a^x = \lim\limits_{y \to 0^+} a^{-y} = \left(\lim\limits_{y \to 0^+} a^y \right)^{-1} = 1. \tag{3}$$

(2) 与 (3) 表明: $\lim\limits_{x \to 0} a^x = 1$.

最后证明 a^x 在 $\mathbf{R}$ 上连续. $\forall x_0 \in \mathbf{R}$, 有

$$\lim\limits_{x \to x_0} (a^x - a^{x_0}) = \lim\limits_{x \to x_0} a^{x_0} (a^{x - x_0} - 1) = 0,$$

即 $\lim\limits_{x \to x_0} a^x = a^{x_0}$, 此即表明 a^x 在点 x_0 连续. 从而 a^x 在 $\mathbf{R}$ 上连续.

性质 1.4   函数 a^x 的值域为 $(0, +\infty)$.

证 $\forall y_0 \in (0, +\infty)$, 当 $a > 1 (0 < a < 1)$, $\exists n \in \mathbf{N}$, 使得

$$a^{-n} < y_0 < a^n (a^n < y_0 < a^{-n}),$$

根据 a^x 的连续性以及介值定理, $\exists\, x_0 \in \mathbf{R}$, 使

$$a^{x_0} = y_0,$$

即函数 a^x 的值域为 $(0, +\infty)$.

定义 4.1.2　对于 $a > 0$, 函数 $f(x) = a^x$ 叫做以 a 为底的**指数函数**.

4.1.2　指数函数的公理化定义

定义 4.1.3　若 $f(x)$ 是定义在实数集 $\mathbf{R}$ 上的非零连续函数, 且满足方程

$$f(x + y) = f(x)f(y) \tag{4}$$

则称函数 $f(x)$ 是指数函数.

我们关心两个问题: 一、是否存在函数 $f(x)$ 满足 (4) 式? 二、若存在函数 $f(x)$ 满足 (4) 式, 这样的函数有多少?

首先来回答第一个问题.

定理 4.1.1　对于任意的 $a > 0$ 且 $a \neq 1$, 存在连续的单调函数 $f: \mathbf{R} \to \mathbf{R}_+$ 满足 (4) 式且 $f(1) = a$.

证　在 4.1.1 节定义的函数 $f(x) = a^x$ 满足定理 4.1.1.

下面来讨论第二个问题.

显然, 有无限多个指数函数 $f(x) = a^x$ (因大于零且不等于 1 的 a 无限多) 满足函数方程 (4). 是否还有其他类的函数也满足定义 4.1.3 呢? 有下面的惟一性定理.

定理 4.1.2　若 $f(x)$ 满足定义 4.1.3, 则

$$f(x) = a^x$$

其中 $a = f(1) > 0$.

证明　在 (4) 式中, 令 $x = y$, 则 $f(2x) = [f(x)]^2$. 一般地, $\forall\, n \in \mathbf{N}_+$ 有

$$f(nx) = [f(x)]^n. \tag{5}$$

在 (5) 式中, 令 $x = \dfrac{1}{n}$, 有 $f(1) = [f(\dfrac{1}{n})]^n$. 设 $f(1) = a$, 由 (4) 式知 $a = f(1) = [f(\dfrac{1}{2})]^2 > 0$, 则

$$f\left(\frac{1}{n}\right) = a^{\frac{1}{n}}$$

从而有

$$f\left(\frac{m}{n}\right) = \left[f\left(\frac{1}{n}\right)\right]^m = a^{\frac{m}{n}}. \tag{6}$$

其中 $m\in\mathbf{N}, n\in\mathbf{N}_+$,在方程(4)中,令 $y=0$,有

$$f(x) = f(x)f(0), \quad \forall x\in\mathbf{R}$$

因 $f(x)$ 在 $\mathbf{R}$ 上非恒为零,故 $f(0)=1$,即

$$f(0) = a^0 \tag{7}$$

进一步地, $\forall m\in\mathbf{N}, n\in\mathbf{N}_+$,有

$$f(\frac{m}{n})f(-\frac{m}{n}) = f(\frac{m}{n} - \frac{m}{n}) = f(0) = 1,$$

因此得

$$f(-\frac{m}{n}) = [f(\frac{m}{n})]^{-1} = a^{-\frac{m}{n}}. \tag{8}$$

由(6),(7)和(8)知,对任意有理数 r ,有

$$f(r) = a^r. \tag{9}$$

$\forall x\in\mathbf{R}-\mathbf{Q}$ 即 x 是无理数,存在有理数列 $\{r_n\}$,使 $\lim r_n = x$.因函数 $f(x)$ 在 $\mathbf{R}$ 连续,故

$$f(x) = \lim_{n\to\infty} f(r_n) = \lim_{n\to\infty} a^{r_n} = a^x. \tag{10}$$

4.1.3 指数函数的幂级数定义

在历史上,随着微积分与无穷级数理论的发展,到十七世纪中下叶,一些数学家开始把函数展开成无穷级数加以研究.幂级数是定义指数函数理想的分析工具.我们只要知道幂级数的结构,就可知道其和函数的分析性质.

定义 4.1.4 幂级数

$$\sum_{n=0}^{\infty} \frac{1}{n!} x^n = 1 + x + \frac{1}{2!}x^2 + \cdots + \frac{1}{n!}x^n + \cdots \tag{11}$$

的和函数 $E(x)$ 称之为指数函数.

可以知道 $E(x)$ 具有如下的性质:

性质 1.5 指数函数 $E(x)$ 的定义域是 $\mathbf{R}$.

事实上,由求幂级数收敛半径的公式,有

$$\lim_{n\to\infty} \left| \frac{a_{n+1}}{a_n} \right| = \lim_{n\to\infty} \frac{1}{(n+1)!} / \frac{1}{n!} = \lim_{n\to\infty} \frac{1}{n+1} = 0$$

即收敛半径为 $+\infty$,从而 $E(x)$ 的定义域为 $\mathbf{R}$.

性质 1.6 指数函数 $E(x)$ 在 $\mathbf{R}$ 上连续.

事实上,由级数的理论知,幂级数的和函数在其收域区间上连续.

性质 1.7 $E(0) = 1$

这是显然的.

性质 1.8　$\forall x, y \in \mathbf{R}$, 有 $E(x) \cdot E(y) = E(x+y)$.

事实上, 幂级数

$$E(x) = 1 + x + \frac{1}{2!} x^2 + \cdots + \frac{1}{n!} x^n + \cdots$$

与

$$E(y) = 1 + y + \frac{1}{2!} y^2 + \cdots + \frac{1}{n!} y^n + \cdots$$

在 $\mathbf{R}$ 上都绝对收敛. 根据级数理论, 这两个幂级数的乘积级数在 $\mathbf{R}$ 上也是绝对收敛的. 在乘积的级数中, x 的次数与 y 的次数之和为 n 的共有 $n+1$ 项, 即:

$$1 \cdot \frac{1}{n!} y^n + x \cdot \frac{1}{(n-1)!} y^{n-1} + \frac{1}{2!} x^2 \cdot \frac{1}{(n-2)!} y^{n-2} + \cdots + \frac{x^{n-1}}{(n-1)!} \cdot y + \frac{1}{n!} x^n \cdot 1$$

$$= \sum_{k=0}^{n} \frac{1}{k!(n-k)!} x^k y^{n-k} = \frac{1}{n!} (x+y)^n.$$

于是有

$$E(x) \cdot E(y) = \sum_{n=0}^{\infty} \frac{1}{n!} x^n \cdot \sum_{n=0}^{\infty} \frac{1}{n!} y^n$$

$$= \sum_{n=0}^{\infty} \sum_{k=0}^{n} \frac{1}{k!(n-k)!} x^k y^{n-k} = \sum_{n=0}^{\infty} \frac{1}{n!} (x+y)^n$$

$$= E(x+y).$$

性质 1.9　$\forall x \in \mathbf{R}, E(x) > 0$

事实上, 对于 $x \geqslant 0$, 显然有 $E(x) > 0$. 由性质 1.8, $\forall x \in \mathbf{R}, x \geqslant 0$ 有 $-x \leqslant 0$ 且

$$E(-x) \cdot E(x) = E(0) = 1,$$

故 $E(-x) = \frac{1}{E(x)} > 0$, 于是 $\forall x \in \mathbf{R}$ 有 $E(x) > 0$.

性质 1.10　$E(x)$ 在 $\mathbf{R}$ 上严格增加.

事实上, 幂级数

$$E'(x) = \sum_{n=0}^{\infty} \left(\frac{x^n}{n!}\right)' = \sum_{n=1}^{\infty} \frac{x^{n-1}}{(n-1)!} = \sum_{n=0}^{\infty} \frac{x^n}{n!} = E(x) > 0;$$

于是, $E(x)$ 在 $\mathbf{R}$ 上严格增加.

性质 1.11　$\lim_{x \to +\infty} E(x) = +\infty$, $\lim_{x \to -\infty} E(x) = 0$.

事实上, $\forall x \geqslant 0$,　$\forall n \in \mathbf{N}$, 有

$$S_n(x) = 1 + x + \frac{1}{2!} x^2 + \cdots + \frac{1}{n!} x^n \leqslant E(x).$$

显然 $\lim\limits_{x \to +\infty} S_n(x) = +\infty$，从而有 $\lim\limits_{x \to +\infty} E(x) = +\infty$. 而且

$$\lim_{x \to -\infty} E(x) = \lim_{y \to +\infty} E(-y) = \lim_{y \to +\infty} \frac{1}{E(y)} = 0.$$

性质 1.12 设 $e = \lim\limits_{n \to \infty}(1 + \frac{1}{n})^n$，$E(1) = e$

事实上，令 $S_n = \sum\limits_{k=0}^{n} \frac{1}{k!}$，$\quad t_n = (1 + \frac{1}{n})^n$，则

$$t_n = 1 + 1 + \frac{1}{2!}(1 - \frac{1}{n}) + \frac{1}{3!}(1 - \frac{1}{n})(1 - \frac{2}{n}) + \cdots + \frac{1}{n!}(1 - \frac{1}{n})\cdots(1 - \frac{n-1}{n})$$

$$\leqslant 1 + 1 + \frac{1}{2!} + \frac{1}{3!} + \cdots + \frac{1}{n!} = S_n.$$

所以有

$$e = \lim_{n \to \infty}(1 + \frac{1}{n})^n = \lim_{n \to \infty} t_n \leqslant \lim_{n \to \infty} S_n = \sum_{k=0}^{n} \frac{1}{k!} = E(1).$$

另一方面，若 $n > m$，则有

$$t_n > 1 + 1 + \frac{1}{2!}(1 - \frac{1}{n}) + \cdots + \frac{1}{m!}(1 - \frac{1}{n})\cdots(1 - \frac{m-1}{n}),$$

固定 m，令 $n \to \infty$，则

$$e = \lim_{n \to \infty} t^n \geqslant 1 + 1 + \frac{1}{2!} + \cdots + \frac{1}{m!} = S_m$$

所以有 $E(1) = \lim\limits_{m \to \infty} \sum\limits_{k=0}^{m} \frac{1}{k!} = \lim\limits_{m \to \infty} S_m \leqslant e$，故 $E(1) = e$.

4.2 对数函数的其他定义

在中学数学中，人们将指数函数的反函数定义为对数函数. 在本教材中，我们不使用这种方法定义对数函数. 在这一节中，我们首先用公理化的方法来定义对数函数.

定义 4.2.1 设 $\varphi(x): \mathbf{R}_+ = (0, +\infty) \to \mathbf{R}$，满足

1) $\varphi(x)$ 是 $(0, +\infty)$ 上的连续函数；

2) $\forall x, y \in (0, +\infty)$，有 $\varphi(xy) = \varphi(x) + \varphi(y)$；

3) 对于 $a > 0$，且 $a \neq 1$，有 $\varphi(a) = 1$. 称 $\varphi(x)$ 是以 a 为底 x 的对数，记作 $\varphi(x) = \log_a x$.

下面，我们来证明，对于给定的 $a > 0$ 且 $a \neq 1$，存在 $\varphi(x)$ 满足定义 4.2.1.

为此,我们首先给出下面的引理.

引理 4.2.1　对于任意的 $x > 0$,总存在整数 m（正或负）,使得 $a^m \leqslant x < a^{m+1}$,其中 $a > 1$.

证明　首先假设 $x \geqslant 1$. 若 $x < a$,则 $a^0 \leqslant x < a$,引理 4.2.1 结论成立. 若 $a = x$,则 $a = x < a^2$,引理 4.2.1 结论也成立. 若 $a < x$,则必存在非零自然数 n,使 $x < a^n$. 若不然,则对于数列 $\{a^n\}$,都有 $a^n \leqslant x$. 因 $a > 1$,故有 $a^{n+1} > a^n$,即数列 $\{a^n\}$ 单调递增且有上界,从而可知数列 $\{a^n\}$ 存在极限. 设 $\lim\limits_{n \to \infty} a^n = b$. 有

$$b = \lim_{n \to \infty} a^{n+1} = a \cdot \lim_{n \to \infty} a^n = ab,$$

这与 $a > 1$ 矛盾,因此,存在某一整数 n,使 $x < a^n$,令 $m + 1 = \inf\{n \mid x < a^n\}$,因此有 $a^m \leqslant x < a^{m+1}$.

其次,若 $0 < x < 1$,则 $x^{-1} > 1$. 根据前面的证明,存在自然数 m,使得 $a^m \leqslant x^{-1} < a^{m+1}$,也就是 $a^{-(m+1)} < x \leqslant a^{-m} = a^{-(m+1)+1}$,若 $a^{-(m+1)} < x < a^{-(m+1)+1}$,则结论得证. 若 $x = a^{-(m+1)+1}$,则 $a^{-m} = x < a^{-m+1}$.

引理 4.2.2　对于 $a > 1$ 与任意的自然数 n,存在实数 $z > 1$,使得 $z^n \leqslant a$.

证　由实数的稠密性,存在实数 x,使得 $1 < x < a$. 因此可设 $a = xy$,其中 $y > 1$. 若取 $z = \min\{x, y\}$,则有 $z_1^2 \leqslant xy = a$,且 $z_1 > 1$. 用归纳法定义 $z_n > 1$,使得 $z_n^2 \leqslant z_{n-1}$,于是有 $z_n^{2n} \leqslant a$,当然有 $z^n \leqslant a$.

定理 4.2.1　对于 $a > 1$,存在 $\mathbf{R}_+ = (0, +\infty)$ 到 $\mathbf{R}$ 上的连续严格递增函数 φ,使得

$$\varphi(xy) = \varphi(x) + \varphi(y) \tag{1}$$

证　对于给定的 a,以及 $x \geqslant 1$,令

$$A_x = \left\{ \frac{m}{n} \,\middle|\, m, n \text{ 是整数}, n \geqslant 1, a^m \leqslant x^n \right\}. \tag{2}$$

定义

$$\varphi(x) = \sup A_x, \tag{3}$$

对于 $x \in (0, 1)$,定义

$$\varphi(x) = -\varphi\left(\frac{1}{x}\right). \tag{4}$$

我们来证明,由(2)～(4)式定义的 $\varphi(x)$ 满足定理 4.2.1.

设 $x, y \in \mathbf{R}_+$,对于任意正整数 n,由引理 4.2.1 知存在整数 m, m',使得:

$$a^m \leqslant x^n \leqslant a^{m+1}, \tag{5}$$

$$a^{m'} \leqslant y^n \leqslant a^{m'+1}. \tag{6}$$

由(5)与(6)式得

$$a^{m+m'} \leqslant (xy)^n \leqslant a^{m+m'+2}, \tag{7}$$

因此,我们可得

$$\frac{m}{n} \leqslant \varphi(x) \leqslant \frac{m+1}{n}, \quad \frac{m'}{n} \leqslant \varphi(y) \leqslant \frac{m'+1}{n}.$$

从而有

$$\frac{1}{n}(m+m') \leqslant \varphi(x) + \varphi(y) \leqslant \frac{1}{n}(m+m'+2).$$

由(7)式有

$$\frac{1}{n}(m+m') \leqslant \varphi(xy) \leqslant \frac{1}{n}(m+m'+2).$$

由上二式可得

$$\mid \varphi(xy) - \varphi(x) - \varphi(y) \mid \leqslant \frac{2}{n}.$$

由 n 的任意性,有

$$\varphi(xy) = \varphi(x) + \varphi(y),$$

此外,由 $\varphi(x)$ 的定义即可见 $\varphi(a) = 1$.

由引理 4.2.1 知,$\forall z > 1$,存在正整数 n,使得 $a < z^n$,故有 $f(x) \geqslant \frac{1}{n} > 0$. 若 $x < y$,存在 $z > 1$,使 $y = xz$,由 $\varphi(y) = \varphi(xz) = \varphi(x) + \varphi(z)$ 得,$\varphi(y) > \varphi(x)$,即 φ 是严格单调增加函数.

由引理 4.2.2 知,对任意正整数 n,存在 $z > 1$,使得 $z^n \leqslant a$,从而有 $\varphi(z) \leqslant \frac{1}{n}$. 对于 $x \in (0, +\infty)$,可选取 $\delta > 0$,使 $\frac{x+\delta}{x} < z$,且 $\frac{x-\delta}{x} < \frac{1}{z}$,当 $x \in (x-\delta, x+\delta)$ 时,有 $\varphi(x-\delta) < \varphi(y) < \varphi(x+\delta)$. 从而有

$$\mid \varphi(x) - \varphi(y) \mid \leqslant \max\{\varphi(x+\delta) - \varphi(x)\varphi(y) - \varphi(x-\delta)\}. \tag{8}$$

由 $\frac{x+\delta}{x} < z$ 及 $\frac{x-\delta}{x} < \frac{1}{z}$,得

$$\varphi(x+\delta) < \varphi(xz) = \varphi(x) + \varphi(z),$$
$$\varphi(x) < \varphi(z(x-\delta)) = \varphi(x-\delta) + \varphi(z).$$

由 $\varphi(z) \leqslant \frac{1}{n}$ 及(8)式,我们有

$$\mid \varphi(x) - \varphi(y) \mid < \frac{1}{n}.$$

这就证明了 φ 的连续性.

最后证明 φ 的值域为 $\mathbf{R}$. 由(1)式可见

$$\varphi(1) = \varphi(1 \cdot 1) = \varphi(1) + \varphi(1),$$

即 $\varphi(1) = 0$. 任取 $m \in \mathbf{R}, m > 0$, 可选取 $x > 1$ 与正整数 n, 使 $\varphi(x^n) = n\varphi(x) > m$. 由连续函数介值定理, 存在 $x_0 \in (1, x^n)$, 使 $\varphi(x_0) = m$. 而对于任意 $l < 0$, 因存在 $x \in \mathbf{R}_+$, 使 $\varphi(x) = -l > 0$, 则存在 $y = \dfrac{1}{x} \in \mathbf{R}_+$, 使得

$$0 = \varphi(1) = \varphi(x \cdot y) = \varphi(x) + \varphi(y),$$

$\varphi(y) = -\varphi(x) = l$. 至此, 定理 4.2.1 证毕.

引理 4.2.3　设 f 是从 $\mathbf{R}$ 到 $\mathbf{R}$ 的连续函数, 若 $f(x + y) = f(x) + f(y)$, 则必有 $f(x) = f(1)x$.

证　由引理 4.2.3 的条件, 不难用归纳法证明, 对于任意的自然数 n, 有 $f(nx) = nf(x)$. 根据

$$f(x) = f(0 + x) = f(0) + f(x),$$

于是有 $f(0) = 0$. 进一步地, 由

$$f(0) = f(x - x) = f(x) + f(-x),$$

故 $f(-x) = -f(x)$.

下面来证明: 对于任意的有理数 r, 有

$$f(r) = f(1)r. \tag{9}$$

由前面的讨论知, $f(1) = f(n \cdot \dfrac{1}{n}) = nf(\dfrac{1}{n})$, 从而有 $f(\dfrac{1}{n}) = f(1) \cdot \dfrac{1}{n}$. 对于任意的正整数 $\dfrac{m}{n}$, 有

$$f(\dfrac{m}{n}) = mf(\dfrac{1}{n}) = f(1)\dfrac{m}{n}$$

即(9)式成立. 对于任意实数 x 存在有理数列 $\{r_n\}$, 使得 $\lim\limits_{n \to \infty} r_n = x$. 因 f 连续, 由(9)式, 有

$$f(x) = \lim\limits_{n \to \infty} f(r_n) = \lim\limits_{n \to \infty} f(1) r_n = f(1)x.$$

注 2.1　由定理 4.2.1 可知, $\varphi(x)$ 是 $(0, \infty)$ 上连续的严格单调增加函数, 故其存在反函数 $\varphi^{-1}(x)$, 且

$$\varphi^{-1}(x + y) = \varphi^{-1}(x) \cdot \varphi^{-1}(y), \tag{10}$$

事实上, 因 $\varphi(x)$ 是严格单调增加函数, 故(10)式成立当且仅当

$$\varphi[\varphi^{-1}(x + y)] = \varphi[\varphi^{-1}(x) \cdot \varphi^{-1}(y)],$$

而这个不等式是显然的, 因为

$$\varphi[\varphi^{-1}(x+y)] = x+y = \varphi[\varphi^{-1}(x)] + \varphi[\varphi^{-1}(y)] = \varphi[\varphi^{-1}(x) \cdot \varphi^{-1}(y)].$$

定理 4.2.2 对任何实数 $0 < a < 1$,存在从 $\mathbf{R}_+$ 到 $\mathbf{R}$ 上的连续严格单调减少函数 $\varphi(x)$ 使得

$$\varphi(xy) = \varphi(x) + \varphi(y) \tag{11}$$

且 $\varphi(a) = 1$.

证 选取 $b > 1$,由定理 4.2.1,存在连续的严格单调增加函数 $\varphi_0, \varphi_0(\mathbf{R}_+) = \mathbf{R}$,满足

$$\varphi_0(xy) = \varphi_0(x) + \varphi_0(y)$$

且 $\varphi_0(b) = 1$.设 $g_0(x)$ 是 $\varphi_0(x)$ 的反函数,令

$$h(x) = \varphi(g_0(x))$$

且 φ 满足(10)式.根据注 2.1,从而有

$$\begin{aligned} h(x+y) &= \varphi(g_0(x+y)) \\ &= \varphi(g_0(x) \cdot g_0(y)) \\ &= \varphi(g_0(x)) + \varphi(g_0(y)) \\ &= h(x) + h(y). \end{aligned}$$

由引理 4.2.3 知 $h(x) = cx$. 即

$$\varphi(g_0(y)) = cy.$$

令 $x = g_0(y)$,则 $y = \varphi_0(x)$,代入上式得

$$\varphi(x) = c\varphi_0(x),$$

取 $c = \dfrac{1}{\varphi_0(a)} < 0$,则 φ 满足定理 4.2.2.

上面,我们证明了对数函数的存在性.那么,是否还有其他类的函数满足定义 4.2.1 呢?

定理 4.2.3 对于给定的 a,满足定义 4.2.1 的函数是惟一的.

证明 在(1)式中,令 $x = y$,则得

$$f(x^2) = 2f(x)$$

利用归纳法,可以证明:$\forall n \in \mathbf{N}_+$,有

$$f(x^n) = nf(x)$$

$\forall n \in \mathbf{N}_+$,以 $x^{\frac{1}{n}}$ 代替上式中的 x,有 $f(x) = nf(x^{\frac{1}{n}})$,即 $f(x^{\frac{1}{n}}) = \dfrac{1}{n}f(x)$. 进一步地,$\forall m \in \mathbf{N}$,有

$$f(x^{\frac{m}{n}}) = mf(x^{\frac{1}{n}}) = \frac{m}{n}f(x).$$

在(1)式中,令 $y = 1$,则得

$$f(x) = f(x) + f(1),$$

于是 $f(1) = 0$,即 $f(x^0) = 0f(x)$.

在(1)式中,令 $y = x^{-1}$,有

$$f(x) + f(x^{-1}) = f(x \cdot x^{-1}) = f(1) = 0$$

或 $f(x^{-1}) = -f(x)$,$\forall n, m \in \mathbf{N}(n > 0)$,有

$$f(x^{-\frac{m}{n}}) = -f(x^{\frac{1}{n}}) = -\frac{m}{n}f(x),$$

于是,对任意有理数 r,有

$$f(x^r) = rf(x), \tag{12}$$

令 $x = a$,则得

$$f(a^r) = rf(a) = r.$$

对于 $z \in (0, +\infty)$,存在有理数数列 r_n,使 $\lim\limits_{n \to \infty} r_n = z$,且

$$a^z = \lim_{n \to \infty} a^{r_n}.$$

对于任意的 $x \in (0, +\infty)$,存在惟一的 $z \in \mathbf{R}$ 使 $x = a^z$. 由 f 的连续性

$$f(x) = f(a^z) = \lim_{n \to \infty} f(a^{r_n}) = \lim_{n \to \infty} r_n = z. \tag{13}$$

此即表明满足定义 4.2.1 的函数是惟一的.

注 2.2　从(12)式可得,$\forall x \in (0, +\infty)$,　$\forall y \in \mathbf{R}$,有

$$f(x^y) = yf(x),$$

此式即为

$$\log_a(x^y) = y\log_a x, \tag{14}$$

而公式(1)即为

$$\log_a(xy) = \log_a x + \log_a y.$$

注 2.3　由(13)式可见,对于 $x \in \mathbf{R}$,有

$$a^x = f^{-1}(x),$$

进一步地有

$$a^{\log_a x} = a^{f(x)} = f^{-1}[f(x)] = x. \tag{15}$$

由(14)式与(15)式

$$\log_b x = \log_b(a^{\log_a x}) = \log_a x \cdot \log_b a \tag{16}$$

或者

$$\log_a x = \frac{\log_b x}{\log_b a}. \tag{16'}$$

公式(16)或(16')称之为换底公式,即将以 a 为底的对数转化为以 b 为底的对数时,要乘以一个系数 $\frac{1}{\log_b a}$,这个系数被称之为转换模.

在换底公式(16)中,令 $x = b$ 得

$$\log_a b \cdot \log_b a = 1$$

即 $\log_a b$ 与 $\log_b a$ 互为倒数.

4.3 对数函数的其他定义

在第 4.2 节中,我们给出了对数函数的公理化定义. 这个定义的好处是把对数函数的性质已经刻画出来,例如定义域,值域,连续性,单调性等. 但这个定义有一个致命的弱点,即对于给定的 x,如何计算 $f(x)$? 本节将给出对数函数的积分定义与级数定义,后者告诉我们如何计算 $f(x)$.

在对数函数的研究中,我们对以 e 为底的对数函数更感兴趣,其中

$$e = \lim_{n \to \infty} \left(1 + \frac{1}{n}\right)^n$$

因为它使得某些计算更为简单. 我们称其为自然对数函数,记作 $\ln x$.

注 3.1 e 是无理数,超越数.

4.3.1 用积分的定义

设 $x > 0$,定义

$$L(x) = \int_1^x \frac{1}{t} dt.$$

显然 $L(x)$ 是定义在 $(0, +\infty)$ 上严格单调增加的连续可导函数.

引理 4.3.1 $\forall x, y > 0$,有

$$L(xy) = L(x) + L(y). \tag{1}$$

证 按照定义,

$$L(xy) = \int_1^{xy} \frac{1}{t} dt = \int_1^x \frac{1}{t} dt + \int_x^{xy} \frac{1}{t} dt$$

$$= L(x) + \int_1^y \frac{1}{xt} x dt$$

$$= L(x) + L(y).$$

推论 3.1　$\forall x, y > 0$ 有

$$L(\frac{x}{y}) = L(x) - L(y).$$

引理 4.3.2　$L((0, +\infty)) = (-\infty, +\infty)$.

证　$L(x)$ 在 $(0, +\infty)$ 上是严格增加函数. 我们来考察 $L(2^n)$, 由(1)式, 易见,

$$L(2^n) = nL(2), \quad n \in \mathbf{N}$$

因 $L(2) > 0$, 故有 $\lim\limits_{n \to \infty} L(2^n) = +\infty$. \hfill (2)

由推论 3.1, 注意到 $L(1) = 0$, 有

$$L(2^{-n}) = L((\frac{1}{2})^n) = nL(\frac{1}{2}) = -nL(2),$$

由此得 $\lim\limits_{n \to \infty} L(2^{-n}) = -\infty$. \hfill (3)

(2)与(3)式表明: $L((0, +\infty)) = (-\infty, +\infty)$.

下面证明 $L(e) = 1$. 事实上按照 e 的定义

$$L(e) = L(\lim_{n \to \infty}(1 + \frac{1}{n})^n)$$

$$= \lim_{n \to \infty} L(1 + \frac{1}{n})^n$$

$$= \lim_{n \to \infty} nL(1 + \frac{1}{n})$$

$$= \lim_{n \to \infty} n \int_1^{1+\frac{1}{n}} \frac{1}{t} dt$$

$$= \lim_{n \to \infty} n \cdot \frac{1}{\xi_n} \cdot \frac{1}{n} \quad (1 < \xi_n < 1 + \frac{1}{n})$$

$$= 1.$$

由定理 4.2.3 可知:

定理 4.3.1　$L(x) = \ln x$.

上面用定积分定义了对数函数. 我们也可以不使用积分的运算讨论对数函数, 而直接使用曲边梯形的面积来研究它. 尽管实质上与积分相同, 但我们却回避了积分的概念与运算.

定义 4.3.1　在坐标系 Oxy 中, 由曲线 $f(x) = \frac{1}{x} (x > 0)$, $x = a$, $x = b$ 与 $y = 0$ 所围成的曲边梯形的面积记作 S_a^b. 并约定 $S_a^b = -S_b^a$.

显然有

1)$S_a^a = 0$;

2)$S_a^b + S_b^c = S_a^c$.

首先考虑如下的变换:任取实数 $\mu > 0$,将平面 Oxy 沿 y 轴方向做变换 μy,沿 x 轴方向做变换 $\frac{1}{\mu}x$. 在这个变换下,将点 $A(x,y)$ 变换为点 $A'(x',y') = A'(\frac{1}{\mu}x, \mu y)$. 显然,若点 A 在曲线 $y = \frac{1}{x}$ 上,则点 A' 也在曲线 $y = \frac{1}{x}$ 上.

在这种变换下,任一个两边与 x,y 轴平行的矩形仍变成两边与 x,y 轴平行的矩形,且面积不变. 因为新矩形的长为原矩形长的 $\frac{1}{\mu}$ 倍,而新矩形的宽是原矩形宽的 μ 倍.

利用无限细分,求和,取极限的面积在变换 $(x,y) \to (\frac{1}{\mu}x, \mu y)$ 之下不变. 这时,点 $(a,0)$ 变为点 $(\frac{1}{\mu}a, 0)$,点 $(b,0)$ 变为点 $(\frac{1}{\mu}b, 0)$,而 S_a^b 变为 $S_{\frac{1}{\mu}a}^{\frac{1}{\mu}b}$,故有 $S_a^b = S_{\frac{1}{\mu}a}^{\frac{1}{\mu}b}$. 一般地,我们有如下的定理:

引理 4.3.3　对于任意 $\lambda > 0$,有 $S_a^b = S_{\lambda a}^{\lambda b}$.

引理 4.3.3 显然成立. 至此,我们可以引入自然对数函数了.

定义 4.3.2　对于 $0 < x < \infty$,称函数 S_1^x 为对数函数,记作 $\ln x$.

定理 4.3.2　由定义 4.2.2 给出的函数 $\ln x$ 满足

1)$\ln(x_1 x_2) = \ln x_1 + \ln x_2$;

2)若 $x_1 < x_2$,则 $\ln x_1 < \ln x_2$;

3)$\lim\limits_{x \to x_0} \ln x = \ln x_0$;

4)$\frac{x}{1+x} \leqslant \ln(1+x) \leqslant x$,其中 $x > 0$;

5)当 x 取遍 $(0, +\infty)$ 时,$\ln x$ 取遍 $(-\infty, +\infty)$.

证　1)由定义 4.3.2 引理 4.3.3,有

$$\ln(x_1 x_2) = S_1^{x_1 x_2} = S_1^{x_1} + S_{x_1}^{x_1 x_2}$$

$$= S_1^{x_1} + S_1^{x_2} = \ln x_1 + \ln x_2.$$

2)若 $x_1 < x_2$,则

$$\ln x_2 - \ln x_1 = S_1^{x_2} - S_1^{x_1} = S_{x_1}^{x_2} > 0.$$

3) $|\ln x - \ln x_0| = |S_{x_0}^x| \leqslant |x - x_0| \max\left\{\dfrac{1}{x}, \dfrac{1}{x_0}\right\}$

由上式即可见,当 $x \to x_0$ 时, $|\ln x - \ln x_0| \to 0$.

4) 由定义 $\ln(1 + x) = S_1^{1+x}$ 与 $\dfrac{x}{1+x} < S_1^{1+x} < x$

即得结论 4).

5) 对于 $a > 1$,由 1) 可得 $\ln a^n = n\ln a, \ln a^{-n} = -n\ln a,$

当 $n \to \infty$ 时, $\ln a^n \to +\infty$, $\ln a^{-n} \to -\infty$,再根据 $\ln x$ 的连续性,即可知当 x 取遍 $(0, +\infty)$ 时, $\ln x$ 取遍 $(-\infty, +\infty)$.

4.3.2　用级数的定义

前面分别用公理化方法与面积(积分)方法定义了对数函数 $\ln x$.但是,对于给定的 $x, \ln x$ 的值是什么? 我们至今还不能回答.下面来回答这个问题.

讨论如下的级数

$$\sum_{n=1}^{\infty} (-1)^{n-1} \frac{1}{n} x^n = x - \frac{1}{2} x^2 + \frac{1}{3} x^3 - \cdots. \tag{4}$$

由级数收敛判别法可知,当 $|x| < 1$ 时,级数(4)绝对收敛,从而级数(4)收敛.设其和函数为 $f(x)$,即

$$f(x) = \sum_{n=1}^{\infty} (-1)^{n-1} \frac{1}{n} x^n. \tag{5}$$

下面,我们讨论由上式定义的函数 $f(x)$ 与对数函数的关系.

定理 4.3.3　由(5)式定义的函数 $f(x) = \ln(1 + x)$.

证　对级数(4)逐项求导数得新的级数

$$\sum_{n=1}^{\infty} (-1)^{n-1} x^{n-1} = 1 - x + x^2 - x^3 + \cdots, \tag{6}$$

显然,对于 $|x| < 1$,级数(6)收敛,且收敛于 $\dfrac{1}{1+x}$.由级数理论知,

$$f'(x) = \frac{1}{1+x}, \tag{7}$$

由(7)式得

$$f(x) - f(0) = \int_0^x \frac{1}{1+t} dt,$$

因 $f(0) = 0$

$$f(x) = \int_1^{1+x} \frac{1}{t} \mathrm{d}t,$$

由定理 4.3.1 知，$f(x) = \ln(1+x)$.

注 3.1 由(7)式知

$$(\ln x)' = \frac{1}{x}.$$

注 3.2 公式(5)给出了我们计算 $\ln(1+x)$ 的方法. 令

$$f_m(x) = \sum_{n=1}^{m} (-1)^{n-1} \frac{1}{n} x^n,$$

则可将 $f(x)$ 表示为

$$f(x) = f_m(x) + R_m(x),$$

其中 $R_m(x)$ 为余项.

我们在做 $\ln(1+x)$ 的计算时，可根据误差允许范围的要求，确定 m 值. 只需计算 $f_m(x)$ 即可.

例 1 计算 $\ln 1.5$ (误差不超过 0.001)

解 由级数理论可知，

$$|R_m(x)| \leqslant \frac{1}{m+1} |x|^{m+1}.$$

在这个问题中，$x = 0.5$ 经计算，当 $m = 7$ 时

$$|R_7(x)| \leqslant \frac{1}{8}(0.5)^8 = 0.0004882 < 0.001,$$

从而我们近似可得

$$\ln 1.5 \approx 0.5 - \frac{1}{2}(0.5)^2 + \cdots + \frac{1}{7}(0.5)^7 = 0.405.$$

能够证明，当 $x = 1$ 时，级数(5)收敛，即

$$\ln 2 = 1 - \frac{1}{2} + \frac{1}{3} - \frac{1}{4} + \cdots + (-1)^{n-1} \frac{1}{n} + \cdots. \tag{8}$$

进一步地，我们可以计算

$$\ln(2 + 2x) = \ln 2 + \ln(1+x), \quad -1 < x \leqslant 1.$$

即我们可以对于 $y \in (0, 4]$，计算出 $\ln y$ 的值. 如此下去，对于任意的 $y \in (0, +\infty)$，我们都可计算出 $\ln y$ 的值.

4.4　一些应用

设有数列

$$S_0, S_1, \cdots, S_n, \cdots \tag{1}$$

若

$$S_n = S_{n-1}(1 + q),$$

则称数列(1)是以 $1 + q$ 为公比的等比数列. 从而有

$$S_n = S_0(1 + q)^n. \tag{2}$$

公式(2)常被称做"复利公式".

存款问题　将本金 a 存入银行, 银行每年支付 p % 的利息, 然后每年将利息计入存款, 并按增加了的存款计算利息. 求过 n 年后的存款总额.

解　在银行存满一年存款总额增加 $\dfrac{p}{100}$, 因此, 经过一年, 存款为

$$a + \frac{p}{100}a = a(1 + p\%).$$

第二年初按 $a(1 + p\%)$ 来计算本金. 第二年末, 存款为

$$a(1 + p\%) + a(1 + p\%)\, p\% = a(1 + p\%)^2.$$

如此类推, 经过 n 年后的存款为 $A(n)$, 则

$$A(n) = a(1 + p\%)^n. \tag{3}$$

此问题可进一步深入讨论. 因为要存款满一年方可计算利息不尽合理, 故应考虑下面的"连续计息"问题.

连续计息存款问题　假定本金 a 按每年 p % 计算利息, 但每过一年的 $\dfrac{1}{n}$ 就计息一次. 若每年的利息为 ap % , 那么经过 $\dfrac{1}{n}$ 年, 利息为 $a \cdot p\% \dfrac{1}{n}$, 而本利之和为 $a(1 + p\% \dfrac{1}{n})$. 第二期末存款是 $a(1 + p\% \cdot \dfrac{1}{n})^2$. 按照这样来计算利息, 经过一年后存款为

$$a(1 + p\% \cdot \frac{1}{n})^n,$$

经过 t 年后, 存款为 $A_n(t)$, 则

$$A_n(t) = a(1 + p\% \cdot \frac{1}{n})^{nt}.$$

显然,计算利息的时间间隔越小越合理,我们假定计息时间间隔 $\frac{1}{n}$ 趋于零,即 $n \to \infty$, $A_n(t) \to A(t)$,则

$$A(t) = \lim_{n \to \infty} A_n(t) = a\left[\lim_{n \to \infty}(1 + \frac{p}{100} \cdot \frac{1}{n})^n\right]^t$$
$$= a e^{\frac{p}{100}t}.$$

我们对 $A(t) = a e^{\frac{p}{100}t}$ 两端关于 t 求导,得

$$A'(t) = a \cdot \frac{p}{100} e^{\frac{p}{100}t} = \frac{p}{100} A(t). \tag{4}$$

注 4.1 方程(4)不仅描述了连续利息的存款变化规律,而且在一定条件下,它也描述了生物种群总量的变化规律.

生物统计学告诉我们,某种生物在 t 时刻的总量 $N(t)$ 变化规律为[见文献[14]]

$$N'(t) = aN(t) - bN^2(t). \tag{5}$$

可以证明,当 t 趋于无穷大时,$N(t)$ 趋于 $K = \frac{a}{b}$,这个极限值可以看作为生活环境所能维持的这种生物的最大总量. 通过 K,(5)可写成

$$N'(t) = aN(1 - \frac{b}{a}N) = aN(\frac{K - N}{K}). \tag{6}$$

若 N 远远地小于 K,则 $\frac{K - N}{K}$ 近似为 1,则(6)可化为

$$N'(t) = aN(t). \tag{7}$$

aN 一项称为该物种的"生物潜能". 它是在理想条件下生物的潜在增长率. 如果在食物和生活空间方面不受限制,这个增长率就会实现.

溶液稀释问题 容量为 v 公升的容器内装满酒精与水的混合液. 由其中倒出 r 公升的混合液而补满水. 若最初溶液中含有 a 公升酒精. 这样重复地作了 n 次,容器内还有多少酒精?

解 设 S_{m-1} 是在第 m 次动作开始前,容器中所含酒精的数量. 这时每一公升液体中. 含有 $\frac{S_{m-1}}{v}$ 公升酒精,在 r 公升混合液体中含有 $\frac{r}{v}S_{m-1}$ 公升酒精. 倒出 r 公升混合液后,容器中所剩酒精的数量为 S_m,则

$$S_m = S_{m-1} - \frac{r}{v}S_{m-1} = S_{m-1}(1 - \frac{r}{v}).$$

注意到 $S_{m-1} = S_{m-2}(1 - \frac{r}{v})$,以及 $S_0 = a$,故有

$$S_n = a\left(1 - \frac{r}{v}\right)^n. \tag{8}$$

注 4.2 将(3)式与(8)式做比较可见,它们的表达形式是一致的,所不同的是:在(3)中,$1 + p\% > 1$,而在(8)中,$0 < 1 - \frac{r}{v} < 1$.

本 章 小 结

本章研究了中学数学中两类重要的函数:对数函数与指数函数. 在中学数学教学中,都是先介绍指数函数,并将其反函数定义为对数函数. 本书反其道而行之.

1. 用公理化方法定义(见定义 4.1.1)了对数函数. 我们自然关心如下的问题:

(1)是否有函数满足定义 4.1.1? 定理 4.1.1 与定理 4.1.2 证明了对数函数的存在性.

(2)满足定义 4.1.1 的函数有多少? 定理 4.1.3 证明了满足定义 4.1.1 的函数是惟一的.

(3)设 $\varphi(x)$ 是定义 4.1.1 定义的对数函数,对于给定的 $x > 0$,$\varphi(x)$ 等于什么? 定理 4.2.3 给出了计算公式.

2. 用公理化的方法定义了指数函数,同时也给出了指数函数的其他不同定义,最后给出了指数函数的应用——连续记息存款问题与生物种群的变化规律.

关键词

对数函数,存在性,惟一性,指数函数,幂函数.

习 题 四

1. 证明,对于 $a > 1$,$x, y \in \mathbf{R}$,$x < y$,则 $a^x < a^y$.

2. 证明,$\lim\limits_{x \to +\infty} \left(1 + \frac{1}{x}\right)^x = \mathrm{e}$.

3. 对于 $a > 1, x > 1$,证明集合

$$A_x = \{ \frac{m}{n} \mid m, n \text{ 是整数}, n \geqslant 1, a^m \leqslant x^n \} \text{ 有上界}.$$

4. 设 $f: \mathbf{R} \to \mathbf{R}, f(x)$ 在点 $x = 0$ 连续,且 $f(x + y) = f(x) + f(y)$,则 $f(x) = f(1)x$.

5. 设函数 $y = f(x)(x \in \mathbf{R}, x \neq 0)$ 对于 $x_1 \neq 0, x_2 \neq 0$,恒有 $f(x_1 x_2) = f(x_1) + f(x_2)$,证明:

(1) $f(1) = f(-1) = 0$;

(2) $y = f(x)$ 是偶函数.

6. 设函数 $f(x) = |\ln x|$,若 $0 < a < b$,且 $f(a) > f(b)$,则 $ab < 1$.

7. 已知 $f(x) = \ln \frac{1+x}{1-x}, x \in (-1, 1)$,则 $f(x) = -f(-x)$.

8. 设 $f(x) = \ln \frac{1 + 2^x + 4^x a}{3}, 0 < a < 1$,证明,当 $x \neq 0$ 时,$2f(x) < f(2x)$.

9. 证明,当 $x > 0, y > 0, \beta > \alpha > 0$ 时,有 $(x^\beta + y^\beta)^{\frac{1}{\beta}} < (x^\alpha + y^\alpha)^{\frac{1}{\alpha}}$.

10. 设函数 $f(x)$ 是 $\mathbf{R}$ 上的严格单调的非零函数,且满足 $f(x + y) = f(x) + f(y)$,则 $f(x)$ 是 $\mathbf{R}$ 上的连续函数.

11. 设函数 $f(x)$ 是定义在 $\mathbf{R}$ 上的非零函数,且满足

(1) $f(x + y) = f(x) + f(y)$,

(2) $f(xy) = f(x)f(y)$,

则 $f(x) = x$.

12. 证明,存在惟一的一类连续函数 $\varphi(x)$,使 $\varphi(xy) = \varphi(x)\varphi(y)$.

学 习 指 导

重、难点解析

(一)知识结构

在中学教学中,都是先研究指数函数 a^x,再利用反函数引进对数函数 $\log_a x$. 先来看指数函数的定义:

当 $x = n \in \mathbf{N}$ 时,$a^x = a^n = \underbrace{a \cdot a \cdots a}_{n \uparrow}$

当 $a^n = b$ 时,称 $a = b^{\frac{1}{n}}$;

当 $a = b^{\frac{1}{n}}$ 时,称 $a^m = b^{\frac{m}{n}}$.

至此,我们定义了实数 b 的有理数 $\frac{m}{n}$ 次方的幂.

当 $x \in \mathbf{R} \setminus \mathbf{Q}$ 时,我们可以先取 $x_n \in \mathbf{Q}$,使得 $x_n \to x$,规定

$$a^x = \lim_{n \to \infty} a^{x_n}$$

1),$\forall x, y \in \mathbf{R}$,有 $a^{x+y} = a^x \cdot a^y$;

2)若 $a > 1$,a^x 是严格单调增加的连续函数;$0 < a < 1$,a^x 是严格单调减少的连续函数;

3)$a^x (a > 0, a \neq 1)$ 是从 $(-\infty, +\infty)$ 到 $(0, +\infty)$ 的同构变换,且 $a^0 = 1$.

由指数函数的严格单调性,故存在反函数,即定义:若 $a^y = x$,则称 y 是以 a 为底 x 的对数,记作 $y = \log_a x$.

由指数函数的性质与反函数的性质,有

1')$x, y \in (0, +\infty)$,有 $\log_a (x \cdot y) = \log_a x + \log_a y$;

2')若 $a > 1$,$\log_a x$ 是严格单调增加的连续函数;若 $0 < a < 1$,$\log_a x$ 是严格单调减少的连续函数;

3')$\log_a x (a > 0, a \neq 1)$ 是从 $(0, +\infty)$ 到 $(-\infty, +\infty)$ 的同构变换,且 $\log_a 1 = 0$.

我们能否不利用指数函数的反函数来定义对数函数呢? 本章试图回答这个问题.

什么是对数函数呢? 要回答这个问题通常可有如下的两种方法.

方法一:设 $\varphi(x)$ 是对数函数,首先对于给定的 x 值,能知道 $\varphi(x)$ 是什么.然后证明 $\varphi(x)$ 满足 1'~3'.

事实上,中学数学中的对数函数就是利用上述方法加以研究的.

方法二:首先证明确实存在某个函数 $\varphi(x)$,满足 1'~3'),然后再对于每个给定的 x,计算出 $\varphi(x)$ 是多少.

本章采用了方法二,即所谓的公理化的方法来定义对数函数.

本章的知识结构是:

在第 4.1 节中,我们研究了指数函数,分别用连续扩充方法与公理化的方法定义了指数函数,同时也给出了指数函数的幂级数定义.

在第 4.2 节中,利用公理化的方法来定义对数函数,即

定义 4.2.1　设 $\varphi(x):(0,+\infty)\to\mathbf{R}$ 满足:

1) $\varphi(x)$ 是 $(0,+\infty)$ 上的连续函数;

2) $\forall x,y\in(0,+\infty)$,有 $\varphi(xy)=\varphi(x)+\varphi(y)$;

3) 对于 $a>0,a\neq1,\varphi(a)=1$.

称 $\varphi(x)$ 是以 a 为底 x 的对数,记作 $\varphi(x)=\log_a x$.

　　我们将定义 4.2.1 中的 1)~3) 条件与 1')~3') 做个比较,不难发现其异同. 其不同点在于:①定义 4.2.1 中没有要求 $\varphi((0,+\infty))=\mathbf{R}$;②定义 4.2.1 中没有要求 $\varphi(x)$ 的严格单调性,而定理 4.2.1 中,不仅证明了存在满足定义 4.2.1 的函数 $\varphi(x)$,而且还证明了 $\varphi((0,+\infty))=\mathbf{R}$ 且 $\varphi(x)$ 是严格单调的.

　　这里还要指出,公理化定义是不惟一的. 我们可以将定义 4.2.1 中的 $\varphi(x)$ 是 $(0,+\infty)$ 上的连续函数改变为 $\varphi(x)$ 是 $(0,+\infty)$ 上的严格单调函数.

　　第 4.2 节的主要任务是证明了满足定义 4.2.1 的函数的存在惟一性.

　　在第 4.3 节中,给出了对数函数的其他定义,事实上,这一节的主要目的是回答如何来计算对数函数.

　　计算对数函数的最好方法是级数方法,即令

$$\varphi(x)=x-\frac{1}{2}x^2+\frac{1}{3}x^3-\cdots+(-1)^{n-1}\frac{1}{n}x^n+\cdots,$$

显然,对于 $x\in(-1,1)$,上述级数是收敛的. 因此,$\forall x\in(0,1)$,在误差允许的范围内,我们可以计算出 $\varphi(x)$ 的近似值(事实上,我们根本无法得到它的精确值,故只能计算出近似值).

　　人们自然会问:用如上级数定义的 $\varphi(x)$ 是对数函数吗? 它满足定义 4.2.1 吗?

　　我们的回答是:当然. 但是,验证其满足定义 4.1.1 谈何容易? 例如,定义 4.1.1 中 3),a 是什么,使得如上级数定义的 $\varphi(x)$,有 $\varphi(a)=1$? 为此,我们不得不另寻其他途径.

　　利用级数求导法则与牛顿 - 莱布尼茨积分公式,我们可以得到

$$\varphi(x)=\int_1^{1+x}\frac{1}{t}\mathrm{d}t$$

这是 $\varphi(x)$ 的积分表示,因此,我们有必要引入对数函数的积分定义,即令

$$f(x)=\int_1^x\frac{1}{t}\mathrm{d}t$$

容易证明,$f(x)$ 满足定义 4.2.1 的所有条件,且定义 4.2.1 中 3)的 a 取值为 e,即 $a=\mathrm{e}$.

在第 4.4 节中,主要介绍了指数函数的应用. 一个是连续计息存款问题,一个是溶液稀释问题. 对于前者,我们建立了连续的数学模型,对于后者,我们建立了离散的数学模型.

(二)难点分析

1. 在这一章中,最难的难点应该是定理 4.2.1 的证明,因为这个证明完全是构造性的证明.

在定理 4.2.1 的证明中,令

$$A_x = \left\{ \frac{m}{n} \middle| m, n \text{ 是整数}, n \geqslant 1, a^m \leqslant x^n \right\},$$

且定义

$$\varphi(x) = \sup A_x.$$

我们来分析一下这个定义,若对于 x,恰好存在整数 m, n,使 $a^m = x^n$ 即

$$a^{\frac{m}{n}} = x$$

此时,按定义

$$\varphi(x) = \frac{m}{n}.$$

按中学数学中所讲的对数知识,可知

$$\varphi(x) = \frac{m}{n} = \log_a x.$$

若对于 x,不存在整数 m, n,使 $a^m = x^n$,则可以选取 m_k, n_k,使得 $a^{m_k} < x^{n_k}$,且 $r_k = \frac{m_k}{n_k}$,满足 $r_{k+1} > r_k$,进一步地,能够说明,数列 r_k 有界. 事实上,由

$$a^{m_k} < x^{n_k}$$

即有 $a^{r_k} < x$,由引理 4.2.1 知,对于给定的 x,总存在整数 m_0,使得 $a^{m_0} \leqslant x < a^{m_0+1}$,故 $r_k \leqslant m_0 + 1$,故数列 r_k 有上界,因此,数列 r_k 收敛. 设 $\lim r_k = r$. 此时,有 $r = \sup A_x$,即 $a^r = x$,也就是

$$\varphi(x) = \sup A_x = \log_a x.$$

从上面的分析可以看出,对于给定的 $x > 0$,有 $\varphi(x) = \log_a x$,但是,从定义的运算角度看,定义是完全不一致的.

2. 关于定理 4.2.2 的证明

定理 4.2.1 讨论了 $a > 1$ 的情形,定理 4.2.2 讨论 $0 < a < 1$ 的情形. 定理 4.2.2 的证明完全可以仿照定理 4.2.1 的证明来进行,但是,在完成了定理 4.2.1

的证明之后,我们应该考虑如何来利用定理 4.2.1 的结论去证明 4.2.2.

在定理 4.2.2 的证明中,首先容易选取 $b > 1$,由定理 4.2.1 知,存在 $\varphi(x)$,满足

$$\varphi_0(xy) = \varphi_0(x) + \varphi_0(y),$$

$\varphi_0(b) = 1$,且 $\varphi_0(x)$ 在 $(0, +\infty)$ 上连续且严格单调增加. 构造新的函数

$$\varphi(x) = \frac{1}{\varphi_0(a)} \varphi_0(x),$$

即满足了定理 4.2.2 的要求. 其实,这个新函数的构造,就是使用对数的换底公式.

3. 关于用级数定义的对数函数

在前面的内容中,定义了函数

$$f(x) = \sum_{n=1}^{\infty} (-1)^{n-1} \frac{1}{n} x^n.$$

它的收敛域是 $(-1, 1]$,即 $f(x)$ 定义在 $(-1, 1]$ 上,而在这个区间的外面,$f(x)$ 是没有定义的.

在定理 4.3.3 的证明中,为了得到 $f(x)$ 的积分表示,采取了对级数逐项求导的方法. 当然要提出这样的问题:是否可以对其逐项求导?

回顾一下级数可以逐项求导的条件:若级数 $\sum\limits_{n=1}^{\infty} u_n(x)$ 在 $[a, b]$ 上收敛,且 $\sum\limits_{n=1}^{\infty} u'_n(x)$ 在 $[a, b]$ 上一致收敛,则级数 $\sum\limits_{n=1}^{\infty} u_n(x)$ 在 $[a, b]$ 上可导,且

$$\left(\sum_{n=1}^{\infty} u_n(x) \right)' = \sum_{n=1}^{\infty} u'_n(x), \quad x \in [a, b].$$

在我们所讨论的问题中,$u_n(x) = (-1)^{n-1} \frac{1}{n} x^n$,

$$\sum_{n=1}^{\infty} u'_n(x) = \sum_{n=1}^{\infty} (-1)^n x^n,$$

在 $(-1, 1)$ 内非一致收敛,但对于 $x \in (-1, 1)$,存在区间 $[a, b]$,使得 $x \in [a, b] \subset (-1, 1)$,且级数

$$\sum_{n=1}^{\infty} u'_n(x) = \sum_{n=1}^{\infty} (-1)^n x^n$$

在 $[a, b]$ 内一致收敛,故在 $[a, b]$ 内有

$$f'(x) = 1 - x + x^2 - x^3 + \cdots.$$

由于 $x \in (-1, 1)$ 的任意性,从而有

$$f'(x) = \sum_{n=0}^{\infty} (-1)^n x^n \quad x \in (-1,1)$$

由此我们得到

$$f(x) = \int_1^{1+x} \frac{1}{t} dt = \ln(1+x).$$

4. $a^x(a>1)$ 与 $\log_a x$ 大小的比较.

由本章内容知,当 $x \to +\infty$ 时,有 $a^x \to +\infty (a>1)$,且 $\log_a x \to +\infty$,那么,它们趋于无穷大的情况是否相同呢?

我们的结论是:当 $x \to +\infty$ 时,a^x 趋于无穷大的速度远远大于 $\log_a x$ 趋于无穷大的速度,即 a^x 是 $\log_a x$ 的高阶无穷大. 事实上

$$\lim_{x \to +\infty} \frac{a^x}{\log_a x} = \lim_{x \to +\infty} \frac{(a^x)'}{(\log_a x)'} = \lim_{x \to +\infty} \frac{a^x \ln a}{\frac{1}{x \ln a}} = +\infty.$$

第5章 三角函数

学习目标

1. 理解三角函数的公理化定义,了解三角函数的公理体系.
2. 理解三角函数的性质,并能够用分析的方法研究三角函数.
3. 掌握三角函数的级数定义,并会进行三角函数的计算与误差估计.
4. 通过本章的学习进一步巩固微积分学的基本知识.

导　学

三角函数是一类重要的基本初等函数,它是研究周期现象的重要工具之一.

在中学数学中,人们利用几何的方法定义了三角函数.这样定义三角函数的好处是它具有明确的几何意义,直观而易于接受,但人们很难知道三角函数的本质属性是什么.本章我们利用公理化的方法去定义三角函数,从而使我们看到三角函数的本质属性.

本章以三角函数为背景,向我们介绍了如何用分析的方法去研究一类函数方程问题.

学习本章知识的意义不仅在于我们从多角度认识三角函数,更在于进一步掌握与巩固数学分析的基本知识.

5.1　公理化定义

本节将给出三角函数的公理化定义,即将三角函数定义为具有某些能精确描述的特征性质的函数,根据这些特殊性质,可以推出这些函数所具有的其他性质.

定义 5.1.1　若函数 $s(x), c(x)$ 满足如下的条件:

(1)在全体实数集 **R** 上有定义;

(2)满足函数方程: $\forall x, y \in \mathbf{R}$,
$$c(x - y) = c(x)c(y) + s(x)s(y);$$

(3)存在实数 $\lambda > 0$,使得
$$c(x) > 0, s(x) > 0,当 x \in (0, \lambda);$$

(4) $c(0) = s(\lambda) = 1$

则分别称 $s(x), c(x)$ 为**正弦函数**与**余弦函数**.

我们自然会提出如下的两个问题:其一,是否有函数满足定义 5.1.1 中的条件(1)~(4)？ 其二,若存在函数组 $\{s(x), c(x)\}$ 满足条件(1)~(4),那么,这样的函数组有多少？

事实上,对于 $\lambda > 0, s(x) = \sin \dfrac{\pi}{2\lambda} x, c(x) = \cos \dfrac{\pi}{2\lambda} x$ 就可以满足定义 5.1.1 中的条件(1)~(4).

第二个问题将在第三节中来回答.

下面我们将推导正弦函数与余弦函数所具有的初等性质.

命题 1.1　$s(x)$ 与 $c(x)$ 在实数集 $\mathbf{R}$ 上满足恒等式
$$s^2(x) + c^2(x) = 1. \tag{1}$$

证　在条件(2)中取 $y = x$,且根据 $c(0) = 1$,即得此命题结论.

推论 1.1　$s(x)$ 与 $c(x)$ 是 $\mathbf{R}$ 上的有界函数.

事实上,由(1)式知, $\forall x \in \mathbf{R}, |s(x)| \leqslant 1, |c(x)| \leqslant 1$.

推论 1.2　$s(0) = c(\lambda) = 0$.

事实上由条件(4)与式(1)即可得此结论.

命题 1.2　对于 $x \in \mathbf{R}$,有
$$c(\lambda - x) = s(x), s(\lambda - x) = c(x). \tag{2}$$

证　在条件(2)中,用 λ 代替 x,用 x 代替 y 并根据推论 1.2,得
$$c(\lambda - x) = c(\lambda)c(x) + s(\lambda)s(x) = s(x),$$
在上式中,以 $\lambda - x$ 代替 x,即得 $s(\lambda - x) = c(x)$.

命题 1.3　对于 $s(x)$,加法公式成立:
$$s(x + y) = s(x)c(y) + c(x)s(y). \tag{3}$$

证　由命题 1.2,有
$$\begin{aligned}
s(x + y) &= c[\lambda - (x + y)] = c[(\lambda - x) - y] \\
&= c(\lambda - x)c(y) + s(\lambda - x)s(y) \\
&= s(x)c(y) + c(x)s(y).
\end{aligned}$$

命题 1.4　$s(x)$ 是奇函数，$c(x)$ 是偶函数.

证　在条件(2)中，令 $x = 0$，得

$$c(-y) = c(0)c(y) + s(0)s(y) = c(y),$$

即 $c(x)$ 是偶函数，在(3)式中，令 $y = -x$，得

$$0 = s(x-x) = s(x)c(-x) + c(x)s(-x) \tag{4}$$
$$= c(x)[s(x) + s(-x)].$$

分两种情形来讨论：

情形一　$c(x) \neq 0$，则由式(4)得

$$s(x) = -s(-x).$$

情形二　若 $c(x) = 0$，令 $y \in (0, \lambda)$，注意到 $c(-x) = c(x) = 0$，得

$$c(x+y) = c(x-(-y))$$
$$= c(x)c(-y) + s(x)s(-y) \tag{5}$$
$$= s(x)s(-y)$$

与

$$c(y+x) = c(y-(-x))$$
$$= c(y)c(-x) + s(y)s(-x) \tag{6}$$
$$= s(y)s(-x),$$

由条件(3)，$c(y) > 0$，$s(y) > 0$，由情形一知 $s(y) = -s(-y)$，由(5)式与(6)式知

$$-s(x)s(y) = s(y)s(-x),$$

因 $s(y) > 0$，故有 $-s(x) = s(-x)$.

总括情形一与情形二，$s(x)$ 是奇函数.

命题 1.5　如下的加法公式成立：

$$c(x+y) = c(x)c(y) - s(x)s(y), \tag{7}$$
$$s(x-y) = s(x)c(y) - s(y)c(x). \tag{8}$$

证　由条件(2)，命题 1.3 与命题 1.4，即可得该命题的结论.

命题 1.6　有如下的积化和差、和差化积、倍自变量、半自变量公式成立：

$$\begin{cases} c(x)c(y) = \dfrac{1}{2}[c(x+y) + c(x-y)] \\[2mm] s(x)s(y) = \dfrac{1}{2}[c(x-y) - c(x+y)] \\[2mm] c(x)s(y) = \dfrac{1}{2}[s(x+y) - s(x-y)] \end{cases} \tag{9}$$

$$\begin{cases} c(x) + c(y) = 2c(\frac{x+y}{2})c(\frac{x-y}{2}) \\ \\ c(x) - c(y) = -2s(\frac{x+y}{2})s(\frac{x-y}{2}) \\ \\ s(x) + s(y) = 2s(\frac{x+y}{2})c(\frac{x-y}{2}) \\ \\ s(x) - s(y) = 2c(\frac{x+y}{2})s(\frac{x-y}{2}) \end{cases} \tag{10}$$

$$s(2x) = 2s(x)c(x); c(2x) = c^2(x) - s^2(x) \tag{11}$$

$$c(\frac{x}{2}) = \pm(\frac{1}{2}(1 + c(x)))^{\frac{1}{2}}$$

$$s(\frac{x}{2}) = \pm(\frac{1}{2}(1 - c(x)))^{\frac{1}{2}}. \tag{12}$$

证明积化和差公式(9)可由加法公式(条件(2),式(3)(7)与(8))把相应的恒等式逐项加减而得出.

和差化积公式(10)可直接由加法公式导出. 例如:

$$c(x) + c(y) = c(\frac{x+y}{2} + \frac{x-y}{2}) + c(\frac{x+y}{2} - \frac{x-y}{2})$$

$$= c(\frac{x+y}{2})c(\frac{x-y}{2}) - s(\frac{x+y}{2})s(\frac{x-y}{2})$$

$$+ c(\frac{x+y}{2})c(\frac{x-y}{2}) + s(\frac{x+y}{2})s(\frac{x-y}{2})$$

$$= 2c(\frac{x+y}{2})c(\frac{x-y}{2})$$

二倍自变量公式(11)可由条件(2)以及(3)式中取 $y = x$ 而得出.

为证明半自变量公式(12),我们只须注意到如下的关系式

$$c(x) = c(\frac{x}{2} + \frac{x}{2}) = c^2(\frac{x}{2}) - s^2(\frac{x}{2})$$

$$= 2c^2(\frac{x}{2}) - 1 = 1 - 2s^2(\frac{x}{2})$$

即可.

命题 1.7 如下的简化公式成立:

$$\begin{cases} c(x + \lambda) = -s(x); & s(x + \lambda) = c(x); \\ c(x + 2\lambda) = -c(x); & s(x + 2\lambda) = -s(x); \\ c(x + 3\lambda) = s(x); & s(x + 3\lambda) = -c(x); \\ c(x + 4\lambda) = c(x); & s(x + 4\lambda) = s(x). \end{cases} \tag{13}$$

证 计算 $s(x)$ 与 $c(x)$ 在点 $\lambda,2\lambda,3\lambda,4\lambda$ 的值,有

$$s(\lambda) = 1, c(\lambda) = 0;$$

$$s(2\lambda) = 2s(\lambda)c(\lambda) = 0,$$

$$c(2\lambda) = c^2(\lambda) - s^2(\lambda) = -1,$$

$$s(3\lambda) = s(\lambda)c(2\lambda) + s(2\lambda)c(\lambda) = -1,$$

$$c(3\lambda) = c(\lambda)c(2\lambda) - s(\lambda)s(2\lambda) = 0,$$

最后,有

$$s(4\lambda) = 2s(2\lambda)c(2\lambda) = 0, \quad c(4\lambda) = c^2(2\lambda) - s^2(2\lambda) = 1.$$

利用加法公式,即可证明公式(13),例如,

$$c(x+4\lambda) = c(x)c(4\lambda) - s(x)s(4\lambda) = c(x),$$

$$s(x+4\lambda) = s(x)c(4\lambda) + c(x)s(4\lambda) = s(x).$$

推论 1.3 $s(x)$ 与 $c(x)$ 是周期函数,4λ 是一个周期.

事实上,可以计算得 $c(x-4\lambda) = c(x)$, $s(x-4\lambda) = s(x)$ 故有此推论的结论.

推论 1.4 $s(x)$ 与 $c(x)$ 在 $k\lambda,(k+1)\lambda$(其中 k 是任意整数)内正负值不变.

事实上,在 $(0,\lambda)$ 内,$s(x) > 0, c(x) > 0$. 当 $x \in (\lambda,2\lambda)$ 时,存在 $y \in (0,\lambda)$,使得 $x = \lambda + y$,由命题 1.7,有

$$s(x) = s(\lambda + y) = c(y) > 0, \quad c(x) = c(\lambda + y) = -s(y) < 0.$$

同理可得:当 $x \in (2\lambda,3\lambda)$ 时,$s(x) < 0, c(x) < 0$;当 $x \in (3\lambda,4\lambda)$ 时,$s(x) < 0, c(x) > 0$.

对于任意的整数 k,存在整数 m 以及 $l, 0 \leqslant l \leqslant 3$,使得 $k = 4m + l$. 故当 $x \in (k\lambda,(k+1)\lambda)$ 时,存在 $y \in (0,\lambda)$,使 $x = 4m\lambda + l\lambda + y$,故

$$s(x) = s(l\lambda + y), \quad c(x) = c(l\lambda + y),$$

由前面讨论知,$s(x)$ 与 $c(x)$ 在 $(k\lambda,(k+a)\lambda)$ 内正负值不变.

注 1.1 由前面的讨论知,当 $x \in (0,2\lambda)$ 时,$s(x) > 0$,当 $x \in (2\lambda,4\lambda)$ 时,$s(x) < 0$;当 $x \in (-\lambda,\lambda)$ 时,$c(x) > 0$,,当 $x \in (\lambda,3\lambda)$ 时,$c(x) < 0$.

命题 1.8 在开区间 $(0,2\lambda)$ 内,$c(x)$ 是单调减少函数;在开区间 $(2\lambda,4\lambda)$ 内,$c(x)$ 是单调增加函数.

证 设 $0 < x_1 < x_2 < 2\lambda$,则

$$c(x_2) - c(x_1) = -2s\left(\frac{x_2 - x_1}{2}\right)s\left(\frac{x_2 + x_1}{2}\right), \tag{14}$$

因 $0 < \frac{1}{2}(x_2 - x_1) < \lambda, 0 < \frac{1}{2}(x_2 + x_1) < 2\lambda$，故 $s(\frac{x_2 - x_1}{2}) > 0, s(\frac{x_2 + x_1}{2}) > 0$，所以 $c(x_2) < c(x_1)$，即 $c(x)$ 在区间 $(0, 2\lambda)$ 内是单调减少函数.

当 $2\lambda < x_1 < x_2 < 4\lambda$ 时，则有 $0 < \frac{1}{2}(x_2 - x_1) < \lambda$，$2\lambda < \frac{1}{2}(x_2 + x_1) < 4\lambda$，从而有 $s(\frac{x_2 - x_1}{2}) > 0$，$s(\frac{x_2 + x_1}{2}) < 0$，由 (14) 式知，$c(x_2) - c(x_1) > 0$，即 $c(x)$ 在区间 $(2\lambda, 4\lambda)$ 内是单调增加函数.

注 1.2 用同样方法可证明如下的结论：

在开区间 $(-\lambda, \lambda)$ 内函数 $s(x)$ 是单调增加函数，在开区间 $(\lambda, 3\lambda)$ 内函数 $s(x)$ 是单调减少函数.

5.2 三角函数的分析性质

在本节，我们将讨论三角函数的连续性与可导性.

先证明下面的引理：

引理 5.2.1 函数 $c(x)$ 在点 $x = 0$ 处连续.

证 因 $c(0) = 1$，故要证明该引理，只需证

$$\lim_{x \to 0} c(x) = 1.$$

由于 $c(x)$ 是偶函数，若 $\lim_{x \to 0^+} c(x) = 1$，则 $\lim_{x \to 0^-} c(x) = \lim_{y \to 0^+} c(-y) = \lim_{y \to 0^+} c(y) = 1$，即 $\lim_{x \to 0} c(x) = 1$. 所以，我们只需要证明

$$\lim_{x \to 0^+} c(x) = 1.$$

因为 $c(x)$ 在 $(0, \lambda)$ 内单调且有界，故 $\lim_{x \to 0^+} c(x)$ 存在，设 $\lim_{x \to 0^+} c(x) = l$. 现任取收敛于 0 的数列 $\{x_n\}$，$0 < x_n < \lambda$，则 $\lim_{n \to \infty} c(x_n) = l$. 特别地，我们先取数列

$$x_0 = \lambda, x_1 = \frac{\lambda}{2}, \cdots, x_n = \frac{\lambda}{2^n}, \cdots$$

依次应用半自变量的公式，得

$$c(x_0) = 0, \quad c(x_1) = \frac{1}{2}\sqrt{2},$$

$$c(x_2) = \frac{1}{2}\sqrt{2 + \sqrt{2}},$$

$$c(x_3) = \frac{1}{2}\sqrt{2 + \sqrt{2 + \sqrt{2}}},$$

一般地,应用数学归纳法,有

$$c(x_n) = \frac{1}{2}\sqrt{2 + \sqrt{2 + \cdots + \sqrt{2}}}(n \text{ 个根号}). \tag{1}$$

令 $a_n = 2c(x_n)$,则由(1)式得

$$a_n = \sqrt{2 + a_{n-1}}.$$

因 $\lim\limits_{n\to\infty} a_n = 2\lim\limits_{n\to\infty} c(x_n) = 2l$,由上式可得

$$2l = \lim_{n\to\infty} a_n = \lim_{n\to\infty}\sqrt{2 + a_{n-1}} = \sqrt{2 + 2l}.$$

将上式两端平方得 $4l^2 - 2 - 2l = 0$. 由此得 $l = 1$ 或 $l = -\frac{1}{2}$. 因为 $c(x_n) >$

$c(x_{n-1}) > \cdots > c(x_0) = 0$,故 $l = 1$,由极限的惟一性,应舍去 $l = -\frac{1}{2}$,引理 5.2.1

得证.

推论 2.1   函数 $s(x)$在点 $x = 0$ 处连续.

事实上,

$$\lim_{x\to 0} s(x) = \lim_{x\to 0}[\pm\sqrt{1 - c^2(x)}] = 0$$

即 $s(0) = 0 = \lim\limits_{x\to 0} s(x)$,故 $s(x)$在点 $x = 0$ 处连续.

定理 5.2.1   函数 $s(x)$与 $c(x)$在 $\mathbf{R}$ 上连续.

证   对于任意的 $x, y \in \mathbf{R}$,根据

$$s(x + y) = s(x)c(y) + s(y)c(x),$$

从而有

$$\lim_{y\to 0} s(x + y) = s(x)\lim_{y\to 0} c(y) + c(x)\lim_{y\to 0} s(y) = s(x),$$

即 $s(x)$是 $\mathbf{R}$ 上的连续函数.

同理可证 $c(x)$是 $\mathbf{R}$ 上的连续函数.

注 2.1   由 $s(x)$的连续性可知,在闭区间$[-\lambda, \lambda]$内函数由 -1 递增到 1,且取到$[-1, 1]$中的所有值.

下面,我们来讨论 $s(t)$与 $c(t)$的可微性,设$\{a_n\}$是引理 5.2.1 给出的数列,且令 $b_n = \sqrt{2 - a_n}$,因 $a_n \to 2$,故 $b_n \to 0$.

引理 5.2.2 $\lim\limits_{n\to\infty} 2^n b_{n-2} = 2\pi$.

证   取单位圆,将其等分,第一次二等分,第二次四等分,……,第 n 次 2^n 等分,…….第一次分割,所得弦为直径,长度为 2,第二次分割,所得弦长为$\sqrt{2}$,……,第 $n - 1$ 次分割,所得弦长为 b'_{n-1},第 n 次分割,所得弦长为 b'_n(如图 5-1)

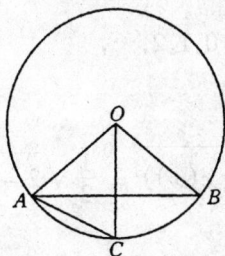

图 5-1

$$AB = b'_{n-1}, AC = b'_n, \angle AOB = \alpha, \angle AOC = \frac{\alpha}{2}.$$

由余弦定理，

$$\cos\alpha = \frac{1}{2}\left[2 - (b'_{n-1})^2\right]$$

$$(b'_n)^2 = OA^2 + OC^2 - 2OA \cdot OC\cos\frac{\alpha}{2}$$

$$= 2 - 2\cos\frac{\alpha}{2}$$

$$= 2 - 2\sqrt{\frac{1}{2}(1 + \cos\alpha)}$$

$$= 2 - \sqrt{2\left[1 + \frac{1}{2}(2 - (b'_{n-1})^2)\right]}$$

$$= 2 - \sqrt{4 - (b'_{n-1})^2},$$

故有

$$b'_n = \sqrt{2 - \sqrt{4 - (b'_{n-1})^2}}.$$

因 $b'_1 = 2, b'_2 = \sqrt{2 - \sqrt{4 - (b'_1)^2}} = \sqrt{2}$, $b'_3 = \sqrt{2 - \sqrt{4 - (b'_2)^2}} = \sqrt{2 - \sqrt{2}}$,

$b'_4 = \sqrt{2 - \sqrt{4 - (b'_3)^2}} = \sqrt{2 - \sqrt{2 + \sqrt{2}}}$. 一般地有，

$$b'_n = \sqrt{2 - \sqrt{4 - (b'_{n-1})^2}} = \sqrt{2 - \sqrt{2 + \cdots + \sqrt{2}}} = \sqrt{2 - a_{n-2}} = b_{n-2}.$$

因单位圆周长为 2π,且为内接正多边形周长序列的极限,故有

$$\lim_{n\to\infty} 2^n b_{n-2} = \lim_{n\to\infty} 2^n b'_n = 2\pi. \quad \square$$

引理 5.2.3 $\lim_{n\to\infty} \dfrac{s\left(\dfrac{\lambda}{2^n}\right)}{\dfrac{\lambda}{2^n}} = \dfrac{\pi}{2\lambda}$.

证明 选取点列 $\left\{\dfrac{\lambda}{2^n}\right\}$, $n = 0, 1, 2, \cdots$,

根据公式

$$s\left(\frac{x}{2}\right) = \sqrt{\frac{1}{2}(1 - c(x))} = \frac{1}{2}\sqrt{2 - 2\sqrt{1 - s^2(x)}},$$

可以得

$$s(\lambda) = 1$$

$$s\left(\frac{\lambda}{2}\right) = \frac{1}{2}\sqrt{2 - 2\sqrt{1 - 1^2}} = \frac{1}{2}\sqrt{2},$$

$$s\left(\frac{\lambda}{2^2}\right) = \frac{1}{2}\sqrt{2 - 2\sqrt{1 - s^2\left(\frac{\lambda}{2}\right)}} = \frac{1}{2}\sqrt{2 - \sqrt{2}},$$

$$s\left(\frac{\lambda}{2^3}\right) = \frac{1}{2}\sqrt{2 - 2\sqrt{1 - s^2\left(\frac{\lambda}{2^2}\right)}} = \frac{1}{2}\sqrt{2 - \sqrt{2 + \sqrt{2}}},$$

......

一般地,我们有

$$s\left(\frac{\lambda}{2^n}\right) = \frac{1}{2}\sqrt{2 - a_{n-1}} = \frac{1}{2}b_{n-1},$$

于是有

$$s\left(\frac{\lambda}{2^n}\right)\Big/ \frac{\lambda}{2^n} = \frac{1}{2}b_{n-1}\Big/\frac{\lambda}{2^n} = \frac{2^{n+1}b_{n-1}}{4\lambda},$$

由引理 5.2.2 有

$$\lim_{n \to \infty} \frac{s\left(\frac{\lambda}{2^n}\right)}{\frac{\lambda}{2^n}} = \lim_{n \to \infty} \frac{2^{n+1}b_{n-1}}{4\lambda} = \frac{\pi}{2\lambda}. \quad \square$$

下面,我们定义两个新的函数:

$$f(t) = \frac{\pi}{2\lambda}\int_0^t c(\tau)\mathrm{d}\tau \tag{1}$$

$$g(t) = \frac{\pi}{2\lambda}\int_0^{\lambda - t} c(\tau)\mathrm{d}\tau \tag{2}$$

其中 $c(\tau)$ 为余弦函数,我们来考察这两个函数的性质.

性质 1 $f'(t) = \dfrac{\pi}{2\lambda}c(t)$, $g'(t) = -\dfrac{\pi}{2\lambda}s(t)$.

证明 此性质显然,且由此性质我们可以得到

$$g(t) = g(0) - \frac{\pi}{2\lambda}\int_0^t s(\tau)\mathrm{d}\tau. \tag{3}$$

性质 2 $f(t)$是奇函数,$g(t)$是偶函数.

证 因$c(t)$是偶函数,并据(1)式,有

$$f(-t) = \frac{\pi}{2\lambda}\int_0^{-t} c(\tau)\mathrm{d}\tau = -\frac{\pi}{2\lambda}\int_0^t c(-\sigma)\mathrm{d}\sigma$$

$$= -\frac{\pi}{2\lambda}\int_0^t c(\sigma)\mathrm{d}\sigma = -f(t),$$

即$f(t)$是奇函数. 因$s(t)$是奇函数,利用(3)式得

$$g(-t) = g(0) - \frac{\pi}{2\lambda}\int_0^{-t} s(\tau)\mathrm{d}\tau$$

$$= g(0) + \frac{\pi}{2\lambda}\int_0^t s(-\sigma)\mathrm{d}\sigma$$

$$= g(0) - \frac{\pi}{2\lambda}\int_0^t s(\sigma)\mathrm{d}\sigma = g(t),$$

故$g(t)$是偶函数. □

性质 3 $f(\lambda - t) = g(t), \quad g(\lambda - t) = f(t).$ (4)

证 由定义直接得此关系式

性质 4 $f(t + y) = f(t)c(y) + g(t)s(y) - s(y)g(0) + f(y).$ (5)

证

$$f(t + y) - f(y) = \frac{\pi}{2\lambda}\int_y^{t+y} c(\tau)\mathrm{d}\tau = \frac{\pi}{2\lambda}\int_0^t c(\sigma + y)\mathrm{d}\sigma$$

$$= \frac{\pi}{2\lambda}\int_0^t [c(\sigma)c(y) - s(\sigma)s(y)]\mathrm{d}\sigma$$

$$= \frac{\pi}{2\lambda}[c(y)\int_0^t c(\sigma)\mathrm{d}\sigma - s(y)\int_0^t s(\sigma)\mathrm{d}\sigma]$$

$$= c(y)f(t) + s(y)g(t) - s(y)g(0). □$$

定理 5.2.2 $s(t)$与$c(t)$均为 **R** 上的可导函数,且

$$s'(t) = \frac{\pi}{2\lambda}c(t), c'(t) = -\frac{\pi}{2\lambda}s(t).①$$

证 由本节的性质 1 可见,若我们能够证明$f(t) = s(t), g(t) = c(t)$,则该定理即得证.下面,我们证明$f(t) = s(t), g(t) = c(t)$.

在(5)式中,以$-y$代替y,且注意到$f(t)$与$s(t)$均为奇函数,$c(t)$为偶函

---

① 定理 5.2.2 的证明是由东北师大数学系 92 届毕业生牛立军同志完成的.

数,从而有

$$f(t - y) = f(t)c(y) - g(t)s(y) + s(y)g(0) - f(y).\qquad(6)$$

将(5)式与(6)式相加得

$$f(t + y) + f(t - y) = 2f(t)c(y).$$

在上式中令 $t = \lambda$,得

$$f(\lambda + y) + f(\lambda - y) = 2f(\lambda)c(y).\qquad(7)$$

注意到 $f(\lambda - y) = g(y)$,$f(\lambda + y) = g(-y) = g(y)$,由(7)式得

$$g(y) = f(\lambda)c(y),\qquad(8)$$

此外有

$$f(x) = g(\lambda - x) = f(\lambda)c(\lambda - x) = f(\lambda)s(x).\qquad(9)$$

由(8)式与(9)式可见,若能够证明 $f(\lambda) = 1$,则该定理就得到了证明.

下面证明 $f(\lambda) = 1$.

首先,我们有如下的等式

$$2s\left(\frac{\alpha}{2}\right)\sum_{i=1}^{n} c(i\alpha) = s\left(\frac{2n+1}{2}\alpha\right) - s\left(\frac{\alpha}{2}\right),\qquad(10)$$

该等式可由 5.1 节中的积化和差公式得到.

其次,我们将区间 $[0, \lambda]$ n 等分,$n = 2^k$,小区间长度 $\alpha = \dfrac{\lambda}{n}$,则

$$f(\lambda) = \frac{\pi}{2\lambda}\int_0^\lambda c(\tau)\mathrm{d}\tau = \frac{\pi}{2\lambda}\lim_{n\to\infty}\sum_{i=1}^{n} c(i\alpha) \cdot \alpha$$

$$= \frac{\pi}{2\lambda}\lim_{n\to\infty}\frac{s\left(\frac{2n+1}{2}\alpha\right) - s\left(\frac{\alpha}{2}\right)}{2s\left(\frac{\alpha}{2}\right)} \cdot \alpha$$

$$= \frac{\pi}{2\lambda}\lim_{n\to\infty}\left[s\left(\frac{2n+1}{2n}\lambda\right) - s\left(\frac{\lambda}{2n}\right)\right]\frac{\frac{\lambda}{2n}}{s\left(\frac{\lambda}{2n}\right)}$$

$$= \frac{\pi}{2\lambda}\lim_{k\to\infty}\left[s\left(\frac{2^{k+1}+1}{2^{k+1}}\lambda\right) - s\left(\frac{\lambda}{2^{k+1}}\right)\right]\frac{\frac{\lambda}{2^{k+1}}}{s\left(\frac{\lambda}{2^{k+1}}\right)}$$

$$= s(\lambda) - s(0) = 1.$$

推论 2.2 $s(t)$ 与 $c(t)$ 是无穷次可微函数.

5.3　几何解释与惟一性

用几何方法定义的三角函数,有着明显的几何意义.下面,我们来讨论用公理化方法定义的正弦函数与余弦函数的几何意义.

定理 5.3.1　给定在闭区间 $[0,4\lambda]$ 内的方程组

$$x = c(t), y = s(t) \tag{1}$$

给出了单位圆周的参数表示.

证　考察方程组(1)在闭区间 $[0,\lambda]$ 上确定的曲线,在这一区间上,$c(t)$ 与 $s(t)$ 是连续且单调的,故方程组(1)在平面上确定某一个简单的曲线.

对于 $t \in [0,\lambda]$,曲线上相应的点 $P(x,y)$ 在第一个四分之一单位圆周上. 这是因为

$$x^2 + y^2 = c^2(t) + s^2(t) = 1$$
$$c(t) \geqslant 0, s(t) \geqslant 0$$

相反地,假设 $P(x,y)$ 是单位圆周第一个四分之一曲线上的点;

$$y = \sqrt{1 - x^2}, \text{其中} 0 \leqslant x \leqslant 1,$$

这一点相当于参数 t 在闭区间 $[0,\lambda]$ 上的一个值,对于它的函数 $c(t)$ 的值等于 x.

弧的端点是:

$$t = 0, x = c(0) = 1, y = s(0) = 0;$$
$$t = \lambda, x = c(\lambda) = 0, y = s(\lambda) = 1.$$

同样可以证明:对于 $t \in [\lambda, 2\lambda]$,曲线上相应的点 $P(x,y)$ 在第二个四分之一单位圆周上;对于 $t \in [2\lambda, 3\lambda]$,曲线上相应的点 $P(x,y)$ 在第三个四分之一的单位圆周上,对于 $t \in [3\lambda, 4\lambda]$,曲线上相应的点 $P(x,y)$ 在第四个四分之一的单位圆周上.

这样,方程组(1)在闭区间 $[0,4\lambda]$ 上给出了整个单位圆周的参数表示.定理 5.3.1 证毕.

下面,我们来讨论满足定义 5.1.1 的函数组 $\{s(t), c(t)\}$ 有多少.

定理 5.3.2　对于给定的正数 λ,不能有满足定义 5.1.1 中条件(1)～(4)的两组不同的函数 $\{s(t), c(t)\}$ 与 $\{s_1(t), c_1(t)\}$ 存在.

证　对于给定的正数 λ,设有两组函数 $\{s(t), c(t)\}$ 与 $\{s_1(t), c_1(t)\}$ 满足

条件(1)~(4),需证明

$$c_1(t) \equiv c(t), \quad s_1(t) \equiv s(t).$$

第一步,考察自变量值的数列:

$$\lambda, \frac{\lambda}{2}, \frac{\lambda}{2^2}, \cdots, \frac{\lambda}{2^n}, \cdots,$$

今将证明,在这一列点上,有 $c_1(t) = c(t)$. 事实上,

$$c_1(\lambda) = 0 = c(\lambda).$$

依次应用半自变量公式得

$$c_1\left(\frac{\lambda}{2}\right) = c\left(\frac{\lambda}{2}\right) = \frac{1}{2}\sqrt{2},$$

$$c_1\left(\frac{\lambda}{2^2}\right) = c\left(\frac{\lambda}{2^2}\right) = \frac{1}{2}\sqrt{2+\sqrt{2}},$$

且一般有以下的形式:

$$c_1\left(\frac{\lambda}{2^n}\right) = c\left(\frac{\lambda}{2^n}\right) = \frac{1}{2}a_n,$$

其中 $a_n = \sqrt{2+\sqrt{2+\cdots+\sqrt{2}}}$ (n 个根式).

同样地,可以求出

$$s_1\left(\frac{\lambda}{2^n}\right) = s\left(\frac{\lambda}{2^n}\right) = \frac{1}{2}\sqrt{2-a_{n-1}}.$$

第二步,令 m 是任意的整数,n 是任意的自然数,我们将证明,在点 $x = \frac{m}{2^n}\lambda$ 处,函数 $c_1(x)$ 与 $c(x)$($s_1(x)$ 与 $s(x)$)的值相等. 事实上,当 $m=1$ 时,有

$$c_1\left(\frac{\lambda}{2^n}\right) = c\left(\frac{\lambda}{2^n}\right), \quad s_1\left(\frac{\lambda}{2^n}\right) = s\left(\frac{\lambda}{2^n}\right).$$

假设以 $m=k$ 时结论成立,即

$$c_1\left(\frac{k}{2^n}\lambda\right) = c\left(\frac{k}{2^n}\lambda\right), \quad s_1\left(\frac{k}{2^n}\lambda\right) = s\left(\frac{k}{2^n}\lambda\right), \tag{2}$$

将证明当 $m=k+1$ 时结论仍成立.利用加法公式,

$$c_1\left(\frac{k+1}{2^n}\lambda\right) = c_1\left(\frac{k}{2^n}\lambda + \frac{1}{2^n}\lambda\right)$$

$$= c_1\left(\frac{k}{2^n}\lambda\right)c_1\left(\frac{1}{2^n}\lambda\right) - s_1\left(\frac{k}{2^n}\lambda\right)s_1\left(\frac{1}{2^n}\lambda\right)$$

$$= c\left(\frac{k}{2^n}\lambda\right)c\left(\frac{1}{2^n}\lambda\right) - s\left(\frac{k}{2^n}\lambda\right)s\left(\frac{1}{2^n}\lambda\right) = c\left(\frac{k+1}{2^n}\lambda\right).$$

同理有 $s_1(\frac{k+1}{2^n}\lambda) = s(\frac{k+1}{2^n}\lambda)$.

依照数学归纳法,等式(2)对于任意的自然数 m 成立.

当 $m = 0$ 时,有 $c_1(0) = c(0) = 1, s_1(0) = s(0) = 0$.

当 $m < 0$ 时,利用被考察函数的奇偶性,即可证明结论成立,例如

$$c(\frac{m}{2^n}\lambda) = c(-\frac{m}{2^n}\lambda) = c_1(-\frac{m}{2^n}\lambda) = c_1(\frac{m}{2^n}\lambda).$$

第三步,对于 x 是任意正的实数,将 $\frac{x}{\lambda}$ 展成二进制数,即

$$\frac{x}{\lambda} = p_0 + \frac{p_1}{2} + \frac{p_2}{2^2} + \cdots \text{ 或 } x = p_0\lambda + \frac{p_1}{2}\lambda + \frac{p_2}{2^2}\lambda + \cdots,$$

其中 p_0 是整数,而 $p_i = 0$ 或 $p_i = 1, i = 1, 2, \cdots$. 若二进分数是有限的,例如假定 $p_n \neq 0$,但 $p_{n+1} = p_{n+2} = \cdots = 0$,则 x 是具有形式 $\frac{m}{2^n}\lambda$ 的数,而对于这种情形,在第二步中已证明结论成立. 假定二进分数是无限的,令

$$x_n^- = p_0\lambda + \frac{p_1}{2}\lambda + \cdots + \frac{p_n}{2^2}\lambda,$$

则有 $\lim_{n \to \infty} x_n^- = x$,根据 $c(x)$ 与 $c_1(x)$ 的连续性,即有

$$c(x) = \lim_{n \to \infty} c(x_n^-) = \lim_{n \to \infty} c_1(x_n^-) = c_1(x).$$

同样可以证明 $s(x) = s_1(x)$,定理 5.3.2 证毕.

5.4 三角函数的公理体系

在中学数学中,用几何的方法定义了三角函数,在高等数学中,用幂级数表出了三角函数. 在 5.1 中,没有预先解决用什么方法可以构造三角函数的问题,而是取函数的某些性质做基本(表征)性质,进一步利用基本(表征)性质与代数的、分析的一般定理推出全部其他的性质,这就是所谓的公理化方法.

从公理化理论的观点看来,三角函数的各种具体定义法只是它们的不同的具体解释. 从历史上看,公理化理论是三角函数理论发展中的完成阶段. 而且,它不能在其他的理论以前出现.

作为三角函数的公理,可以取它们各种不同的性质作为基本(表征)性质. 换句话说,可以用不同的公理系统作为三角函数理论的基础,但这公理系统不能

任意确定.

第一,全体表征的性质不能有矛盾. 例如,假定在条件(1)~(4)后,再附加条件(5): $\lim\limits_{x \to \infty} c(x) = +\infty$,则这一条件与由条件(1)~(4)推得的 $|c(x)| \leqslant 1$ 矛盾. 所以没有满足条件(1)~(5)的一对函数存在. 若能找到具体的函数满足给出的系统中的全体公理,则表明公理系统无矛盾性.

第二,表征性质系统应当是完备的,就是说它不应当被两组不同的函数所满足,假设采用无矛盾的、但不完备的表征性质作为理论基础,则除去三角函数外,还可有另外的函数具有这些表征性质. 这样的公理系统不能构成三角学的充分的基础.

两组不同的表征性质的系统,当借助于它们都能确定三角函数时,应当是等价的.

设 A 与 B 是两组不同的公理系统,若以系统 A 作为基础,可以推出系统 B 内列出的全体表征性质;反之以系统 B 作为基础,可以推出系统 A 的全体表征性质,则称系统 A 与系统 B 等价.

例1 若将定义 5.1.1 中的表征性质(2)改为(2′):对于 $x, y \in \mathbf{R}$,下面的等式成立:
$$s(x + y) = s(x)c(y) + c(x)s(y),$$
则由(1),(2′),(3),(4)做为表征性质系统是不完备的.

事实上(为简单计,令 $\lambda = \dfrac{\pi}{2}$),$\{s_1(x) = \sin x, c_1(x) = \cos x\}$ 满足条件(1),(2′),(3)与(4). 同时,
$$s_2(x) = a^{x - \frac{\pi}{2}}\sin x, c_2(x) = a^x \cos x, a > 1,$$
也满足(1),(2′),(3)与(4). $\{s_2(x), c_2(x)\}$ 满足(1),(3)及(4)是显然的,下面指出,它也满足(2′).
$$\begin{aligned}
s_2(x + y) &= a^{x + y - \frac{\pi}{2}}\sin(x + y)\\
&= a^{x + y - \frac{\pi}{2}}\sin x \cos y + a^{x + y - \frac{\pi}{2}}\cos x \sin y\\
&= a^{x - \frac{\pi}{2}}\sin x \cdot a^y \cos y + a^x \cos x \cdot a^{y - \frac{\pi}{2}}\sin y\\
&= s_2(x)c_2(y) + c_2(x)s_2(y).
\end{aligned}$$
对于不同的 a,$\{s_2(x), c_2(x)\}$ 将取不同的值,这表明有无数个函数组 $\{s(x), c(x)\}$ 满足(1),(2′),(3),(4). 故满足(1),(2′),(3),(4)做为表征性质系统是不完备的.

例 2 取 $s(x)$ 与 $c(x)$ 的下列性质作为表征性质(简称系统 B):

(Ⅰ)定义在开区间 $(-\infty, +\infty)$;

(Ⅱ)对于 $x, y \in \mathbf{R}$,加法公式成立

$$s(x+y) = s(x)c(y) + c(x)s(y);$$
$$c(x+y) = c(x)c(y) - s(x)s(y).$$

(Ⅲ)对于 $x \in \mathbf{R}$,有

$$s^2(x) + c^2(x) = 1$$

(Ⅳ)存在 $\lambda > 0, x \in (0, \lambda], s(x) > 0$;

(Ⅴ) $c(0) = 1, c(\lambda) = 0$.

定义 5.1.1 中的表征性质(1)~(4)简称为系统 A,则系统 A 与系统 B 等价.

证 已经证明:从系统 A 可以推得系统 B.今将证明,从系统 B 可以推得系统 A.

性质(Ⅰ)与性质(1)的表述是一样的.

在(Ⅲ)中令 $x = 0$,根据 $c(0) = 1$ 得 $s(0) = 0$.

在(Ⅱ)中令 $y = -x$,则得

$$0 = s(x)c(-x) + c(x)s(-x),$$
$$1 = c(x)c(-x) - s(x)s(-x),$$

由此方程可得:

$$s(-x) = -s(x), \quad c(x) = c(-x).$$

即 $s(x)$ 是奇函数,$c(x)$ 是偶函数.

在(Ⅱ)的第二个等式中,以 $-y$ 代替 y,并利用奇函数与偶函数的性质得:

$$c(x-y) = c(x)c(-y) - s(x)s(-y)$$
$$= c(x)c(y) + s(x)s(y),$$

即性质(2)被满足.

在(Ⅲ)中令经 $x = \lambda$,根据 $c(\lambda) = 0$ 及 $s(\lambda) > 0$ 得 $s(\lambda) = 1$,即性质(4)被满足.

若 $x \in (0, \lambda)$,则 $\lambda - x \in (0, \lambda)$,故 $s(\lambda - x) > 0$.因此,当 $x \in (0, \lambda)$ 时,有

$$0 < s(\lambda - x) = s(\lambda)c(x) - c(\lambda)s(x) = c(x).$$

即性质(3)被满足.

综上所述,从系统 B 可以推得系统 A,故系统 A 与 B 等价. □

前面,我们用公理化的方法,同时定义了正弦函数与余弦函数.其实,也可以分别地对每一个函数给出公理化定义.

定义 5.4.1　若函数 $c(x)$ 适合下列条件,则称之为余弦函数:

(1)在开区间内连续;

(2)满足函数方程

$$c(x+y) + c(x-y) = 2c(x)c(y);$$

(3)方程 $c(x) = 0$ 有最小正根 λ;

(4)$c(0) > 0$.

可以证明 $c(x)$ 具有如下的性质:

性质 4.1　当 $x \in (0, \lambda)$ 时,$c(x) > 0$.

事实上,若存在 $y \in (0, \lambda)$,使 $c(y) \leqslant 0$. 根据条件(1),(4),可知存在 $x_0 \in (0, y) \subset (0, \lambda)$,使 $c(x_0) = 0$. 这与条件(3)矛盾.

性质 4.2　$c(0) = 1$.

事实上,在条件(2)中令 $x = y = 0$,

$$2c(0) = 2c^2(0)$$

根据 $c(0) > 0$,即可得 $c(0) = 1$

性质 4.3　$c(x)$ 是偶函数.

事实上,在(2)中令 $x = 0$ 得

$$c(y) + c(-y) = 2c(y).$$

故

$$c(-y) = c(y).$$

性质 4.4　下面的恒等式成立:

$$c(x + 2\lambda) = -c(x).$$

事实上,由(2)得:

$$c(x + 2\lambda) + c(x) = c(x + \lambda + \lambda) + c(x + \lambda - \lambda)$$
$$= 2c(x + \lambda)c(\lambda) = 0.$$

性质 4.5　倍自变量公式成立:

$$c(2x) = 2c^2(x) - 1.$$

事实上,由(2)得:

$$c(2x) + 1 = c(x + x) + c(x - x) = 2c^2(x).$$

性质 4.6　半自变量公式成立:

$$c\left(\frac{x}{2}\right) = \pm\sqrt{\frac{1}{2}(1 + c(x))}$$

事实上,利用性质 4.5,且以 $\dfrac{x}{2}$ 代替 x 即可得此性质.

性质 4.7 函数 $c(x)$ 有界,且 $|c(x)| \le 1$.

事实上,若不然,存在某一值 $x = a$,使得 $|c(a)| > 1$,且注意到 $c(2\lambda) = -1$,则有

$$2c(\lambda + a)c(\lambda - a) = c(2\lambda) + c(2a) = 2[c^2(a) - 1] > 0;$$

而另一方面,

$$2c(\lambda + a)c(\lambda - a) = 2c(2\lambda - (\lambda + a))c(\lambda + a)$$
$$= -2c^2(\lambda + a) \le 0$$

矛盾表明,对于任意的 x,有 $|c(x)| \le 1$.

性质 4.8 函数 $c(x)$ 是周期函数,且最小正周期为 4λ.

证 首先证明 4λ 是一个周期. 事实上,根据性质 4,有

$$c(x + 4\lambda) = c(x + 2\lambda + 2\lambda) = -c(x + 2\lambda) = c(x).$$

且

$$c(x - 4\lambda) = c(-x + 4\lambda) = c(-x) = c(x).$$

即

$$c(x \pm 4\lambda) = c(x).$$

其次证明 4λ 是最小的正周期. 若不然,存在 $l \in (0, 4\lambda)$,它是一个周期,则

$$c(l) = c(0 + l) = c(0) = 1.$$

根据 $c(l) + c(0) = 2c^2(\dfrac{l}{2})$,得 $c(\dfrac{l}{2}) = \pm 1$.

若 $c(\dfrac{l}{2}) = 1$,则

$$2c(\dfrac{1}{2}(2\lambda + \dfrac{l}{2}))c(\dfrac{1}{2}(2\lambda - \dfrac{l}{2}))$$

$$= -2c(2\lambda - \dfrac{1}{2}(2\lambda + \dfrac{l}{2}))c(\dfrac{1}{2}(2\lambda - \dfrac{l}{2}))$$

$$= -2c^2(\lambda - \dfrac{l}{4}).$$

而另一方面,有

$$2c(\dfrac{1}{2}(2\lambda + \dfrac{l}{2}))c(\dfrac{1}{2}(2\lambda - \dfrac{l}{2})) = c(2\lambda) + c(\dfrac{l}{2}) = 0.$$

这表明 $c(\lambda - \dfrac{l}{4}) = 0$,这与 λ 是最小正根矛盾.

若 $c(\dfrac{l}{2}) = -1$,则

$$0 = c(\frac{l}{2}) + c(0) = 2c^2(\frac{l}{4}).$$

故 $c(\frac{l}{4}) = 0$.这也与条件(3)矛盾.

性质 4.9 (惟一性定理). 对于给定的 λ,不能有满足条件(1)、(2)、(3)和(4)的两个不同的函数 $c(x)$ 与 $c_1(x)$ 存在.

证明 该性质的证明完全类似于 5.3 中惟一性定理的证明.

由惟一性可知满足条件(1),(2),(3)和(4)的函数只有 $c(x) = \cos\frac{\pi}{2\lambda}x$.

5.5 三角函数的其他定义

在公理化的理论中,要特别注意研究满足公理系统(即基本(表征)性质)的对象的存在性问题,若能构造一组函数,它们具有表征性质(1)~(4),则函数组 $\{s(x),c(x)\}$ 的存在性就被证明了,从而也表明了公理的无矛盾性.

构造函数组 $\{s(x),c(x)\}$ 可用各种方法. 在第一节中,我们已指出 $s(x) = \sin\frac{\pi}{2\lambda}x, c(x) = \cos\frac{\pi}{2\lambda}x$ 即满足(1)~(4). 这是用几何方法构造的 $\{s(x), c(x)\}$. 在这一节中,还将用级数的方法、积分的方法定义函数组 $\{s(x),c(x)\}$.

5.5.1 用幂级数定义的三角函数

考察如下的两个函数,它们是幂级数之和:

$$\varphi(x) = x - \frac{1}{3!}x^3 + \cdots + (-1)^{n-1}\frac{1}{(2n-1)!}x^{2n-1} + \cdots, \tag{1}$$

$$f(x) = 1 - \frac{1}{2!}x^2 + \cdots + (-1)^n\frac{1}{(2n)!}x^{2n} + \cdots. \tag{2}$$

幂级数(1)与(2)对于任意的 x 都收敛. 故 $\varphi(x),f(x)$ 定义区间 $(-\infty,+\infty)$ 上,即 $\varphi(x)$ 与 $f(x)$ 满足定义 5.1.1 中的条件(1).

将进一步指出:$\varphi(x)$ 与 $f(x)$ 满足定义 5.1.1 中的条件(2)~(4). 首先证明

$$f(x-y) = f(x)f(y) + \varphi(x)\varphi(y). \tag{3}$$

直接计算,左边有

$$f(x-y) = \sum_{n=0}^{\infty}(-1)^n\frac{1}{(2n)!}(x-y)^{2n}.$$

由于级数(1)与(2)是绝对收敛级数,可用级数乘法计算(3)式的右端. $f(x)f(y)$

的一般项为：

$$(-1)^n \left[\frac{1}{(2n)!}x^{2n} + \frac{1}{(2n-2)!2!}x^{2n-2}y^2 + \cdots \right.$$

$$\left. + \frac{1}{(2n-2k)!(2k)!}x^{2n-2k}y^{2k} + \cdots + \frac{1}{(2n)!}y^{2n} \right],$$

$\varphi(x)\varphi(y)$的一般项为：

$$(-1)^{n-1} \left[\frac{1}{(2n-1)!}x^{2n-1}y + \frac{1}{(2n-3)!\,3!}x^{2n-3}y^3 + \cdots \right.$$

$$\left. + \frac{1}{(2n-2k+1)!\,(2k-1)!}x^{2n-2k+1}y^{2k-1} + \cdots + \frac{1}{(2n-1)!}xy^{2n-1} \right],$$

故进一步得到 $f(x)f(y) + \varphi(x)\varphi(y)$ 的一般项为：

$$(-1)^n \left[\frac{1}{(2n)!}x^{2n} - \frac{1}{(2n-1)!}x^{2n-1}y + \frac{1}{(2n-2)!2!}x^{2n-2}y^2 - \cdots \right.$$

$$\left. + \frac{(-1)^k}{(2n-k)!k!}x^{2n-k}y^k + \cdots + \frac{1}{(2n)!}y^{2n} \right]$$

$$= (-1)^n \frac{1}{(2n)!}(x-y)^{2n}.$$

此即表明(3)式成立，即 $\{\varphi(x), f(x)\}$ 满足定义 5.1.1 中的条件(2).

其次证明 $\{\varphi(x), f(x)\}$ 满足条件(3)和(4)，由级数(1)，我们有

$$\varphi(x) = x\left(1 - \frac{x^2}{2 \cdot 3}\right) + \frac{1}{5!}x^5\left(1 - \frac{x^2}{6 \cdot 7}\right) + \cdots. \tag{4}$$

对于 $x \in (0,2)$，由(4)式可见 $\varphi(x) > 0$. 同时，对于 $x \in (0,2)$，我们有

$$f'(x) = -x + \frac{1}{3!}x^3 - \cdots + (-1)^n \frac{1}{(2n-1)!}x^{2n-1} + \cdots = -\varphi(x) < 0$$

故 $f(x)$ 在 $(0,2)$ 内严格单调减少. 计算 $f(x)$ 在点 $x = 0, x = 2$ 的值，有

$$f(0) = 1$$

$$f(2) = 1 - \frac{1}{2!}2^2 + \frac{1}{4!}2^4 - \frac{1}{6!}2^6 + \cdots$$

$$= -\frac{1}{3} - \frac{1}{6!}2^6\left(1 - \frac{4}{7 \cdot 8}\right) - \frac{1}{10!}2^{10}\left(1 - \frac{4}{11 \cdot 12}\right) - \cdots < 0$$

即 $f(0) > 0, f(2) < 0$. 根据 $f(x)$ 在 $[0,2]$ 上的连续性及严格单调性，有惟一的数值 $x = \lambda(0 < \lambda < 2)$ 存在，使得 $f(\lambda) = 0$，且当 $x \in (0,\lambda)$ 时，$f(x) > 0$. 因此 $\varphi(x)$ 与 $f(x)$ 满足条件(3).

在(3)式中，令 $x = y = \lambda$，则得

$$f(0) = f^2(\lambda) + \varphi^2(\lambda) \quad \text{或} \quad \varphi^2(\lambda) = 1.$$

因 $\varphi(\lambda) > 0$,故 $\varphi(\lambda) = 1$. 因此 $\varphi(x)$ 与 $f(x)$ 满足 $\varphi(\lambda) = f(0) = 1$ 即 $\varphi(x)$ 与 $f(x)$ 满足条件(4).

至此,我们得:

$$\varphi(x) = s_\lambda(x) = \sin\frac{\pi}{2\lambda}x, f(x) = c_\lambda(x) = \cos\frac{\pi}{2\lambda}x.$$

最后进一步证明 $\lambda = \dfrac{\pi}{2}$.

事实上,根据(1)与(2)有

$$\varphi'(x) = f(x),$$

即 $\dfrac{\pi}{2\lambda} = 1$,故 $\lambda = \dfrac{\pi}{2}$.

于是我们得到 $\varphi(x) = \sin x, f(x) = \cos x$.

5.5.2 借助积分定义的三角函数

首先,引入正数 λ,令

$$\lambda = \int_{-1}^{1} \sqrt{1-x^2}\,\mathrm{d}x, \tag{5}$$

并且引入一个函数 $A(x)$:对于 $x \in [-1,1]$,令

$$A(x) = \frac{1}{2}x\sqrt{1-x^2} + \int_{x}^{1} \sqrt{1-\sigma^2}\,\mathrm{d}\sigma. \tag{6}$$

引理 5.5.1 $A(x)$ 在 $[-1,1]$ 上严格单调减少.

证 因 $A(x)$ 在 $[-1,1]$ 上连续,在 $(-1,1)$ 内可导,直接计算可得

$$A'(x) = \frac{1}{2}\left[x \cdot \frac{(-x)}{\sqrt{1-x^2}} + \sqrt{1-x^2}\right] - \sqrt{1-x^2} = -\frac{1}{2}\frac{1}{\sqrt{1-x^2}}, \tag{7}$$

即当 $x \in (-1,1)$,$A'(x) < 0$,故 $A(x)$ 在 $[-1,1]$ 上严格单调减少. □

因 $A(-1) = \lambda$,$A(1) = 0$,由引理 5.5.1 知,当 x 从 -1 变化到 1 时,$A(x)$ 从 λ 单调减少到 0.

定义 5.5.1 如下定义函数 $c(t)$ 与 $s(t)$:

1)对于 $t \in [0, 2\lambda]$,令

$$\begin{cases} c(t) = A^{-1}\left(\dfrac{t}{2}\right), \\ s(t) = \sqrt{1 - c^2(t)}. \end{cases} \tag{8}$$

2)对于 $t \in [2\lambda, 4\lambda]$,规定

$$c(t) = c(4\lambda - t), \quad s(t) = -s(4\lambda - t). \tag{9}$$

3)对于 $t = 4k\lambda + t_1, k$ 为整数,$t_1 \in [0, 4\lambda]$,规定

$$c(t) = c(t_1), \quad s(t) = s(t_1). \tag{10}$$

称函数 $s(t)$ 为正弦函数,$c(t)$ 为余弦函数.

引理 5.5.2 $s(t)$ 与 $c(t)$ 在 $(-\infty, +\infty)$ 可导,且

$$s'(t) = c(t), c'(t) = -s(t).$$

证 由定义 5.1.1 可知,只需对 $t \in [0, 2\lambda]$ 证明该引理即可. 由(8)知:
$A(c(t)) = \dfrac{t}{2}$,故有

$$A'(c(t))c'(t) = \frac{1}{2}. \tag{11}$$

由(7)知

$$A'(c(t)) = -\frac{1}{2} \frac{1}{\sqrt{1 - c^2(t)}} = -\frac{1}{2} \frac{1}{s(t)}.$$

将此代入(11)式得 $c'(t) = -s(t)$. 从(8)式,

$$s'(t) = -\frac{1}{\sqrt{1 - c^2(t)}}c(t)c'(t) = c(t).$$

下面来验证由定义 5.5.1 给出的 $\{s(t), c(t)\}$ 满足定义 5.1.1 中的条件(1) ~
(4).

由 $\{s(t), c(t)\}$ 在 $(-\infty, +\infty)$ 有定义,故(1)满足.

先来验证条件(3)与(4).

因 $A(1) = 0$,故 $1 = A^{-1}(0) = c(0)$.

因 $A(0) = \displaystyle\int_0^1 \sqrt{1 - \sigma^2}\mathrm{d}\sigma = \dfrac{\lambda}{2}$,故 $0 = A^{-1}\left(\dfrac{\lambda}{2}\right) = c(\lambda)$. 根据 $A(x)$ 是严格单

调减少函数,故 $c(t) = A^{-1}\left(\dfrac{t}{2}\right)$ 是 $(0, \lambda)$ 上的严格单调减少函数. 当 $t \in (0, \lambda)$
时,$0 < c(t) < 1$. 根据(8)式,当 $t \in (0, \lambda)$ 时,$s(t) > 0$. 即 $\{s(t), c(t)\}$ 满足(3).

已经计算 $c(0) = 1, c(\lambda) = 0$,从(8)式得 $s(0) = 0, s(\lambda) = 1$,故 $\{s(t), c(t)\}$
满足(4).

最后,我们检验 $\{s(t), c(t)\}$ 满足(2).

任取一实数 τ,根据引理 5.5.2 知

$$\frac{\mathrm{d}^2}{\mathrm{d}t^2}c(t - \tau) + c(t - \tau) = 0,$$

从而有

$$c(t - \tau) = k_1 s(t) + k_2 c(t). \tag{12}$$

对(12)式关于 t 求导数得

$$- s(t - \tau) = k_1 c(t) - k_2 s(t), \tag{13}$$

在(12)式与(13)式中,令 $t = \tau$ 得

$$\begin{cases} k_1 s(\tau) + k_2 c(\tau) = 1, \\ k_1 c(\tau) - k_2 s(\tau) = 0. \end{cases}$$

解此方程组得 $k_1 = s(\tau)$, $k_2 = c(\tau)$,并将所得 k_1 与 k_2 代入(12)式,得

$$c(t - \tau) = c(t)c(\tau) + s(t)s(\tau).$$

故 $\{s(t), c(t)\}$ 满足定义 5.1.1 中的条件(2).

我们进一步来讨论 λ 的值. 由定积分的几何意义,从(5)式可知, λ 的值为单位圆的上半圆的面积,即 $\lambda = \dfrac{\pi}{2}$,进而得到 $s(t) = \sin t$, $c(t) = \cos t$.

5.6   一些应用

三角函数有许多实际的应用. 在这一节中,主要介绍在力学、物理学、工程方面的应用.

5.6.1   在力学中的应用

将力分解为二个(在空中为三个)互相垂直的方向的分力时,必须计算此力在给定方向的投影. 设在固定的力 F 作用下,物体沿某一直线运动. 若力与物体运动方向的直线 l 成角 φ,若要计算功,就应该求力 F 在直线 l 上的射影(见图 5 - 2):

$$F_1 = |F| \cos\varphi$$

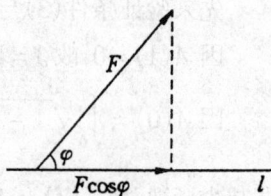

图 5 - 2

若物体沿直线 l 所给过的路径的长度为 s,则相应所作的功 A 可表为

$$A = |F| \cos\varphi s$$

问题 1   物体在重力作用下沿斜面运动,具有的加速度是自由落下的加速度的 $\dfrac{1}{n}$ 倍,摩擦系数是 k,试求斜面与水平面所夹的角 x.

解   将给定的物体的重量 P 分解为两个互相垂直的分量,其中一个 $N =$

$P\cos x$ 垂直于斜面(见图5－3),另一个分量沿着斜面倾斜的方向,等于 $P\sin x$．摩擦力与法向分力成正比:

$$f = kP\cos x.$$

沿斜面的运动在力 $P\sin x - kP\cos x$ 的作用下发生,具有等于

$$\frac{1}{m}(P\sin x - kP\cos x) = g(\sin x - k\cos x)$$

的加速度,其中 m 是物体的质量, g 是重力加速度．按照给定的条件,

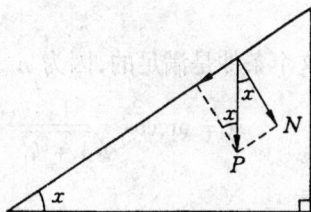

图 5－3

$$g(\sin x - k\cos x) = \frac{1}{n}g,$$

因此得到方程:

$$\sin x - k\cos x = \frac{1}{n}.$$

我们引入辅助角,设

$$a = \arccos\frac{1}{\sqrt{1+k^2}},$$

则所得的方程具有下面的形式

$$\sin(x - a) = \frac{1}{n\sqrt{1+k^2}}. \tag{1}$$

根据题意: $0 < k < 1$, $\quad n > 1$, $\quad 0 < x < \dfrac{\pi}{2}$ 且 $0 < a < \dfrac{\pi}{2}$．方程(1)在且仅在 $\dfrac{1}{n\sqrt{1+k^2}} \leqslant 1$ 的情形下才有解．这最后的条件是满足的,因为 $n > 1$．在参数的可取值给定时, $-\dfrac{\pi}{2} < x - a < \dfrac{\pi}{2}$,因而

$$x = a + \arcsin\frac{1}{n\sqrt{1+k^2}}.$$

由条件 $0 < x < \dfrac{\pi}{2}$,得出

$$a + \arcsin\frac{1}{n\sqrt{1+k^2}} \leqslant \frac{\pi}{2} \text{ 或 } a < \arccos\frac{1}{n\sqrt{1+k^2}},$$

也就是

$$\arccos\frac{1}{\sqrt{1+k^2}} < \arccos\frac{1}{n\sqrt{1+k^2}},$$

因此有

$$\frac{1}{\sqrt{1+k^2}} > \frac{1}{n}\frac{1}{\sqrt{1+k^2}},$$

这个条件是满足的,因为 $n>1$,所以我们有

$$x = \arccos\frac{1}{\sqrt{1+k^2}} + \arcsin\frac{1}{n\sqrt{1+k^2}}$$

$$= \arcsin\left(\frac{k}{\sqrt{1+k^2}}\cdot\frac{\sqrt{n^2(1+k^2)-1}}{n\sqrt{1+k^2}} + \frac{1}{\sqrt{1+k^2}}\cdot\frac{1}{\sqrt{1+k^2}\,n}\right)$$

$$= \arcsin\left(\frac{k\sqrt{n^2k^2+n^2-1}+1}{n(1+k^2)}\right).$$

5.6.2　在物理学中的应用

在物理学中,经常研究一些周期性运动. 例如,振动、波动,蒸汽机的机械运动,交流电的强度和方向. 诸如此类的研究中,三角函数起着重要的作用.

最简单的周期运动是调和振动:

$$y = A\sin(\omega x + \alpha), \tag{2}$$

其中 A 是振动的振幅,ω 是频率,$T=\dfrac{2\pi}{\omega}$ 是周期,α 是初相.

函数 $y = A\sin(\omega x + \alpha)$,有以下的运动学的解释.
考察长度为 A 的线段 OM,它以固定的角速度 ω 围绕
自己的端点 O 旋转. 因而,点 M 在某一直线 l(图 5 –
4)上的投影 M' 作调和振动. 事实上,令 O' 是点 O 在
直线 l 上的投影,α(初相)是半径的开始位置与水平
直径所成的角. 在 x 时间内,(自开始时刻起)动半径
转动角度 ωx,并且与水平直径构成 $\omega x + \alpha$ 的角. 点
M' 与点 O' 的偏差 y 可表示为:

图 5 – 4

$$y = A\sin(\omega x + \alpha).$$

方程

$$y = a\sin\omega x + b\cos\omega x \tag{3}$$

所表征的运动是调和振动. 事实上,若取辅助角 α,它是用下面的条件

$$\cos\alpha = \frac{a}{\sqrt{a^2+b^2}},$$

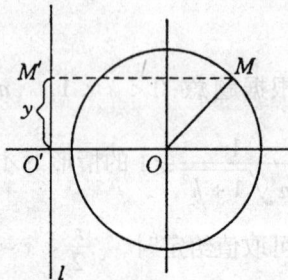

$$\sin\alpha = \frac{b}{\sqrt{a^2 + b^2}}$$

来确定,则得到

$$y = A\sin(\omega x + \alpha),$$

其中 $A = \sqrt{a^2 + b^2}$.

相同频率的两个调和振动的合成运动仍然是同一频率的调和振动. 事实上,令

$$y_1 = A_1\sin(\omega x + \alpha_1), \ y_2 = A\sin(\omega x + \alpha_2),$$

则有

$$y_1 + y_2 = (A_1\cos\alpha_1 + A_2\cos\alpha_2)\sin\omega x + (A_1\sin\alpha_1 + A_2\sin\alpha_2)\cos\omega x. \qquad (4)$$

我们得到关于 $\sin\omega x$ 与 $\cos\omega x$ 的三角函数的线性表达式:

$$y_1 + y_2 = a\sin\omega x + b\cos\omega x,$$

其中 $a = A_1\cos\alpha_1 + A_2\cos\alpha_2, b = A_1\sin\alpha_1 + A_2\sin\alpha_2$. 表达式(4)可化成为表达式(3).

不同频率的两个调和振动的合成运动是一个"广义"的调和振动. 令

$$y_1 = A_1\sin(\omega_1 x + \alpha_1), \ y_2 = A_2\sin(\omega_2 x + \alpha_2),$$

用 φ 表示自变量的差

$$\varphi = (\omega_2 x + \alpha_2) - (\omega_1 x + \alpha_1) = (\omega_2 - \omega_1)x + (\alpha_2 - \alpha_1),$$

则合成运动可表示成以下的形式:

$$\begin{aligned} y_1 + y_2 &= A_1\sin(\omega_1 x + \alpha_1) + A_2\sin(\omega_1 x + \alpha_1 + \varphi) \\ &= (A_1 + A_2\cos\varphi_1)\sin(\omega_1 x + \alpha_1) + A_2\sin\varphi\cos(\omega_1 x + \alpha_1), \end{aligned} \qquad (5)$$

按照通常的规则取辅助角,则得

$$y_1 + y_2 = A\sin(\omega_1 x + \alpha),$$

其中"振幅"为

$$A = \sqrt{A_1^2 + A_2^2 + 2A_1 A_2\cos\varphi}.$$

而"初相" α 也是时间 x 的函数.

若给定的振动的频率彼此相差不大,即差 $\omega_2 - \omega_1$ 很小,在这种情况下,合成振动的"振幅" A 和"初相" α 变化得很慢. 在不大的时间内,合成运动就好像是正弦曲线式的振动一样. 然而,振幅随时间而变化,它的最大值是 $A_1 + A_2$,最小值是 $|A_1 - A_2|$. 上面描述的现象在物理中称为"拍":合成振动的振幅有时增大有时减小地做周期变化. 在特例中,听取从两个声源所发生的合声,而这两个

声源给出具有相近但不相同的周期振动时,就可以觉察到拍的现象.

5.6.3 在工程中的应用

在工程中,常涉及到测量问题. 下面以数学的观点来考虑几个简单的测量问题.

问题 2 试计算可到达的点 A 到由点 A 可望而不可及的点 B 之间的距离(图 5-5).

解 在可以到达的地方选择点 C,由点 C 可以看到点 B. 测基线线段 $AC = b$ 和角 BAC 与角 BCA,就将这个问题归结到已知一边和两邻角求解三角形的问题:

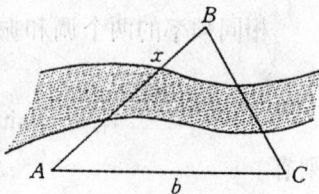

$$\frac{x}{\sin C} = \frac{b}{\sin B},$$

图 5-5

即,

$$x = \frac{b\sin C}{\sin(A + C)}.$$

问题 3 由可到达的地方看见两个不可到达的点 A 与点 B,试求它们之间的距离(图 5-6).

解 在可到达的地方选择基线 $MN = b$,测量基线,并测量由基线的两端至点 A 与 B 间的夹角 $\alpha, \beta, \gamma, \delta$. 为了计算 A 与 B 的距离 x,可先计算距离 MA 和 MB:

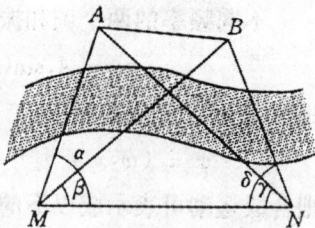

$$MA = \frac{b\sin\gamma}{\sin(\alpha + \gamma)},$$

图 5-6

$$MB = \frac{b\sin\delta}{\sin(\beta + \delta)}.$$

知道三角形 MAB 的两边 MA 与 MB 和它们的夹角 $\alpha - \beta$,则

$$x^2 = MA^2 + MB^2 - 2MA \cdot MB\cos(\alpha - \beta).$$

现在来考察简单的多角形测量问题.

在测量学中制平面图时广泛地应用坐标法.

若始点 A_0 的坐标 (x_0, y_0),线段 A_0A_1 的长 l_1,A_0A_1 与取作横坐标轴的直线所成的角 α_1 是已知的,则线段 A_0A_1 的终点坐标可按照公式

$$x_1 = x_0 + l_1\cos\alpha_1, \quad y_1 = y_0 + l_1\sin\alpha_1$$

求出.

若多边形 $A_0, A_1, \cdots, A_n$ 的各段 $l_1, l_2, \cdots, l_n$ 以及与横坐标轴所成的角为 α_1, $\alpha_2, \cdots, \alpha_n$, 和始点 A_0 的坐标 (x_0, y_0) 是已知的, 则各项顶点的坐标可依次计算出来:

$$x_1 = x_0 + l_1 \cos\alpha_1, \qquad y_1 = y_0 + l_1 \sin\alpha_1;$$

$$x_2 = x_1 + l_2 \cos\alpha_2, \qquad y_1 = y_1 + l_2 \sin\alpha_2;$$

$$\cdots \qquad\qquad \cdots$$

$$x_n = x_{n-1} + l_n \cos\alpha_n \qquad y_n = y_{n-1} + l_n \sin\alpha_n.$$

若线段 l_k 与 l_{k+1} 之间的夹角 β_k 是可以用测角器测量的, 则不难看出 (见图 (5-7(a)与(b)))

$$a_{k+1} - a_k = \beta_k \pm 180^\circ,$$

因此有

$$a_{k+1} = a_k + \beta_k \pm 180^\circ.$$

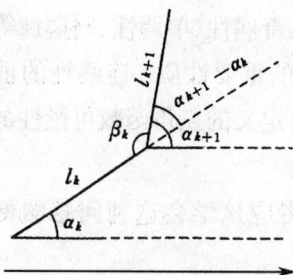

图 5-7(a)

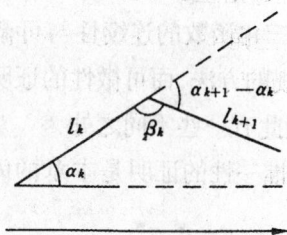

图 5-7(b)

问题 4　已知基线端点的坐标 $A(x_0, y_0)$ 和 $B(x_1, y_1)$, 并测得对点 P (图 5-8) 所产生的两角 α 与 β. 试确定点 P 的坐标 (x, y).

解　令 φ 是基线与横坐标所成的角. 求得 (在给定两点位置的情况) 线段 AP 与横坐标轴所成的角为

$$\angle(PAX) = \varphi + \alpha$$

则有

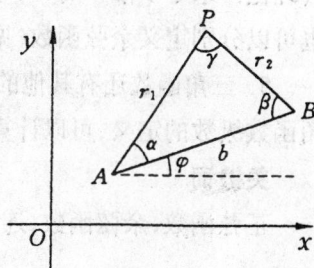

图 5-8

$$x = x_0 + r_1 \cos(\varphi + \alpha) = x_0 + r_1(\cos\varphi\cos\alpha - \sin\varphi\sin\alpha),$$

$$y = y_0 + r_1 \sin(\varphi + \alpha) = y_0 + r_1(\sin\varphi\cos\alpha + \cos\varphi\sin\alpha).$$

由三角形 ABP 得到:

$$\frac{r_1}{b} = \frac{\sin\beta}{\sin\gamma} = \frac{\sin\beta}{\sin(\alpha + \beta)};$$

将此式代入前面的公式,经过初等变换后,得到

$$x = x_0 + \frac{(x_1 - x_0)\cot\alpha - (y_1 - y_0)}{\cot\alpha + \cot\beta},$$

$$y = y_0 + \frac{(x_1 - x_0) + (y_1 - y_0)\cot\alpha}{\cot\alpha + \cot\beta}.$$

本 章 小 结

本章的主要内容是:

1. 本章采用公理化定义(见定义 5.1.1)的方法定义了三角函数.并从定义出发,推导出三角函数的某些性质,例如,有界性、奇偶性、单调性、周期性等.

2. 三角函数的连续性与可微性是三角函数的重要性质. 连续性的证明采用了常规的方法,而可微性的证明,与用几何方法定义的三角函数可微性的证明相比,彼此有一些不同之处.

3. 惟一性的证明是本章的闪光点之一,读者应该学会这种问题的处理方法.

4. 公理体系的基本要求是两条:一是无矛盾性,二是完备性. 三角函数的公理化体系是不惟一的. 不仅可以同时定义正弦函数、余弦函数(见定义 5.1.1)也可以分别定义余弦函数(见定义 5.4.1),正弦函数(书中未给出定义).

5. 三角函数还有其他的定义方法,例如级数的定义(见 5.5 节)等. 利用三角函数级数的定义,可以计算三角函数的值.

关键词

正弦函数,余弦函数,连续性,可微性,周期性.

习 题 五

1. 已知 $a\sin x + b\cos x = 0, A\sin 2x + B\cos 2x = C$,其中 a, b 不同时为零. 求证 $2abA + (b^2 - a^2)B + (a^2 + b^2)C = 0$

2. 已知 $-\sqrt{3}\sin x\cos x + 3\cos^2 x - \dfrac{3}{2} = A\sin(2x + \varphi)$，其中 $A < 0, 0 \leqslant \varphi \leqslant 2\pi$，求 A 与 φ 的值.

3. 已知 $\sin x + \sin y = \dfrac{\pi}{2}$，求 $\cos x + \cos y$ 的范围.

4. 讨论函数 $f(x) = ax - s(x)$ 在 $(0, \lambda)$ 内的单调性.

5. 证明，$2s\left(\dfrac{\delta}{2}\right)\sum\limits_{k=1}^{n} c(k\alpha) = s\left(\dfrac{2n+1}{2}\alpha\right) - s\left(\dfrac{\delta}{2}\right)$.

6. 证明，函数

$$\varphi(x) = x - \frac{1}{3!}x^3 + \cdots + (-1)^{n-1}\frac{1}{(2n-1)!}x^{2n-1} + \cdots,$$

$$f(x) = 1 - \frac{1}{2!}x^2 + \cdots + (-1)^n \frac{1}{(2n)!}x^{2n} + \cdots$$

的定义域是 **R**.

7. 试给出 $s(x)$ 的公理化定义.

8. 定义 $s(t) = \dfrac{1}{2i}(e^{it} - e^{-it})$，$c(t) = \dfrac{1}{2i}(e^{it} + e^{-it})$，证明，$s(t)$，$c(t)$ 满足定义 5.1.1.

9. 证明，若 m, n 是自然数，则

(1) $\displaystyle\int_{-2\lambda}^{2\lambda} s(mt)s(nt)\mathrm{d}t = \begin{cases} 0, & m \neq n \\ 2\lambda, & m = n \end{cases}$.

(2) $\displaystyle\int_{-2\lambda}^{2\lambda} c(mt)c(nt)\mathrm{d}t = \begin{cases} 0, & m \neq n \\ 2\lambda, & m = n \end{cases}$.

(3) $\displaystyle\int_{-2\lambda}^{2\lambda} s(mt)c(nt)\mathrm{d}t = 0$.

10. 证明，对于任意的连续函数 $f(x)$，有

$$\lim_{n \to \infty}\int_a^b f(t)s(nt)\mathrm{d}t = 0,$$

$$\lim_{n \to \infty}\int_a^b f(t)c(nt)\mathrm{d}t = 0.$$

学习指导

重、难点解析

(一)知识结构

三角函数在中学数学中占有十分重要的位置. 这是因为三角函数有着广泛的应用.

在中学数学中,首先在直角三角形中定义了锐角的三角函数,即在直角三角形 ABC 中定义

$$\sin A = \frac{\text{对边长}}{\text{斜边长}} \qquad \cos A = \frac{\text{邻边长}}{\text{斜边长}}$$

$$\sin A = \frac{BC}{AB}, \cos A = \frac{AC}{AB}.$$

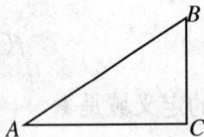

图 5-9

在这个定义中,限定了角 A 是锐角,对于其他的三角函数怎么定义呢?

为了定义任意角的三角函数,我们在直角坐标系中引入单位圆. 对于单位圆周上任意一点 $M(x, y)$,我们可以对 ox 轴正向与矢径 OM 所夹角的 φ(ox 轴沿逆时针旋转角度 φ 后与 OM 方向重合)定义其三角函数,即

$$\sin \varphi = y, \quad \cos \varphi = x$$

对于中学数学中用几何方法定义的三角函数,具有许多性质,如有界性、周期性、奇偶性、连续性、可微性、加法公式等. 我们不禁要问哪些性质是三角函数的最根本属性? 本章试图回答这个问题.

在第 5.1 节中,给出了三角函数的公理化定义,即若函数组 $\{s(x), c(x)\}$ 满足

1)在 $\mathbf{R}$ 上有定义;

2)$\forall x, y \in \mathbf{R}$,有
$$c(x - y) = c(x)c(y) + s(x)s(y);$$

3)$\exists \lambda > 0$,当 $x \in (0, \lambda)$ 时,$c(x) > 0, s(x) > 0$;

4)$c(0) = s(\lambda) = 1$.

则称 $s(x)$ 是正弦函数,$c(x)$ 是余弦函数.

用公理化的方法给出函数的定义后,人们最为关心的问题是两个:一个问题

是是否存在满足定义 5.1.1 的函数组 $\{s(x),c(x)\}$. 如果根本不存在满足上述定义的函数组,那么上述定义将是毫无意义的. 因此,教材首先回答了这个问题. 另一个问题是满足定义 5.1.1 的函数组有多少? 为了回答这个问题,需要利用到函数的连续性质,而函数连续性的说明,需要利用到单调性. 因此,在第 5.1 节中,我们首先讨论了三角函数的有界性、奇偶性、单调性、周期性、诱导公式、和差化积、积化和差公式以及倍自变量、半自变量的公式.

第 5.2 节研究了函数的分析性质,即连续性与可微性.

在讨论函数的连续性时,利用加法公式得出,三角函数在任一点的连续性的研究转化为其在坐标原点的连续性的研究,而在坐标原点的连续性,关键是证明 $\lim\limits_{x \to 0} c(x) = c(0)$. 而这个问题又要分两层来回答,即 $\lim\limits_{x \to 0} c(x) = c(0)$ 的存在性,然后再来计算出 $\lim\limits_{x \to 0} c(x)$. $\lim\limits_{x \to 0} c(x)$ 的存在性是根据 $c(x)$ 是偶函数,且 $c(x)$ 在 $(0, \lambda)$ 为单调有界的性质来保证的. 而 $\lim\limits_{x \to 0} c(x)$ 的计算是利用了海涅极限定理,即 $\lim\limits_{x \to 0} c(x) = a$,当且仅当对于任意收敛于 0 的数列 $\{x_n\}$,$x_n \neq 0$,有 $\lim\limits_{x \to 0} c(x) = a$,为此,我们选取 $x_n = \dfrac{\lambda}{2^n}$,且利用半自变量公式,计算出 $c(x_n)$,从而证明 $\lim\limits_{x \to 0} c(x) = 1 = c(0)$.

在证明三角函数的连续性时,一个重要的准备工作是证明

$$\lim \{ s(\lambda / 2^n) / \lambda / 2^n \} = \frac{\pi}{2\lambda}.$$

一个很重要的方法是引入积分上限函数

$$f(t) = \frac{\pi}{2\lambda} \int_0^t c(t) \mathrm{d}t,$$

$$g(t) = \frac{\pi}{2\lambda} \int_0^{\lambda - t} c(t) \mathrm{d}t.$$

然而,由 $c(t)$ 的连续性知,$f(t)$ 与 $g(t)$ 都是可导的,并且 $f'(t) = \dfrac{\pi}{2\lambda} c(t)$,

$g'(t) = -\dfrac{\pi}{2\lambda} c(\lambda - t) = -\dfrac{\pi}{2\lambda} s(t)$

若我们能证明 $f(t) = s(t)$,$g(t) = c(t)$,则得到了我们所期望的证明,因此,做了一些准备工作都是为了 $f(t) = s(t)$ 的证明.

第 5.3 的核心工作是惟一性的证明. 证明惟一性的一般方法是:若有两组函数

$$\{s_1(t), c_1(t)\} \{s_2(t), c_2(t)\}$$

满足定义 5.1.1,则 $s_1(t) = s_2(t)$, $c_1(t) = c_2(t)$. 惟一性的证明主要使用了三角函数的连续性. 可分为两个主要的步骤:第一步是对于

$$\frac{x}{\lambda} = a_0 + \frac{a_1}{2} + \frac{a_2}{2^2} + \cdots + \frac{a_n}{2^n} + \cdots$$

的 x,有 $s_1(x) = s_2(x)$, $c_1(x) = c_2(x)$. 而对于

$$\frac{x}{\lambda} = a_0 + \frac{a_1}{2} + \frac{a_2}{2^2} + \cdots + \frac{a_n}{2^n} + \cdots,$$

可选取

$$\frac{x}{\lambda} = a_0 + \frac{a_1}{2} + \frac{a_2}{2^2} + \cdots + \frac{a_n}{2^n}$$

的 x_n,有 $x_n \to x$,利用前面已证明的结果得到欲证明的结论.

在第 5.4 节中,讨论了三角函数公理体系的构成,任何一个公理体系的构成要遵循两个原则,其一是全体表征性质无矛盾性,其二是表征性质的完备性.前面是保证我们所研究对象的存在性,后者是保证研究对象的惟一性.

本节讨论了三角函数公理体系的不同构成,并证明了不同公理体系的等价性.

在这一节中,单独地定义了余弦函数,并且证明了余弦函数的性质.

在第 5.5 节中,讨论了两种用不同的方法定义的三角函数,即用级数的方法,借助积分与反函数的方法定义三角函数. 对于幂级数定义的三角函数:

$$\varphi(x) = x - \frac{1}{3!}x^3 + \frac{1}{5!}x^5 + \cdots + (-1)^{n-1}\frac{1}{(2n-1)!}x^{2n-1} + \cdots,$$

$$f(x) = 1 - \frac{1}{2!}x^2 + \frac{1}{4!}x^4 + \cdots + (-1)^n\frac{1}{(2n)!}x^{2n} + \cdots,$$

为了证明 $\varphi(x) = \sin x$, $f(x) = \cos x$ 先来证明函数组 $\{\varphi(x), f(x)\}$ 满足定义 5.1.1,在此基础上,我们可以得到 $\varphi(x) = \sin\frac{\pi}{2\lambda}x$, $f(x) = \cos\frac{\pi}{2\lambda}x$,进一步地,由 $\varphi'(x) = f(x)$ 知 $\frac{\pi}{2\lambda} = 1$,故 $\varphi(x) = \sin x$, $f(x) = \cos x$.

对于用借助积分与反函数的方法定义三角函数,可用与以上相同的方法加以讨论研究.

(二)疑难解析

1. 性质 4.9 的证明

假设存在 $c_1(x)$ 与 $c_2(x)$ 满足定义 5.4.1,我们来证明 $c_1(x) = c_2(x)$.

分三步来完成证明.

第一步,考察自变量的数列

$$\lambda, \frac{\lambda}{2}, \frac{\lambda}{2^2}, \cdots, \frac{\lambda}{2^n}, \cdots$$

现将证明, $c_1\left(\frac{\lambda}{2^n}\right) = c_2\left(\frac{\lambda}{2^n}\right), n = 0, 1, 2, \cdots$, 事实上,

$$c_1(\lambda) = 0 = c_2(\lambda).$$

依次应用半自变量公式有:

$$c_1\left(\frac{\lambda}{2}\right) = \frac{1}{2}\sqrt{2} = c_2\left(\frac{\lambda}{2}\right),$$

$$c_2\left(\frac{\lambda}{2^2}\right) = \frac{1}{2}\sqrt{2+\sqrt{2}} = c_2\left(\frac{\lambda}{2^2}\right),$$

令 $a_n = \sqrt{2+\sqrt{2+\cdots\sqrt{2}}}$ (n 重根号), 一般地, 有

$$c_1\left(\frac{\lambda}{2^n}\right) = \frac{1}{2}a_n = c_2\left(\frac{\lambda}{2^n}\right).$$

第二步, 令 m 是任意整数, n 是任意的自然数, 我们将证明, 在点 $x = \frac{m}{2^n}\lambda$

处, 有

$$c_1\left(\frac{m}{2^n}\lambda\right) = c_2\left(\frac{m}{2^n}\lambda\right). \tag{1}$$

为此, 采取第二数学归纳法来证明(1)式, 事实上, 当 $m = 1$ 时, 第一步已完成了其证明, 假设 $1 \leqslant m \leqslant k$ 时结论为真, 我们来证明当 $m = k + 1$ 时结论仍成立. 事实上, 利用定义 5.4.1 中的(2)有,

$$c_1\left(\frac{k+1}{2^n}\lambda\right) + c_1\left(\frac{k-1}{2^n}\lambda\right) = 2c_1\left(\frac{k}{2^n}\lambda\right) \cdot c_1\left(\frac{\lambda}{2^n}\right) = 2c_2\left(\frac{k}{2^n}\lambda\right) \cdot c_2\left(\frac{\lambda}{2^n}\right)$$

$$= c_2\left(\frac{k+1}{2^n}\lambda\right) + c_2\left(\frac{k-1}{2^n}\lambda\right).$$

由归纳法假设知 $c_1\left(\frac{k-1}{2^n}\lambda\right) = c_2\left(\frac{k-1}{2^n}\lambda\right)$, 故有

$$c_1\left(\frac{k+1}{2^n}\lambda\right) = c_2\left(\frac{k+1}{2^n}\lambda\right).$$

依照第二数学归纳法, 对于任意的整数 m, (1)式成立.

当 $m = 0$ 时, $c_1(0) = 1 = c_2(0)$

当 $m < 0$ 时, 有 $c_1\left(\frac{m}{2^n}\lambda\right) = c_1\left(-\frac{m}{2^n}\lambda\right) = c_2\left(-\frac{m}{2^n}\lambda\right) = c_2\left(\frac{m}{2^n}\lambda\right).$

第三步,对于 x 是任意实数,将 $\dfrac{x}{\lambda}$ 展成二进制数,即

$$\frac{x}{\lambda} = a_0 + \frac{a_1}{2} + \frac{a_2}{2^2} + \cdots + \frac{a_n}{2^n} + \cdots,$$

$$x = a_0\lambda + \frac{a_1}{2}\lambda + \frac{a_2}{2^2}\lambda + \cdots + \frac{a_n}{2^n}\lambda + \cdots,$$

其中 a_0 是整数,$a_i = 0$ 或 $a_i = 1$,$i = 1, 2, \cdots$. 若二进制分数是有限的,例如假定 $a_n \neq 0$,但 $a_{n+1} = a_{n+2} = \cdots = 0$,则 x 是具有形式 $\dfrac{m}{2^n}\lambda$ 的数,而对于这种情形,在第二步中已证明结论成立. 假定二进制分数是无限的,令

$$x_n = a_0\lambda + \frac{a_1}{2}\lambda + \frac{a_2}{2^2}\lambda + \cdots + \frac{a_n}{2^n}\lambda,$$

则有 $\lim\limits_{n \to \infty} x_n = x$,根据 $c_1(x)$ 与 $c_2(x)$ 的连续性,即有

$$c_1(x) = \lim_{n \to \infty} c_1(x_n) = \lim_{n \to \infty} c_2(x_n) = c_2(x).$$

对于 $x < 0$,有 $-x > 0$,故

$$c_1(x) = c_1(-x) = c_2(-x) = c_2(x).$$

2. 关于集合

$$E = \{r \mid r > 0, c(r) = 0\}$$

是闭集的证明.

事实上,我们考虑在 $\mathbf{R}^+$ 中 E 的余集 $\mathbf{R}^+ \setminus E$,即

$$\mathbf{R}^+ \setminus E = \{x \mid x > 0, c(x) \neq 0\}$$

我们来证明 $\mathbf{R}^+ \setminus E$ 是开集. 事实上,$\forall x_0 \in -E$,即 $c(x_0) \neq 0$,不妨设 $c(x_0) > 0$,由于 $c(x)$ 连续,对于 $\varepsilon = \dfrac{1}{2}c(x_0) > 0$,$\exists \delta > 0$,当 $x \in (x_0 - \delta, x_0 + \delta)$ 时,有

$$|c(x) - c(x_0)| < \varepsilon$$

即

$$0 < c(x_0) - \frac{1}{2}c(x_0) < c(x).$$

由此可知 $(x_0 - \delta, x_0 + \delta) \subset \mathbf{R}^+ \setminus E$,即 $\mathbf{R}^+ \setminus E$ 是开集,由此得到 E 是闭集.

第6章 极值问题

学习目标

1. 理解凸分析的基本概念与理论,并会应用凸分析的理论与方法解某些极值问题.

2. 掌握一般函数求极值的分析理论与方法.

3. 了解泛函极值问题与欧拉方程.

导　学

所谓极值,简单地说,是指一群同类量中的最大量(或最小量). 对于极值问题的研究,历来被视为一个引人入胜的课题. 波利亚说过:"尽管每个人都有他自己的问题,我们可以注意到,这些问题大多是些极大或极小问题. 我们总希望以尽可能低的代价来达到某个目标,或者以一定的努力来获得尽可能大的效果,或者在一定的时间内做最大的功,当然,我们还希望冒最小的风险. 我相信数学上关于极大和极小的问题,之所以引起我们的兴趣,是因为它能使我们日常生活中的问题理想化."(波利亚,《数学与猜想》,第一卷,第133页)我们将看到,许多实际问题和数学问题,在可归结为形形色色的极值问题时,才能得到统一地解决.

在本章的第一节,将介绍凸函数理论.利用凸函数理论,不仅可以解决中学数学的极值问题,也可以解决一些不光滑函数的极值问题,还可以解决线性规划问题.

在第二节中,我们主要是复习数学分析中一元函数与多元函数的极值问题.

第三节至第五节,介绍了泛函极值问题,导出了欧拉方程并介绍了欧拉方程的解法. 第三节至第五节的内容不作为教学基本内容,仅供对此部分内容感兴趣的读者阅读.

6.1 凸函数与极值

6.1.1 凸函数的定义及性质

凸函数是一类有着广泛应用的特殊函数,具有许多特殊的性质. 我们先来讨论一元的凸函数,然后再讨论多元的凸函数.

定义 6.1.1 设函数 $f(x)$ 定义在某区间 I 上,对于任意的 $x_1, x_2 \in I$ 以及任意的 $\alpha \in (0, 1)$,有

$$f(\alpha x_1 + (1 - \alpha)x_2) \leqslant \alpha f(x_1) + (1 - \alpha)f(x_2) \tag{1}$$

恒成立,则称 $y = f(x)$ 为下凸函数. 若

$$f(\alpha x_1 + (1 - \alpha)x_2) \geqslant \alpha f(x_1) + (1 - \alpha)f(x_2) \tag{2}$$

则称 $y = f(x)$ 是上凸函数.

下凸函数与上凸函数统称为**凸函数**. 如果(1)与(2)是严格不等式,则称 $f(x)$ 是严格凸函数.

凸函数的图像称为凸曲线. 从几何观点看,下凸曲线的任意一段弧都不在这段弧所对的弦的上方;上凸曲线的任意一段弧都不在这段弧所对的弦的下方.

凸函数的概念可以从一元函数推广到多元函数. 但是,这需要多元函数的定义域是凸的.

定义 6.1.2 设集合 $S \subset \mathbf{R}^n$,若对于任意的 $x_1, x_2 \in S$ 以及任意的 $\alpha \in (0, 1)$,有

$$x_\alpha = \alpha x_1 + (1 - \alpha)x_2 \in S, \tag{3}$$

则称集合 S 是**凸集**.

由定义易知,S 是凸集,当且仅当连接 S 中任意两点的线段在 S 中.

凸集具有下列的简单性质.

性质 1.1 集合 $S \subset \mathbf{R}^n$ 是凸集的充要条件是对于任意自然数 $n \geqslant 2$,若点 $x_1, x_2, \cdots, x_n \in S$,则其非负线性组合

$$\sum_{k=1}^{n} \alpha_k x_k \in S,$$

其中 $\alpha_k \geqslant 0$,且 $\displaystyle\sum_{k=1}^{n} \alpha_k = 1$.

证 此性质的证明留给读者.

性质 1.2 任意个凸集的交集是凸集.

证 显然.

注 1.1 两个凸集的并集未必是凸集.

定义 6.1.3 设 $A, B \subset \mathbf{R}^n$,则定义

$$\lambda A + \mu B \overset{\text{def}}{=} \{c \mid c = \lambda a + \mu b, a \in A, b \in B\}$$

性质 1.3 设 $A, B \subset \mathbf{R}^n$ 是凸集,λ, μ 是实数,则 $\lambda A + \mu B$ 是凸集.

证 设 $x_1, x_2 \in \lambda A + \mu B$,则存在 $a_1, a_2 \in A, b_1, b_2 \in B$,使得

$$x_i = \lambda a_i + \mu b_i, \quad i = 1, 2,$$

对于 $\alpha \in (0,1)$,因 A, B 为凸集,故 $\alpha a_1 + (1-\alpha) a_2 = a \in A, \alpha b_1 + (1-\alpha) b_2 = b \in B$,从而有

$$
\begin{aligned}
\alpha x_1 + (1-\alpha) x_2 &= \alpha \lambda a_1 + \alpha \mu b_1 + (1-\alpha) \lambda a_2 + (1-\alpha) \mu b_2 \\
&= \lambda (\alpha a_1 + (1-\alpha) a_2) + \mu (\alpha b_1 + (1-\alpha) b_2) \\
&= \lambda a + \mu b \in \lambda A + \mu B
\end{aligned}
$$

故 $\lambda A + \mu B$ 是凸集. $\square$

定义 6.1.4 设 $S \subset \mathbf{R}^n$ 是一非空凸集,$f: S \to \mathbf{R}$,若对于任意的 $x_1, x_2 \in S$ 及任意的 $\alpha \in (0,1)$,有

$$f(\alpha x_1 + (1-\alpha) x_2) \leqslant \alpha f(x_1) + (1-\alpha) f(x_2), \tag{4}$$

则称 $f(x)$ 在集合 S 上是下凸函数. 若

$$f(\alpha x_1 + (1-\alpha) x_2) \geqslant \alpha f(x_1) + (1-\alpha) f(x_2), \tag{5}$$

则称 $f(x)$ 在集合 S 上是上凸函数.

上凸函数与下凸函数统称为凸函数. 若(4)式与(5)式为严格不等式,则称 $f(x)$ 为严格凸函数.

定理 6.1.1 设 $S \subset \mathbf{R}^n$ 是凸集,$f: S \to \mathbf{R}$. 则 $f(x)$ 是下凸函数当且仅当对于任意的自然数 $n \geqslant 2, x_k \in S, \quad k = 1, 2, \cdots, n$,有

$$f\left(\sum_{k=1}^{n} \alpha_k x_k\right) \leqslant \sum_{k=1}^{n} \alpha_k f(x_k), \tag{6}$$

其中 $\alpha_k > 0, \sum_{k=1}^{n} \alpha_k = 1$.

证 充分性显然.

下面证明必要性,使用数学归纳法.

①由下凸函数的定义,当 $n = 2$ 时,(6)式成立.

②假设 $n = m$ 时(6)式成立.

③当 $n = m+1$ 时,我们来证明

$$f\left(\sum_{k=1}^{m+1} \alpha_k x_k\right) \leqslant \sum_{k=1}^{m+1} \alpha_k f(x_k). \tag{6'}$$

令 $\alpha = \sum_{k=1}^{m} \alpha_k$,则 $\alpha > 0$,且 $\alpha + \alpha_{m+1} = 1$. 因为 $f(x)$ 是下凸函数,故有

$$f\left(\sum_{k=1}^{m+1} \alpha_k x_k\right) = f\left(\sum_{k=1}^{m} \alpha_k x_k + \alpha_{m+1} x_{m+1}\right)$$

$$= f\left(\alpha \cdot \sum_{k=1}^{m} \frac{\alpha_k}{\alpha} x_k + \alpha_{m+1} x_{m+1}\right) \tag{7}$$

$$\leqslant \alpha f\left(\sum_{k=1}^{m} \frac{\alpha_k}{\alpha} x_k\right) + \alpha_{m+1} f(x_{m+1}).$$

由归纳假设及 $\sum_{k=1}^{m} \dfrac{\alpha_k}{\alpha} = 1$,有

$$f\left(\sum_{k=1}^{m} \frac{\alpha_k}{\alpha} x_k\right) \leqslant \sum_{k=1}^{m} \frac{\alpha_k}{\alpha} f(x_k).$$

将此式代入(7)式,即得到(6')式. $\square$

注 1.2 $f(x)$ 是上凸函数当且仅当与(6)式相反的不等式成立.

定理 6.1.2 设 $f_i(x)$ 是凸集 S 上的下凸函数,$i = 1, 2, \cdots, n$,又 $\alpha_i \geqslant 0$,$i = 1, 2, \cdots, n$,则

$$f(x) = \sum_{i=1}^{n} \alpha_i f_i(x)$$

是下凸函数.

证 易证,留给读者.

定理 6.1.3 设 $f: \mathbf{R}^n \rightarrow \mathbf{R}$ 是下凸函数,$\varphi: \mathbf{R} \rightarrow \mathbf{R}$ 是非减下凸函数,则复合函数 $(\varphi \circ f)(x)$ 是 $\mathbf{R}^n$ 上的下凸函数.

证 易证,留给读者.

对于一个给定的具体函数,利用定义判断其是否是凸函数,常常是不容易的. 但是,对于可导的函数,我们有如下的判别方法:

定理 6.1.4 设 $f(x)$ 在 (a, b) 内可导,且 $f''(x) \geqslant 0$,则 $f(x)$ 在 (a, b) 内是下凸函数.

证 任取 $x_1, x_2 \in (a, b)$,对于任意的 $\alpha_1, \alpha_2 \in (0, 1)$,$\alpha_1 + \alpha_2 = 1$,令 $x_0 = \alpha_1 x_1 + \alpha_2 x_2$,则 $x_0 \in (a, b)$. 将 $f(x_1)$ 与 $f(x_2)$ 在 x_0 展开成泰勒公式,有

$$f(x_1) = f(x_0) + f'(x_0)(x_1 - x_0) + \frac{1}{2}f''(\xi_1)(x_1 - x_0)^2,$$

$$f(x_2) = f(x_0) + f'(x_0)(x_2 - x_0) + \frac{1}{2}f''(\xi_2)(x_2 - x_0)^2,$$

其中 ξ_i 介于 x_0 与 x_i 之间, $i = 1,2$. 因 $f''(x) \geqslant 0$, 故

$$f(x_1) \geqslant f(x_0) + f'(x_0)(x_1 - x_0),$$

$$f(x_2) \geqslant f(x_0) + f'(x_0)(x_2 - x_0).$$

分别用 α_1, α_2 乘上面两个不等式再相加, 有

$$\alpha_1 f(x_1) + \alpha_2 f(x_2) \geqslant (\alpha_1 + \alpha_2)f(x_0) + f'(x_0)[\alpha_1 x_1 + \alpha_2 x_2 - (\alpha_1 + \alpha_2)x_0]$$
$$= f(x_0) = f(\alpha_1 x_1 + \alpha_2 x_2).$$

即 $f(x)$ 在 (a,b) 内是下凸函数. □

我们来考察基本初等函数的凸性.

1. 函数, $f(x) = x^{\alpha}, x > 0$.

因 $f''(x) = \alpha(\alpha - 1)x^{\alpha - 2}$, 当 $\alpha > 1$ 时, 有 $f''(x) > 0$, 故 $f(x)$ 是下凸函数; 当 $0 < \alpha < 1$ 时, 有 $f''(x) < 0$, 故 $f(x)$ 是上凸函数; 当 $\alpha = 1$ 时, $f(x)$ 既是上凸的, 又是下凸的.

一般地, 一次函数 $f(x) = ax + b$ 是既上凸又下凸的函数.

2. 指数函数 $f(x) = a^x (a > 0, a \neq 1)$.

因 $f''(x) = a^x(\ln a)^2 > 0$, 故 $f(x)$ 是下凸函数.

3. 对数函数 $f(x) = \log_a x (a > 0, a \neq 1), x > 0$.

因 $f''(x) = -\frac{1}{\ln a}\frac{1}{x^2}$, 当 $a > 1$ 时, $f''(x) < 0$, 故 $f(x)$ 是上凸的; 当 $0 < a < 1$ 时, $f''(x) > 0$, 故 $f(x)$ 是下凸的.

4. 三角函数 $f(x) = \sin x$.

对于任意整数 k, 在区间 $[2k\pi, (2k+1)\pi]$ 内, $f''(x) = -\sin x < 0$, $f(x)$ 是上凸的; 在区间 $[(2k+1)\pi, (2k+2)\pi]$ 内, $f''(x) = -\sin x > 0$, $f(x)$ 是下凸的.

定理 6.1.5　若函数 $f(x)$ 在区间 (a,b) 内可导, 且任意的 $x_1, x_2 \in (a,b)$, 有 $f(x_2) \geqslant f(x_1) + f'(x_1)(x_2 - x_1)$, 则 $f(x)$ 是下凸函数.

证　对于任意的 $x_1, x_2 \in (a,b)$, 不妨设 $x_1 < x_2$, 任意的 $x \in (x_1, x_2)$, 则存在 $\alpha = \dfrac{x_2 - x}{x_2 - x_1} \in (0,1)$, 有

$$x = \alpha x_1 + (1 - \alpha)x_2.$$

下面，我们先来说明 $f'(x)$ 的单调性. 对于 $x, y \in (a, b)$，设 $x < y$. 由已知条件有

$$f(y) - f(x) \geqslant f'(x)(y - x),$$
$$f(x) - f(y) \geqslant f'(y)(x - y),$$

即

$$f'(x)(y - x) \leqslant f(y) - f(x) \leqslant f'(y)(y - x).$$

于是有 $f'(x) \leqslant f'(y)$，即 $f'(x)$ 是单调增加的. 根据拉格朗日中值定理，对于 $x \in (x_1, x_2)$，有

$$\frac{f(x) - f(x_1)}{x - x_1} = f'(\xi_1) \quad x_1 < \xi_1 < x,$$

$$\frac{f(x_2) - f(x)}{x_2 - x} = f'(\xi_2) \quad x < \xi_2 < x_2.$$

由 $\dfrac{x - x_1}{x_2 - x} = \dfrac{1 - \alpha}{\alpha}$，及上面不等式得

$$f(\alpha x_1 + (1 - \alpha) x_2) = f(x) \leqslant \alpha f(x_1) + (1 - \alpha) f(x_2).$$

即 $f(x)$ 是 (a, b) 内的下凸函数. $\square$

定理 6.1.4 与定理 6.1.5 可推广到多元函数的情形.

设 $S \subset \mathbf{R}^n$ 是一凸集，$f(x)$ 是定义在 S 上的二次可微函数，记

$$A(x) = (a_{ij}(x))_{i,j=1}^{n}, \quad a_{ij}(x) = \frac{\partial^2 f(x)}{\partial x_i \partial x_j},$$

称 $A(x)$ 是 $f(x)$ 在点 x 的 Hessian 矩阵.

与定理 6.1.4 相对应，有

定理 6.1.4′ 设 $S \subset \mathbf{R}^n$ 是一非空凸开集，$f(x)$ 是 S 上的二次可微函数. 对于 $x_1, x_2 \in S$，若

$$x_2 A(x_1) x_2^T \geqslant 0 \tag{8}$$

则 $f(x)$ 是 S 上的下凸函数，其中 $x_2^T = (x_1^2, x_2^2, \cdots, x_n^2)^T$ 是向量 x_2 的转置.

证 可参见文献[8]

定理 6.1.5′ 设 $S \subset \mathbf{R}^n$ 是非空凸开集，$f(x)$ 是 S 上的可微函数. 对于 $x_1, x_2 \in S$，若

$$f(x_2) \geqslant f(x_1) + (\nabla f(x_1)) \cdot (x_2 - x_1)^T \tag{9}$$

则 $f(x)$ 是 S 上的下凸函数，其中

$$\nabla f(x) = \left(\frac{\partial}{\partial x_1} f(x), \cdots, \frac{\partial}{\partial x_n} f(x) \right).$$

证　可参见文献[8].

注 1.3　若(8)式与(9)式相反的不等号成立,则 $f(x)$ 是 S 上的上凸函数.

众所周知,有界闭区域上的连续函数一定能够取到最大值与最小值,但最大值点与最小值点可能在区域的任意点. 但是对于凸函数来说,它的最大(小)值有着一些特殊的性质.

定理 6.1.6　设 $S \subset \mathbf{R}^n$ 是一非空有界闭凸集, $f: S \rightarrow \mathbf{R}$ 是下凸函数.

(i) 若 x_0 是 $f(x)$ 在 S 上的局部极小值点,则 x_0 是 $f(x)$ 在 S 上的最小值点;

(ii) 若 $f(x)$ 是严格下凸函数,则它在 S 上的最小值点是惟一的.

证　(i) 若 x_0 是 $f(x)$ 的一个局部极小值点,则存在 x_0 的一个邻域 $N(x_0, \delta)$,对于 $x \in N(x_0, \delta)$,有

$$f(x) \geqslant f(x_0).$$

$\forall x_1 \in S$,有充分小的 $\alpha, 0 < \alpha < 1$,使得

$$(1 - \alpha)x_0 + \alpha x_1 \in N(x_0, \delta),$$

从而有

$$f((1 - \alpha)x_0 + \alpha x_1) \geqslant f(x_0).$$

又由 $f(x)$ 是下凸的函数,故有

$$f(x_0) \leqslant (1 - \alpha)f(x_0) + \alpha f(x_1),$$

移项即可得, $f(x_0) \leqslant f(x_1)$,故 $f(x_0)$ 为函数 $f(x)$ 在 S 上的最小值.

(ii)假设 $f(x)$ 在 S 上的两个点 x_0, x_1 取到最小值,即 $f(x_0) = f(x_1) = \min \{f(x) | x \in S\}$. 因 S 是凸集,故对于 $\alpha \in (0,1), \alpha x_0 + (1 - \alpha)x_1 \in S$ 又由 $f(x)$ 是严格下凸的,则有

$$f(\alpha x_0 + (1 - \alpha)x_1) < \alpha f(x_0) + (1 - \alpha)f(x_1) = f(x_0),$$

这与 $f(x_0)$ 为函数 $f(x)$ 在 S 上的最小值矛盾.□

定理 6.1.7　有界闭凸集 S 上的下凸函数 $f(x)$ 必在 S 的边界 ∂S 上取到最大值.

证　设 $x_0 \in S \subset \mathbf{R}^n, f(x_0) = \max\{f(x) | x \in S\}$

若 $x_0 \in \partial S$,则定理得证. 否则, $x_0 \in S$ 的内点,过 x_0 任做一"直线",由有界闭凸集的性质,该"直线"必与边界 ∂S 交于两点,设 x_1, x_2. 于是存在正数 α, β 且 $\alpha + \beta = 1$,使 $x_0 = \alpha x_1 + \beta x_2$. 由假设知, $f(x_1) \leqslant f(x_0), f(x_2) \leqslant f(x_0)$,故

$$f(x_0) = f(\alpha x_1 + \beta x_2)$$

$$\leqslant \alpha f(\boldsymbol{x}_1) + \beta f(\boldsymbol{x}_2)$$

若 $f(\boldsymbol{x}_2) < f(\boldsymbol{x}_0)$，则

$$f(\boldsymbol{x}_0) < \alpha f(\boldsymbol{x}_1) + \beta f(\boldsymbol{x}_0),$$

即

$$(1 - \beta) f(\boldsymbol{x}_0) < \alpha f(\boldsymbol{x}_1).$$

从而有 $f(\boldsymbol{x}_0) < f(\boldsymbol{x}_1)$. 这与点 $\boldsymbol{x}_0$ 为最大值点矛盾，故 $f(\boldsymbol{x}_2) = f(\boldsymbol{x}_0)$.

同理 $f(\boldsymbol{x}_1) = f(\boldsymbol{x}_2) = f(\boldsymbol{x}_0) = \max\{f(\boldsymbol{x}) \mid \boldsymbol{x} \in S\}$. $\square$

注1.4　由定理的证明可以看出，若 $f(\boldsymbol{x})$ 在 S 的内点 $\boldsymbol{x}_0$ 取最大值，则在 ∂S 上，$f(\boldsymbol{x}) = f(\boldsymbol{x}_0)$. 也就是说，若 $f(\boldsymbol{x})$ 在 ∂S 上是非常值函数，则 $f(\boldsymbol{x})$ 不能在 S 的内部取到最大值.

定理6.1.8　设 $S \subset \mathbf{R}^n$ 为有界凸多面体，$\boldsymbol{x}_1, \boldsymbol{x}_2, \cdots, \boldsymbol{x}_N$ 为 S 的顶点. $f(\boldsymbol{x})$ 为 S 上的下凸函数，则 $f(\boldsymbol{x})$ 的最大值必在 S 的顶点上取到，即

$$\max\{f(\boldsymbol{x}) \mid \boldsymbol{x} \in S\} = \max\{f(\boldsymbol{x}_i) \mid 1 \leqslant i \leqslant N\}.$$

证　由定理6.1.7知，存在 $\boldsymbol{x}_0 \in \partial S$，使

$$f(\boldsymbol{x}_0) = \max\{f(\boldsymbol{x}) \mid \boldsymbol{x} \in S\}.$$

设 $\boldsymbol{x}_0$ 在 S 的某一侧面 π 上，则 π 的顶点是 S 的顶点中的一部分. 若 $\boldsymbol{x}_0$ 是 π 的顶点，则结论已成立. 若 $\boldsymbol{x}_0$ 不是 π 的顶点，设 $\overline{\boldsymbol{x}}_1, \overline{\boldsymbol{x}}_2, \cdots, \overline{\boldsymbol{x}}_m$ 是 π 的顶点，则存在 $\alpha_1 \geqslant 0, \cdots, \alpha_m \geqslant 0, \alpha_1 + \alpha_2 + \cdots + \alpha_m = 1$ 且 $\boldsymbol{x}_0 = \alpha_1 \overline{\boldsymbol{x}}_1 + \alpha_2 \overline{\boldsymbol{x}}_2 + \cdots + \alpha_m \overline{\boldsymbol{x}}_m$. 由 $f(\boldsymbol{x})$ 的凸性知，

$$f(\boldsymbol{x}_0) = f\left(\sum_{i=1}^{m} \alpha_i \overline{\boldsymbol{x}}_i\right) \leqslant \sum_{i=1}^{m} \alpha_i f(\overline{\boldsymbol{x}}_i) \leqslant f(\boldsymbol{x}_0),$$

由此可知

$$f(\boldsymbol{x}_0) = f(\overline{\boldsymbol{x}}_i), i = 1, 2, \cdots, m. \square$$

注1.5　若 $f(\boldsymbol{x})$ 是上凸函数，则 $f(\boldsymbol{x})$ 在凸多面体上的最小值必在该多面体的顶点得到.

推论1.1　若 $f(\boldsymbol{x})$ 是有界凸多面体 $S \subset \mathbf{R}^n$ 上的线性函数，则 $f(\boldsymbol{x})$ 的最大、最小值都在该多面体的顶点上取到.

6.1.2　求解极值问题

例1　已知函数 $f(x) = ax^2 - c$，满足

$$-4 \leqslant f(1) \leqslant -1, \ -1 \leqslant f(2) \leqslant 5.$$

证明 $-1 \leqslant f(3) \leqslant 20$.

解 我们先将该问题做个转化:令

$$F(a,c) = f(3) = 9a - c$$

其中,a 与 c 满足约束条件

$$-4 \leqslant a - c \leqslant -1,$$
$$-1 \leqslant 4a - c \leqslant 5 \tag{10}$$

事实上,约束条件(10)给出了点(a,c)的变化区域
S(如图 6-1),它是一个凸四边形区域而 $F(a,c)$
是在域 S 上的最大值与最小值要在 S 的顶点取到.
我们可以见到,在直线 l_2 上,$F(a,c) = 9a - c = 8a$
-1,故有 $F(x_0) < F(x_3)$.
而在直线 l_1 上,有

$$F(a,c) = 9a - c = 5a + 5,$$

故有 $F(x_3) < F(x_2)$,即 $F(x_0) < F(x_3) < F(x_2)$;
同理可得,$F(x_0) < F(x_1) < F(x_2)$.
求得

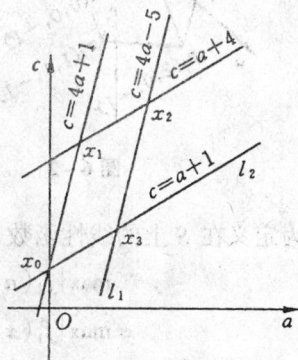

图 6-1

$$F(x_0) = F(0,1) = -1,$$
$$F(x_2) = F(3,7) = 20,$$

故 $-1 = F(x_0) \leqslant F(a,c) = f(3) \leqslant F(x_2) = 20$.

例 2 设 a,b,c 为实数,当 $|x| \leqslant 1$ 时,有不等式 $|ax^2 + bx + c| \leqslant 1$,试证,当
$|x| \leqslant 1$ 时,恒有

$$|2ax + b| \leqslant 4.$$

解 此问题转化为在约束条件

$$-1 \leqslant a + b + c \leqslant 1,$$
$$-1 \leqslant a - b + c \leqslant 1,$$
$$-1 \leqslant c \leqslant 1$$

下(见图 6-2),求证

$$-4 \leqslant 2a + b \leqslant 4,$$
$$-4 \leqslant -2a + b \leqslant 4.$$

约束条件构成(a,b,c)的区域为一平行六面体,设为 S

$$f_1(a,b,c) = 2a + b,$$
$$f_2(a,b,c) = -2a + b$$

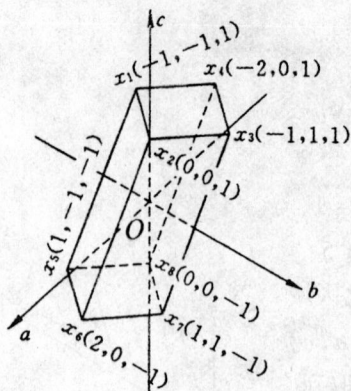

图6-2

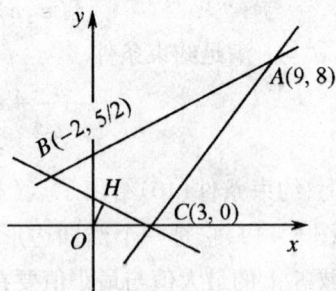

图6-3

为定义在 S 上的线性函数. 由推论 1.2 可知,

$$\max\{f_1(a,b,c) \mid (a,b,c) \in S\}$$
$$= \max\{f_1(x_i) \mid 1 \leqslant i \leqslant 8\} = f_1(2,0,-1) = 4,$$
$$\min\{f_1(a,b,c) \mid (a,b,c) \in S\}$$
$$= \min\{f_1(x_i) \mid 1 \leqslant i \leqslant 8\} = f_1(-2,0,1) = -4,$$

同样有

$$\max\{f_2(a,b,c) \mid (a,b,c) \in S\}$$
$$= \max\{f_2(x_i) \mid 1 \leqslant i \leqslant 8\} = f_2(-2,0,1) = 4,$$
$$\min\{f_2(a,b,c) \mid (a,b,c) \in S\}$$
$$= \min\{f_2(x_i) \mid 1 \leqslant i \leqslant 8\} = f_2(2,0,1) = -4.$$

例3 已知 x,y 满足下列不等式:

$$x - 2y + 7 \geqslant 0, \quad 4x - 3y - 12 \leqslant 0, \quad x + 2y - 3 \geqslant 0$$

求 $f(x,y) = x^2 + y^2$ 的最大值和最小值.

解 约束条件构成 (x,y) 的区域为图 6-3 中以 $A(9,8),B(-2,\dfrac{5}{2}),C(3,$

$0)$ 为顶点的三角形闭域 S.

我们来证明 $f(x,y)$ 是 S 上的下凸函数. 对于任意的 $M_1(x_1,y_1)$ 与 $M_2(x_2,$ $y_2)$,由定理 6.1.4′ 及

$$(x_2,y_2)A(x_1,y_1)\begin{pmatrix} x_2 \\ y_2 \end{pmatrix} = 2(x_2^2 + y_2^2) \geqslant 0$$

可知,$f(x,y)$ 是 S 上的下凸函数

由定理 6.1.8,可得

$$\max\{f(x,y) \mid (x,y) \in S\} = \max\{f(A), f(B), f(C)\}$$
$$= f(A) = f(9,8) = 145$$

为求 $\min\{f(M) \mid M \in S\}$,首先注意到,对于 $M \in S$,$\sqrt{f(M)}$ 表示点 M 到坐标原点的距离,故

$$\min\{f(M) \mid M \in S\} = OH = \frac{|-3|}{\sqrt{1^2 + 2^2}} = \frac{3}{\sqrt{5}},$$

从而得

$$\min\{f(x,y) \mid (x,y) \in S\} = \frac{9}{5}.$$

下面举例说明定理 6.1.1 及注 1.2 的应用.

例4 证明 在圆的内接 n 边形中,以正 n 边形的面积为最大.

证 设圆的半径为 r,内接 n 边形的面积为 A_n,各边所对的圆心角分别为 $\theta_1, \theta_2, \cdots, \theta_n$,则可得到

$$S_n = \frac{1}{2} r^2 (\sin\theta_1 + \sin\theta_2 + \cdots + \sin\theta_n).$$

设 $f(x) = \sin x$,由于它在 $(0, \pi)$ 内上凸,于是有

$$\sin\theta_1 + \sin\theta_2 + \cdots + \sin\theta_n$$
$$\leqslant n \sin(\frac{1}{n}(\theta_1 + \theta_2 + \cdots + \theta_n)) = n \sin\frac{2\pi}{n}. \tag{11}$$

所以当 $\theta_1 = \theta_2 = \cdots = \theta_n$ 时,S_n 取最大值,也就是以正 n 边形的面积为最大. □

例5 设 $x_i > 0, i = 1, 2, \cdots, n$,证明

$$(x_1 x_2 \cdots x_n)^{\frac{1}{n}} \leqslant \frac{1}{n}(x_1 + x_2 + \cdots + x_n). \tag{12}$$

证 由前面讨论知,对于 $a > 1, f(x) = \log_a x$ 是上凸函数. 由定理 6.1.1 及注 1.2 得

$$\sum_{i=1}^{n} \alpha_i f(x_i) \leqslant f(\sum_{i=1}^{n} \alpha_i x_i).$$

特别地,取 $\alpha_1 = \alpha_2 = \cdots = \alpha_n = \frac{1}{n}$,有

$$\frac{1}{n}(\log_a x_1 + \log_a x_2 + \cdots + \log_a x_n) \leqslant \log_a \frac{1}{n}(x_1 + x_2 + \cdots + x_n).$$

由对数的运算性质以及单调递增性质,故有(12)式成立.□

(12)式的左端为 n 个正数的几何平均,(12)式的右端为 n 个正数的算术平均,即 n 个正数的几何平均不超过这 n 个正数的算术平均.从(13)式,我们有如下的命题:

命题 1　设 $x_i > 0, i = 1, 2, \cdots, n$ 且 $x_1 x_2 \cdots x_n = k$(常数),则当 $x_1 = x_2 = \cdots = x_n$ 时,和 $x_1 + x_2 + \cdots + x_n$ 有极小值.

命题 2　设 $x_i > 0, i = 1, 2, \cdots, n$,且 $x_1 + x_2 + \cdots + x_n = k$(常数),则当 $x_1 = x_2 = \cdots = x_n$ 时,积 $x_1 x_2 \cdots x_n$ 有极大值.

例 6　当 $x > 1$ 时,求 $y = \dfrac{2x(x+1)}{x-1}$ 的最小值.

解　$y = \dfrac{2x(x+1)}{x-1} = \dfrac{2x^2 + 2x}{x-1}$

$$= \frac{1}{x-1}[2(x-1)^2 + 6(x-1) + 4] = 2(x-1) + \frac{4}{x-1} + 6.$$

因为 $x > 1$,所以 $2(x-1) > 0$,$\dfrac{4}{x-1} > 0$,且 $2(x-1) \cdot \dfrac{4}{x-1} = 8$ 为定值. 由命题 1,当 $2(x-1) = \dfrac{4}{x-1}$,即当 $x = 1 + \sqrt{2}$ 时,$2(x-1) + \dfrac{4}{x-1}$ 有最小值 $4\sqrt{2}$,从而 y 有最小值 $6 + 4\sqrt{2}$.

6.2　一般函数的极值问题

在初等数学中,求一个函数的极值问题方法各异. 无疑,求函数的极值问题是一个很难的问题,但在高等数学中,当函数 $f(x)$ 可导时,求函数 $f(x)$ 的极值问题有一个普遍适用的方法,从而使问题变得简单.

定理 6.2.1　设函数 $f(x)$ 在闭区间 $[a, b]$ 上可导,若 $x_0 \in [a, b]$,使得
$$f(x_0) = \min\{f(x) \mid x \in [a, b]\},$$
则对于任意的 $x \in [a, b]$,有
$$f'(x_0)(x - x_0) \geqslant 0 \tag{1}$$

证　对于任意的 $x \in [a, b], P \in (0, 1)$,令
$$x_p = x_0 + p(x - x_0)$$
则 $x_p \in [a, b]$ 因 x_0 是 $f(x)$ 在 $[a, b]$ 的极小值点,故有
$$0 \leqslant f(x_p) - f(x_0)$$

$$= f'(x_0 + \theta(x_p - x_0))(x_p - x_0)$$
$$= pf'(x_0 + \theta(x_p - x_0))(x - x_0),$$

两端同除以 p 且令 $p \to 0$,取极限即得(1)式.□

注 2.1 若 $f(x_0) = \max\{f(x) \mid x \in [a, b]\}$,则

$$f'(x_0)(x - x_0) \leqslant 0. \tag{2}$$

推论 2.1 若存在 $x_0 \in (a, b), f(x)$ 在点 x_0 取局部极大(小)值,则 $f(x_0) = 0$.

事实上,由于点 x_0 是 $f(x)$ 的局部极大(小)值点,则存在 $\delta > 0$,使得 $(x_0 - \delta, x_0 + \delta) \subset (a, b)$ 且 $f(x_0)$ 是 $f(x)$ 在 $(x_0 - \delta, x_0 + \delta)$ 中的最大(小)值. 由于存在 $x_1, x_2 \in (x_0 - \delta, x_0 + \delta)$ 使 $x_1 - x_0 > 0$ 且 $x_2 - x_0 < 0$,从(2)式((1)式)可得 $f'(x_0) = 0$.

注 2.2 若 $f'(x_0) = 0$,则称点 x_0 为函数 $f(x)$ 的**稳定点**. 但是函数 $f(x)$ 的稳定点未必是极值点. 例如,$x = 0$ 是 $f(x) = x^3$ 的稳定点,但不是它的极值点.

定理 6.2.1 及推论 2.1 仅给出了函数 $f(x)$ 在点 x_0 取得极值的必要条件,下面的定理给出了函数取得极值的充分条件.

定理 6.2.2 若 $f(x)$ 在点 a 的邻域内可导,且 $f'(a) = 0, \exists \delta > 0$,有

$$f'(x) \begin{cases} > 0 & \text{当 } x \in (a - \delta, a), \\ < 0 & \text{当 } x \in (a, a + \delta). \end{cases} \tag{3}$$

则 a 是函数 $f(x)$ 的极小值点,$f(a)$ 是极小值.

证 此定理的证明可参见文献〔1〕

注 2.3 若(3)式中相反的不等式成立,则 $f(x)$ 在点 a 取局部极大值.

例 1 当 $x > 1$ 时,求 $f(x) = \dfrac{2x(x+1)}{x-1}$ 的最小值.

解 $f(x) = \dfrac{2x(x+1)}{x-1} = 2(x-1) + \dfrac{4}{x-1} + 6.$

当 $x > 1$ 时,$f(x)$ 可导,且

$$f'(x) = 2 - \frac{4}{(x-1)^2}.$$

令 $f'(x) = 2 - \dfrac{4}{(x-1)^2} = 0$,解得 $x = 1 + \sqrt{2}$,且

$$f'(x) \begin{cases} > 0 & x < 1 + \sqrt{2}, \\ < 0 & x > 1 + \sqrt{2}. \end{cases}$$

故 $x = 1 + \sqrt{2}$ 是最小值点,$f(1 + \sqrt{2}) = 6 + 4\sqrt{2}$ 是最小值.

定理 6.2.3 若函数 $f(x)$ 在点 c 存在二阶导数，$f'(c)=0$ 则当 $f''(c)>0$ 时，$f(x)$ 在点 c 取局部极小值，当 $f''(c)<0$ 时，$f(x)$ 在点 c 取局部极大值.

证 此定理的证明可参见文献[1].

例 2 从半径为 R 的圆形铁片中剪去一个扇形，将剩余部分围成一个圆锥形漏斗，问剪去的扇形的圆心角多大时，才能使圆锥形漏斗的容积最大？

解 设剪后剩余部分的圆心角是 $x(0 \leqslant x \leqslant 2\pi)$，圆锥形漏斗的斜高为 R，圆锥底的周长是 Rx. 设圆锥的底半径是 r，则 $r = \dfrac{Rx}{2\pi}$，圆锥的高是

$$\sqrt{R^2 - r^2} = \frac{R}{2\pi}\sqrt{4\pi^2 - x^2}.$$

于是，圆锥的体积 $V(x)$ 是

$$V(x) = Ax^2\sqrt{4\pi^2 - x^2},$$

其中 $A = \dfrac{R^3}{24\pi^2}$.

求函数 $V(x)$ 在 $[0,2\pi]$ 上的最大值. 对 $V(x)$ 求导数得

$$V'(x) = A\frac{8\pi^2 x - 3x^3}{\sqrt{4\pi^2 - x^2}}.$$

令 $V'(x)=0$，解得三个稳定点 $x_1 = 0$，$x_2 = -2\pi\sqrt{\dfrac{2}{3}}$，$x_3 = 2\pi\sqrt{\dfrac{2}{3}}$，其中 $x_2\overline{\in}[0, 2\pi]$，$V(0)=0$，故 x_1,x_2 都不是 $V(x)$ 的最大值，经计算可得，$V''(x_3)<0$，故 $V(x)$ 在点 $x_3 = 2\pi\sqrt{\dfrac{2}{3}}$ 取最大值.

我们不仅要讨论一元函数的极值问题，也要讨论多元函数的极值问题，这里仅以二元函数为例，其结果可以推广到 n 元函数上去.

对于给定的函数 $f(x,y)$，它在哪些点才能取局部极值呢？即函数 $f(x,y)$ 在某点 $P(a,b)$ 取局部极值的必要条件是什么？下面的这个定理回答了这个问题.

定理 6.2.4 若函数 $f(x,y)$ 在点 $P(a,b)$ 存在偏导数，且在点 $P(a,b)$ 取极值，则

$$f'_x(a,b) = 0, \quad f'_y(a,b) = 0.$$

证 已知函数 $f(x,y)$ 在点 $P(a,b)$ 取极值，这就使得一元函数 $f(x,b)$ 在点 $x=a$ 取极值，根据一元函数取值的必要条件可得 $f'_x(a,b)=0$，同理得 $f'_y(a, b)=0$.

方程组

$$\begin{cases} f'_x(a,b) = 0, \\ f'_y(a,b) = 0 \end{cases}$$

的解所确定的点被称为函数 $f(x,y)$ 的稳定点.

定理 6.2.4 指出,可微函数 $f(x,y)$ 的极值点一定是稳定点,反之,稳定点不一定是极值点. 例如 $O(0,0)$ 是函数 $f(x,y) = x^2 - y^2$ 的稳定点,但不是极值点.

那么函数 $f(x,y)$ 在什么样的稳定点上才能取极值呢?

定理 6.2.5　若函数 $f(x,y)$ 有稳定点 $P(a,b)$,且在点 $P(a,b)$ 的邻域 G 内存在二阶连续偏导数,设 $A = f''_{xx}(a,b), B = f''_{xy}(a,b), c = f''_{yy}(a,b)$. 令 $\Delta = B^2 - AC$,则

(i)若 $\Delta < 0$,那么点 $P(a,b)$ 是极值点,当 $A > 0$(或 $C > 0$)时,函数 $f(x,y)$ 在点 $P(a,b)$ 有局部极小值;当 $A > 0$(或 $C < 0$)时,函数 $f(x,y)$ 在点 $P(a,b)$ 有局部极大值;

(ii)若 $\Delta > 0$,函数 $f(x,y)$ 在点 $P(a,b)$ 不取局部极值;

(iii)若 $\Delta = 0$,结论不定.

证　证明可参见文献[1].

例3　用钢板制造容积为 V 的无盖长方形水箱,问怎样选择水箱的长、宽、高才最省钢板?

解　设水箱长为 x,宽为 y,则高为 $\dfrac{V}{xy}$. 于是,水箱表面的面积为

$$S(x,y) = xy + \frac{V}{xy}(2x + 2y) = xy + 2V\left(\frac{1}{x} + \frac{1}{y}\right).$$

显然,S 的定义域为

$$D = \{(x,y) \mid 0 < x < +\infty, 0 < y < +\infty\},$$

解方程组

$$\begin{cases} \dfrac{\partial S}{\partial x} = y - \dfrac{2V}{x^2} = 0, \\ \dfrac{\partial S}{\partial x} = x - \dfrac{2V}{y^2} = 0. \end{cases}$$

在区域 D 内有惟一解 $(x_0, y_0) = (\sqrt[3]{2V}, \sqrt[3]{2V})$,此点为 $S(x,y)$ 的稳定点,进一步计算可知,在此稳定点,有 $\Delta = -3 < 0$,且 $A = 2 > 0$. 所以,$S(x,y)$ 在稳定点 $(\sqrt[3]{2V}, \sqrt[3]{2V})$ 取得局部极小值,也是最小值. 故当长为 $\sqrt[3]{2V}$,宽为 $\sqrt[3]{2V}$,高为

$\dfrac{1}{2}\sqrt[3]{2V}$时,水箱表面的面积最小.

在例 1 与例 3 中,自变量在某个区间(或区域)上变化,函数的极值仅依赖于函数自身的特性,这类极值问题称为无条件极值问题.但在许多极值问题中,函数的自变量往往还要受到另外一些条件的限制.我们把这类具有其他限制条件的极值,称为**条件极值**.

例 4 设 $xy > 0$,且 $xy = x + y$,求 $x + y$ 的最小值.

解 依题设, $x + y = xy > 0$,所以 $x > 0, y > 0$.由 $xy = x + y$ 得

$$\frac{1}{x} + \frac{1}{y} = 1 (x > 0, y > 0).$$

由此式得 $0 < \dfrac{1}{x} < 1, 0 < \dfrac{1}{y} < 1$,故可令 $\dfrac{1}{x} = \sin^2\theta$, $\dfrac{1}{y} = \cos^2\theta, 0 < \theta < \dfrac{\pi}{2}$,即

$$\begin{cases} x = \dfrac{1}{\sin^2\theta}, \\ y = \dfrac{1}{\cos^2\theta}, \end{cases} \left(0 < \theta < \frac{\pi}{2}\right)$$

因此有

$$x + y = \frac{1}{\sin^2\theta} + \frac{1}{\cos^2\theta} = \frac{1}{\sin^2\theta\cos^2\theta} = \left(\frac{2}{\sin2\theta}\right)^2.$$

因此当 $\theta = \dfrac{\pi}{4}$ 时, $x + y$ 有最小值 4,即当 $x = y = 2$ 时, $x + y$ 取最小值 4.

例 5 已知实数 x, y 满足

$$x^2 - 2xy + y^2 - \sqrt{2}x - \sqrt{2}y + 6 = 0, \tag{4}$$

试求 $\dfrac{y}{x}$ 的极值.

解 令 $y = kx$,代入约束条件(4),整理得

$$(1 - k)^2 x^2 - \sqrt{2}(1 + k)x + 6 = 0$$

若 $k \neq 1$,则上式有实数解的充要条件是

$$\Delta = 2(1 + k)^2 - 24(1 - k)^2 \geqslant 0.$$

由此不等式得 $\dfrac{13 - 4\sqrt{3}}{11} \leqslant k \leqslant \dfrac{13 + 4\sqrt{3}}{11}$.

因 $k = \dfrac{y}{x}$,故有 $\dfrac{y}{x}$ 的最小值为 $\dfrac{1}{11}(13 - 4\sqrt{3})$, $\dfrac{y}{x}$ 的最大值为 $\dfrac{1}{11}(13 + 4\sqrt{3})$.

从例 4 与例 5 可见,解二元函数的条件极值问题,用初等数学的方法是很难

的. 在高等数学中, 可用拉格朗日乘子将二元函数的条件极值问题统一进行解决.

定理 6.2.6　设函数 $z = f(x, y)$ 与 $F(x, y)$ 在点 (x_0, y_0) 的邻域内的偏导数连续, 且

$$(F'_x(x_0, y_0), F'_y(x_0, y_0)) \neq (0, 0)$$

若点 $P_0(x_0, y_0)$ 是 $z = f(x, y)$ 在满足约束条件

$$F(x, y) = 0$$

下的极值点, 则存在 λ, 使得

$$\begin{cases} f'_x(x_0, y_0) + \lambda F'_x(x_0, y_0) = 0, \\ f'_y(x_0, y_0) + \lambda F'_y(x_0, y_0) = 0, \\ F(x, y) = 0. \end{cases} \tag{5}$$

证　这个定理的证明可参见文献[1].

为了使定理 6.2.6 的结果便于记忆, 引入函数

$$G(x, y, \lambda) = f(x, y) + \lambda F(x, y).$$

则(5)可表为 $G'_x(x_0, y_0, \lambda) = 0, G'_y(x_0, y_0, \lambda) = 0$, 以及 $G'_\lambda(x_0, y_0, \lambda) = 0$.

我们利用拉格朗日乘子法, 来解例 4.

解　引入函数

$$G(x, y, \lambda) = x + y + \lambda(xy - x - y).$$

令

$$G'_x(x_0, y_0, \lambda) = 1 + \lambda(y_0 - 1) = 0, \tag{6}$$

$$G'_y(x_0, y_0, \lambda) = 1 + \lambda(x_0 - 1) = 0, \tag{7}$$

$$G'_\lambda(x_0, y_0, \lambda) = 1 + \lambda(y_0 - 1) = 0. \tag{8}$$

从(6)中求出 λ 并代入(7)得 $x_0 = y_0$, 从(8)可得 $x_0 = y_0 = 2$. 即极值点为 $(2, 2)$, 进一步地, 利用(6)与(7)即可判定 $(2, 2)$ 为极大值点.

例 6　求平面上的一点 $M(a, b)$ 到直线

$$Ax + By + C = 0$$

的距离.

解　该直线上任意一点 $P(x, y)$, 它距点 M 的距离

$$r = \sqrt{(x - a)^2 + (y - b)^2} \tag{9}$$

我们要求 r 的最小值　注意到 r 与 r^2 的最小值点是相同的, 为方便计, 我们令

$$G(x, y, \lambda) = (x - a)^2 + (y - b)^2 + \lambda(Ax + By + C),$$

$$G'_x(x, y, \lambda) = 2(x-a) + \lambda A = 0, 即 \ x = a - \frac{1}{2}A\lambda;$$

$$G'_y(x, y, \lambda) = 2(x-b) + \lambda B = 0, 即 \ y = b - \frac{1}{2}B\lambda;$$

$$G'_\lambda = Ax + By + C = 0,$$

将 x, y 的值代入 $G'_\lambda = 0$ 中,有

$$\lambda = \frac{2(Aa + Bb + C)}{A^2 + B^2},$$

于是得到

$$x_0 = a - \frac{A(Aa + Bb + C)}{A^2 + B^2}; \ y_0 = b - \frac{B(Aa + Bb + C)}{A^2 + B^2}. \tag{10}$$

显然,这个问题存在最小值,因此,r 在点 $P_0(x_0, y_0)$ 必取最小值,它即是点 M 到直线 $Ax + By + C = 0$ 的距离. 将(10)式中的点的坐标 x_0 与 y_0 代入(9)式,即得到该距离为

$$d = r_{最小} = \frac{|Aa + Bb + C|}{\sqrt{A^2 + B^2}}.$$

*6.3　泛函极值与欧拉方程[①]

在前两节中,我们研究了各种函数极值问题. 其实,在日常生活及工程技术问题中,也会遇到另外一些极值问题,即泛函极值问题.

让我们看下面的三个例子.

例1　(捷线问题)　一个质点在重力作用下,从一个给定的点下滑到不在它垂直下方的另一个点. 若不计摩擦力,问沿着什么曲线下滑,所需时间最短?

例1是一个用初等数学无法解决的例子. 这里,我们先来给出对于选定的某条曲线,求所需时间的表达式.

为方便计,将起点 A 放在坐标系的原点,终点为 $B(x_0, y_0)$ (如图6-4所示). 设曲线 l 的方程为 $y =$

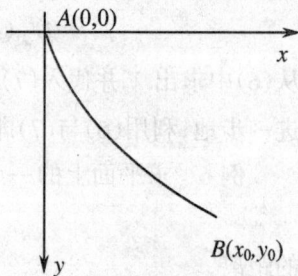

图6-4

---

① 6.3~6.5节的内容为阅读材料,供感兴趣的读者阅读.

$y(x)$，设重力加速度为 g．则速度 v 与纵坐标 y 的关系为 $v^2 = 2gy$，即

$$\frac{\mathrm{d}s}{\mathrm{d}t} = v = \sqrt{2gy}.$$

而 $\mathrm{d}s = \sqrt{1 + [y'(x)]^2}\,\mathrm{d}x$，结合上式得

$$\mathrm{d}t = \frac{\sqrt{1 + [y'(x)]^2}}{\sqrt{2gy(x)}}\mathrm{d}x$$

从而，质点从点 A 下滑到点 B 所需时间为

$$t[y(x)] = \int_0^{x_0} \frac{\sqrt{1 + [y'(x)]^2}}{\sqrt{2gy(x)}}\mathrm{d}x.$$

例 2　在连结 A, B 两点的光滑曲线中，哪条曲线的弧长最短？

这里，我们先给出对于选取的曲线 l 的弧长的表达式，设 A 点在坐标原点，$B = (x_0, y_0)$，设曲线 l 的方程为 $y = y(x)$．由数学分析知：

$$\mathrm{d}s = \sqrt{1 + [y'(x)]^2}\,\mathrm{d}x，故$$

$$s(y(x)) = \int_0^{x_0} \sqrt{1 + [y'(x)]^2}\,\mathrm{d}x.$$

例 3　（等周问题）对于曲线弧长为定长的平面曲线，哪一条曲线围成的区域面积最大？

对于选取的曲线 l，将其投影到 x 轴，投影区域为 $[a, b]$，做直线 $x = a$ 与直线 $x = b$，两条直线分别与 l 相切于 A, B 两点，A 与 B 点将 l 分成两段，其方程分别为 $y = y_1(x)$ 与 $y = y_2(x)$（如图 6 -5 所示）．则曲线 l 所围成区域的面积 D 为

$$D(l) = \int_a^b [y_1(x) - y_2(x)]\mathrm{d}x.$$

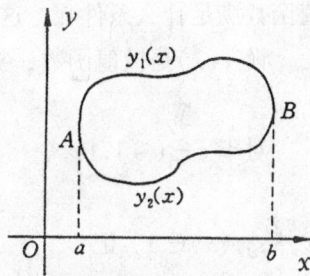

图 6－5

例 1 至例 3 仍然是极值问题，但它不是函数的极值问题，而是泛函的极值问题．这是分析学中一类基本问题．1630 年，意大利科学家伽利略（Galilei）首先提出捷线问题，并给出一个错误的答案，说这条曲线是圆．1696 年，瑞士数学家约翰·伯努利（John·Bernoulli）重新提出这一问题并征求解答．第二年，已有许多数学家通过各种途径得到正确答案，其中包括牛顿、莱布尼茨、洛比达和伯努利家族成员．其答案是连接在这两点上的一段旋轮线．等周问题起源于古希腊传说，1697 年，意大利数学家雅各布·伯努利（Jocob·Bernoulli）重提等周问题，将它纳入分析学中曲线和求极值的范畴中讨论．

正是捷线问题与等周问题,引起了变分法这一新的数学分支的产生. 对这一分支做出重大贡献的应该是数学家欧拉(Euler),1726 年起,他开始发表有关这一类问题的论著,1744 年,他最先给出了这类问题的普遍解法,即首先推导出使泛函取极值的函数所满足的欧拉方程,然后,通过解欧拉方程,得到使泛函取得极值的函数. 下面,我们来推导欧拉方程.

设 $F(x,y,y')$ 关于每个变量都具有二阶连续导数. 令

$$Y = \{y(x) \mid y(x) \text{ 在} [a,b] \text{ 上二阶连续可导}, y(a) = \alpha, y(b) = \beta\}, \quad (1)$$

其中 α 与 β 是给定的常数. 我们定义 Y 上的泛函:

$$J(y) = \int_a^b F(x,y(x),y'(x))\mathrm{d}x \quad (2)$$

我们的问题是:寻找 $\bar{y} \in Y$,使得

$$J(\bar{y}) = \inf\{J(y) \mid y \in Y\}. \quad (3)$$

若存在 $\bar{y} \in Y$,使得(3)式成立,则称 $\bar{y}(x)$ 为极值函数,$\bar{y}(x)$ 所对应的曲线为极值曲线.

在数学分析中,若 $f(x)$ 在 (a,b) 内可导,且

$$f(x_0) = \inf\{f(x) \mid x \in (a,b)\},$$

则 $f'(x_0) = 0$,这是函数的极值点所必须满足的条件. 那么,满足(3)的泛函的极值函数满足什么条件呢? 这是这一节要回答的核心问题.

设 $\bar{y}(x)$ 是极值函数. 今另取 $\xi(x) \in C^2[a,b]$,且

$$\xi(a) = \xi(b) = 0.$$

对于 $\varepsilon \in (-1,1)$,令

$$y_\varepsilon(x) = \bar{y}(x) + \varepsilon\xi(x),$$

显然,$y_\varepsilon(x) \in Y$. 记

$$\varphi(\varepsilon) = J(y_\varepsilon)$$

$$= \int_a^b F(x,\bar{y}(x) + \varepsilon\xi(x),\bar{y}'(x) + \varepsilon\xi'(x))\mathrm{d}x,$$

因 $F(x,\bar{y}(x),\bar{y}'(x))$ 关于每个变量都是连续可微的,故 $\varphi(\varepsilon)$ 是 $(-1,1)$ 上连续可微的函数. 又根据对于 $\varepsilon \in (-1,1)$,有 $\varphi(0) = J(\bar{y}) \leq J(y_\varepsilon) = \varphi(\varepsilon)$,故有 $\varphi'(0) = 0$,也就是

$$0 = \int_a^b \{F'_y(x,\bar{y}(x) + \varepsilon\xi(x),\bar{y}'(x) + \varepsilon\xi'(x))\xi(x) +$$

$$F'_{y'}(x,\bar{y}(x) + \varepsilon\xi(x),\bar{y}'(x) + \varepsilon\xi'(x))\xi'(x)\}\mathrm{d}x \Big|_{\varepsilon=0}$$

$$= \int_a^b \{ F'_y(x,\bar{y}(x),\bar{y}'(x))\xi(x) + F'_y(x,\bar{y}(x),\bar{y}'(x))\xi'(x) \} \mathrm{d}x,$$

利用分部积分公式得

$$0 = \int_a^b \{ F'_y(x,\bar{y}(x),\bar{y}'(x)) - \frac{\mathrm{d}}{\mathrm{d}x} F'_y(x,\bar{y}(x),\bar{y}'(x) \} \xi(x) \mathrm{d}x, \qquad (4)$$

因为

$$\Phi(x) \xlongequal{\mathrm{def}} F'_y(x,\bar{y}(x),\bar{y}'(x)) - \frac{\mathrm{d}}{\mathrm{d}x} F'_y(x,\bar{y}(x),\bar{y}'(x)) \qquad (5)$$

在$[a,b]$上连续,由(4)中$\xi(x)$的任意性,选取

$$\xi(x) = \Phi(x)\eta(x),$$

其中 $\eta(x)$是$[a,b]$上的连续可导函数,且

$$\eta(x)\begin{cases} = 0, x = a, x = b, \\ > 0, x \in (a,b), \end{cases}$$

则(4)式成为

$$\int_a^b \Phi^2(x)\eta(x)\mathrm{d}x = 0, \qquad (6)$$

因 $\Phi^2(x)\eta(x)$是$[a,b]$上的非负连续函数,且根据(6)式,从而有 $\Phi^2(x)\eta(x) \equiv 0$. 因当 $x \in (a,b)$时,$\eta(x) > 0$,故在$[a,b]$上,$\Phi(x) \equiv 0$,即

$$F'_y(x,\bar{y}(x),\bar{y}'(x)) - \frac{\mathrm{d}}{\mathrm{d}x} F'_y(x,\bar{y}(x),\bar{y}'(x)) = 0. \qquad (7)$$

等式(7)被称之为欧拉方程,它是关于 $y(x)$的二阶微分方程. 因此,作为它的一般解,将会得到两个任意常数的函数. 利用边界条件 $y(a) = \alpha,y(b) = \beta$,可以确定这两个常数. 于是从欧拉方程(7)可以求出极值函数.

欧拉方程是泛函(2)的极值函数的必要条件,但不是充分条件. 这与函数极值的情形是相同的. 在函数极值中,若 x_0 使得 $f'(x_0) = 0$,称 x_0 为稳定点. 显然,稳定点未必是极值点. 在这里,称欧拉方程(7)的解为逗留函数. 当然,逗留函数未必是极值函数.

*6.4 欧拉方程积分法

在这一节中,我们对如下的欧拉方程

$$F'_y(x,\bar{y}(x),\bar{y}'(x)) - \frac{\mathrm{d}}{\mathrm{d}x} F'_y(x,\bar{y}(x),\bar{y}'(x)) = 0 \qquad (1)$$

讨论如何求解. 当然在一般情况下,不能简单地求出(1)的解,但在某些特殊情

况下,容易求出它的首次积分.

第一种情形: $F(x, y, y') = F(x, y)$.

在这种情形下,方程(1)成为

$$F'_y(x, y(x)) = 0. \tag{2}$$

注意到(2)不是微分方程,其解不含有任意常数,此时变分问题可能无解. 例如,在本章第三节中(1)式给出的集合 Y 中,定义泛函

$$J(y) = \int_a^b y^2(x) \mathrm{d}x, \tag{3}$$

此时的欧拉方程(1)成为

$$F'_y(x, y(x)) = 2y(x) = 0.$$

即 $y(x) = 0$ 是解. 若 $\alpha = \beta = 0$,显然 $y(x) = 0$ 是极值函数,若 $\alpha \neq 0$ 或 $\beta \neq 0$,则由(3)定义的泛函无极值函数.

第二种情形: $F(x, y, y') = F(x, y')$.

这种情形下,方程(1)成为

$$F'_{y'}(x, y'(x)) = 0. \tag{4}$$

于是有 $F'_{y'}(x, y'(x)) = C$. 对于此种情形,我们不做更多的讨论.

第三种情形: $F(x, y, y') = F(y, y')$.

在这种情形下,方程(1)成为

$$\begin{aligned} F'_y(x, y(x), y'(x)) &- F''_{y'y}(x, y(x), y'(x))y'(x) \\ &- F''_{y'y'}(x, y(x), y'(x))y''(x) = 0 \end{aligned} \tag{5}$$

在(5)的等号两端同乘 $y'(x)$,则可以得到

$$\frac{\mathrm{d}}{\mathrm{d}x}[F'_y(x, y(x), y'(x)) - y'(x)F'_{y'}(x, y(x), y'(x))] = 0,$$

也就是

$$F'_y(x, y(x), y'(x)) - y'(x)F'_{y'}(x, y(x), y'(x)) = C. \tag{6}$$

例1 (捷线问题) 求泛函

$$t[y(x)] = \int_0^{x_0} \frac{\sqrt{1 + [y'(x)]^2}}{\sqrt{2gy(x)}} \mathrm{d}x$$

的极值函数的曲线.

解 在此问题中,$F(x, y, y') = \dfrac{\sqrt{1 + [y'(x)]^2}}{\sqrt{2gy(x)}}$,根据方程(6),有

$$\frac{\sqrt{1 + [y'(x)]^2}}{\sqrt{y(x)}} - \frac{(y'(x))^2}{\sqrt{y(x)}\sqrt{1 + [y'(x)]^2}} = c_1,$$

经整理得

$$y(x)[1 + (y'(x))^2] = c_1, \tag{7}$$

令 $y'(x) = \cot t$，则由(7)式得

$$y = \frac{c_1}{1 + \cot^2 t} = c_1\sin^2 t = \frac{c_1}{2}(1 - \cos 2t),$$

因 $dy = y'(x)dx$，故

$$dx = \frac{1}{y'(x)}dy = \frac{2c_1\sin t\cos t}{\cot t}dt = 2c_1\sin^2 t dt$$
$$= c_1(1 - \cos 2t)dt,$$

由此得 $x = \frac{c_1}{2}(2t - \sin 2t) + c_2.$

根据点 $A(0,0)$ 的条件，可得 $c_2 = 0$，令 $2t = \theta$，我们得到了参数方程

$$\begin{cases} x = \dfrac{c_1}{2}(\theta - \sin\theta), \\ y = \dfrac{c_1}{2}(1 - \cos\theta). \end{cases}$$

此即表明:极值函数的曲线是一条旋轮线(亦称摆线)，根据点 $B(x_0, y_0)$ 可确定 c_1.

例2 (最小旋转曲面问题)在 xOy 平面上给定两点 $A(x_0, y_0)$ 与 $B(x_1, y_1)$，将连接 A, B 两点的光滑曲线 l 绕 x 轴旋转一周，得到一个旋转曲面 S. 哪一条曲线 l 所产生的旋转曲面的面积最小?

解 设曲线 l 的方程是 $y = y(x)$，则相应的曲面面积为

$$D[y(x)] = \int_{x_0}^{x_1} 2\pi y(x)\sqrt{1 + [y'(x)]^2}dx. \tag{8}$$

在这个问题中，$F(y(x), y'(x)) = 2\pi y(x)\sqrt{1 + [y'(x)]^2}$. 由(6)式得

$$y(x)\sqrt{1 + [y'(x)]^2} - \frac{y(x)[y'(x)]^2}{\sqrt{1 + [y'(x)]^2}} = c_1,$$

经整理得

$$\frac{y(x)}{\sqrt{1 + [y'(x)]^2}} = c_1,$$

令 $y'(x) = \mathrm{sh}\,t$，则

$$y = c_1 \sqrt{1 + (\mathrm{sh}t)^2} = c_1 \mathrm{ch}t.$$

根据 $\mathrm{d}x = \dfrac{1}{y'(x)}\mathrm{d}y$ 可得

$$\mathrm{d}x = \frac{c_1 \mathrm{sh}t}{\mathrm{sh}t}\mathrm{d}t = c_1 \mathrm{d}t$$

即 $x = c_1 t + c_2$，由此即 $t = \dfrac{1}{c_1}(x - c_2)$. 将此代入 y 的表达式中，有

$$y = c_1 \mathrm{ch}t = c_1 \mathrm{ch}\frac{x - c_2}{c_1},$$

即极值函数的曲线是一条悬链线，其中 c_1 与 c_2 可由两个端点的条件来确定.

第四种情形：$F(x, y, y') = F(y')$.

在这种情形下，方程(1)成为

$$y''(x)F''_{y'y'}(y'(x)) = 0 \tag{9}$$

例 3 （最小弧长问题）. 在本章第三节例 2 中已给出曲线弧长的泛函

$$s(y(x)) = \int_0^{x_0} \sqrt{1 + [y'(x)]^2}\,\mathrm{d}x$$

求极值函数的曲线.

解 在此问题中，因 $F(x, y(x), y'(x)) = F(y'(x)) = \sqrt{1 + [y'(x)]^2}$，故极值函数应满足方程(9). 因

$$F'_{y'} = y'[1 + (y')^2]^{-\frac{1}{2}}$$

$$F''_{y'y'} = [1 + (y')^2]^{-\frac{1}{2}} - [1 + (y')^2]^{-\frac{3}{2}}(y')^2$$

$$= [1 + (y')^2]^{-\frac{3}{2}} \neq 0,$$

根据方程(9)，有 $y''(x) = 0$，即 $y(x) = c_1 x + c_2$. 根据点 $A(0,0)$ 是坐标原点，得 $c_2 = 0$，故

$$y(x) = c_1 x.$$

即极值函数的曲线是通过坐标原点的直线. 常数 c_1 可根据点 $B(x_0, y_0)$ 来确定.

*6.5　等周问题

在讨论函数极值的问题中，有一类是条件极值问题. 在讨论泛函极值问题

中,也有条件极值问题,即对所讨论的函数要附加一些约束条件. 这一节讨论带有一类积分型的约束条件

$$\int_a^b G(x, y(x), y'(x))\mathrm{d}x = l \tag{1}$$

的泛函极值问题,称之为等周问题. 具体地说,集合 Y 由第三节中(1)式给出,令

$$Y_G = \{ y(x) \in Y \mid \int_a^b G(x, y(x), y'(x))\mathrm{d}x = l \}. \tag{2}$$

其中 $G(x, y, y')$ 关于每个自变量具有二阶连续偏导数. 若存在 $\bar{y}(x) \in Y_G$,使得

$$J(\bar{y}(x) = \inf\{ J(y) \mid y(x) \in Y_G \} \tag{3}$$

其中 $J(y)$ 由第三节中(2)式给出. 那么,$\bar{y}(x)$ 满足什么条件呢?

首先假设:

$$G'_y(x, \bar{y}(x), \bar{y}'(x)) - \frac{\mathrm{d}}{\mathrm{d}x} G'_{y'}(x, \bar{y}(x), \bar{y}'(x)) \neq 0. \tag{4}$$

否则,$\bar{y}(x)$ 满足如下的欧拉方程

$$G'_y(x, \bar{y}(x), \bar{y}'(x)) - \frac{\mathrm{d}}{\mathrm{d}x} F'_y(x, \bar{y}(x), \bar{y}'(x)) = 0. \tag{5}$$

换句话说,从方程(5)就可确定极值函数. 这样问题已经解决. 因此,我们假设(4)式成立.

设 $\eta(x), \zeta(x) \in c^2[a, b]$,且 $\eta(a) = \eta(b) = \zeta(a) = \zeta(b) = 0$. 令

$$y(x) = \bar{y}(x) + \alpha\eta(x) + \beta\zeta(x) \tag{6}$$

并且定义二元函数

$$\Phi(\alpha, \beta) = \int_a^b G(x, \bar{y}(x) + \alpha\eta(x) + \beta\zeta(x), \bar{y}'(x) + \alpha\eta'(x) + \beta\zeta'(x))\mathrm{d}x - l \tag{7}$$

显然 $\Phi(\alpha, \beta)$ 关于变量 α, β 具有连续的偏导数,$\Phi(0,0) = 0$,我们进一步说明,存在 $\zeta_0(x)$,对于由这个 $\zeta_0(x)$ 定义的 $\Phi(\alpha, \beta)$,有 $\Phi'_\beta(0,0) \neq 0$

事实上,

$$\begin{aligned}
\Phi'_\beta(\alpha, \beta) = \int_a^b \big[& G'_y(x, \bar{y}(x) + \alpha\eta(x) + \beta\zeta(x), \bar{y}'(x) \\
& + \alpha\eta'(x) + \beta\zeta'(x))\zeta(x) \\
& + G'_{y'}(x, \bar{y}(x) + \alpha\eta(x) + \beta\zeta(x), \bar{y}'(x) \\
& + \alpha\eta'(x) + \beta\zeta'(x))\zeta'(x) \big]\mathrm{d}x
\end{aligned}$$

从而有

$$\Phi'_\beta(0,0) = \int_a^b \big[G'_y(x,\bar{y}(x)\bar{y}'(x)) \zeta(x) + G'_{y'}(x,\bar{y}(x)\bar{y}'(x)) \zeta'(x) \big] \mathrm{d}x$$

$$= \int_a^b \Big[G'_y(x,\bar{y}(x)\bar{y}'(x)) - \frac{\mathrm{d}}{\mathrm{d}x} G'_{y'}(x,\bar{y}(x)\bar{y}'(x)) \Big] \zeta(x) \mathrm{d}x,$$

根据(4)式,故存在 $\zeta_0(x)$,使得 $\Phi_\beta(0,0) \neq 0$.

　　根据隐函数存在定理,在点 0 的邻域内存在函数 $\beta(\varphi(\alpha))$,使得 $\Phi(\alpha, \varphi(\alpha)) \equiv 0$,即

$$y(x,\alpha) \xmapsto{\mathrm{def}} \bar{y}(x) + \alpha\eta(x) + \varphi(\alpha)\zeta_0(x) \in Y_G.$$

定义

$$h(\alpha) = \int_a^b F'(x, \bar{y}(x) + \alpha\eta(x) + \varphi(\alpha)\zeta_0(x) + \bar{y}'(x) \tag{8}$$
$$+ \alpha\eta'(x) + \varphi(\alpha)\zeta_0'(x)) \mathrm{d}x$$

显然 $h(\alpha)$ 是点 O 的邻域内连续可微的函数. 根据(3)式,有 $h(0) \leqslant h(\alpha)$,故 $h'(0) = 0$. 因

$$h'(\alpha) = \int_a^b \{ F'_y(x,y(x,\alpha),y'(x,\alpha))[\eta(x) + \varphi'(\alpha)\zeta_0(x)] $$
$$+ F'_{y'}(x,y(x,\alpha),y'(x,\alpha))[\eta'(x) + \varphi'(\alpha)\zeta'_0(x)]\} \mathrm{d}x.$$

故

$$0 = h'(0) = \int_a^b \{ F'_y(x,y(x),y'(x))[\eta(x) + \varphi'(0)\zeta_0(x)] $$
$$+ F'_{y'}(x,y(x),y'(x))[\eta'(x) + \varphi'(0)\zeta'_0(x)]\} \mathrm{d}x$$
$$= \int_a^b \{ F'_y(x,y(x),y'(x))\eta(x) + F'_{y'}(x,y(x),y'(x))\eta'(x)\} \mathrm{d}x$$
$$+ \varphi'(0)\int_a^b \{ F'_y(x,y(x),y'(x))\zeta_0(x) $$
$$+ F'_{y'}(x,y(x),y'(x))\zeta'_0(x)\} \mathrm{d}x. \tag{9}$$

由隐函数定理知

$$\varphi'(0) = -\frac{\Phi'_\alpha(0,0)}{\Phi'_\beta(0,0)} = -\frac{\int_a^b \{ \eta(x) G'_y + \eta'(x) G'_{y'}\} \mathrm{d}x}{\int_a^b \{ \zeta_0(x) G'_y + \zeta'_0(x) G'_{y'}\} \mathrm{d}x}, \tag{10}$$

令

$$\lambda = - \frac{\int_a^b \{\zeta_0(x)F'_y + \zeta'_0(x)F'_{y'}\}dx}{\int_a^b \{\zeta_0(x)G'_y + \zeta'_0(x)G'_{y'}\}dx}. \tag{11}$$

将(11)代入(9)式中,且根据(11)式,得

$$\int_a^b \{\eta(x)F'_y + \eta'(x)F'_{y'}\}dx + \lambda\int_a^b \{\eta(x)G'_y + \eta'(x)G'_{y'}\}dx = 0.$$

由此式可以得到

$$\int_a^b \{\eta(x)[F'_y + \lambda G'_y] + \eta'(x)[F'_{y'} + \lambda G'_{y'}]\}dx = 0.$$

利用分部积分,且根据 $\eta(x)$ 的任意性,有

$$F'_y(x,\bar{y}(x),\bar{y}'(x)) + \lambda G'_y(x,\bar{y}(x),\bar{y}'(x))$$

$$= \frac{d}{dx}\{F'_{y'}(x,\bar{y}(x)\bar{y}'(x)) + \lambda G'_{y'}(x,\bar{y}(x)\bar{y}'(x))\}, \tag{12}$$

这就是相应于 $F(x,y,y') + \lambda G(x,y,y')$ 的欧拉方程.

我们利用方程(12)来讨论如下的问题

例 1　求连接 $A(0,0)$ 与 $B(1,0)$ 两点,且曲线长度为 $c(c>1)$ 的曲线 l,使得它与 x 轴围成的区域面积最大?

解　设所求曲线 l 的方程为 $y = y(x)$. 因曲线 l 长为 c,故有约束条件:

$$\int_0^1 \sqrt{1 + [y'(x)]^2}dx = c.$$

而区域面积为

$$D(y) = \int_0^1 y(x)dx.$$

对于 $G(x,y(x),y'(x)) = \sqrt{1 + [y'(x)]^2}$,首先讨论极值函数能否是 $G'_y - \frac{d}{dx}G'_{y'} = 0$ 的解

若 $G'_y - \frac{d}{dx}G'_{y'} = 0$,则有

$$\frac{d}{dx}\frac{y'(x)}{\sqrt{1 + [y'(x)]^2}} = 0,$$

即

$$y'(x) = C\sqrt{1 - [y'(x)]^2}.$$

两端平方并整理得 $y'(x) = c$. 即 $y(x)$ 为直线. 这是不可能的. 故 $G'_y - \frac{d}{dx}G'_{y'}$

$\neq 0$.

对于 $F(x, y(x), y'(x)) = y(x)$，从方程(12)得

$$1 - \frac{\mathrm{d}}{\mathrm{d}x}\left[\lambda \frac{y'(x)}{\sqrt{1 + [y'(x)]^2}}\right] = 0,$$

由此得

$$\lambda \cdot \frac{y'(x)}{\sqrt{1 + [y'(x)]^2}} = x - c_1.$$

设 $y' = \tan x$，则 $x - c_1 = \lambda \sin t$，又

$$\mathrm{d}y = y'\mathrm{d}x = \lambda \tan t \cos t \mathrm{d}t = \lambda \sin t \mathrm{d}t$$

由此得：$y - c_2 = -\lambda \cos t$. 进一步得到

$$(x - c_1)^2 - (y - c_2)^2 = \lambda^2$$

此即表明，极值函数的曲线是圆弧，其中 c_1, c_2 与 λ 可分别通过端点条件与约束条件得出.

本 章 小 结

本章介绍了函数极值问题与泛函极值问题.

1. 凸函数是一类重要的函数. 指数函数、对数函数、幂函数都是凸函数，三角函数在某些区间上具有凸性. 凸函数是讨论函数极值问题的有力工具，也是研究线性规划问题的有力工具.

2. 利用导数研究函数极值问题，这是解函数极值问题的有效方法. 对函数求导后，导函数的根 x_0（即 $f'(x_0) = 0$）是 $f(x)$ 的稳定点. 但稳定点未必是极值点. 确定 x_0 是稳定点之后，尚需利用 x_0 点邻域 $(x_0 - \delta, x_0 + \delta)$ 内 $f'(x)$ 的变化情况或 $f''(x_0)$ 的取值情况来确定 x_0 是否是 $f(x)$ 的极值点.

3. 泛函极值问题是中学数学中遇到的一类极值问题. 解泛函极值问题的方法是解相应的欧拉方程，来求出极值函数.

一般来说，解欧拉方程是较难的问题. 本章中这一部分内容，仅供对此感兴趣的读者来阅读.

关键词

函数极值，泛函极值，凸函数，稳定点，欧拉方程.

习 题 六

1. 证明,当 $x > 0, y > 0, x \neq y$ 时,有 $(x + y) \ln \dfrac{x + y}{2} < x \ln x + y \ln y$.

2. 证明,当 $x \neq y$ 时,有 $\mathrm{e}^{\frac{1}{2}(x+y)} < \dfrac{1}{2}(\mathrm{e}^x + \mathrm{e}^y)$.

3. 证明,当 $x > 0, y > 0, x \neq y, n > 1$ 时,有 $\left(\dfrac{1}{2}(x + y)\right)^n < \dfrac{1}{2}(x^n + y^n)$.

4. 设 A, B, C 为三角形三内角时,有下列不等式成立

(1) $\sin A + \sin B + \sin C \leqslant \dfrac{3}{2}\sqrt{3}$,

(2) $\cos A + \cos B + \cos C \leqslant \dfrac{3}{2}$,

(3) $\sin \dfrac{A}{2} + \sin \dfrac{B}{2} + \sin \dfrac{C}{2} \leqslant \dfrac{3}{2}$,

(4) $\sin \dfrac{A}{2} \cdot \sin \dfrac{B}{2} \cdot \sin \dfrac{C}{2} \leqslant \dfrac{1}{8}$.

5. $A \subset \mathbf{R}^n$ 是一凸集, $f : A \rightarrow \mathbf{R}$ 是下凸函数,且 $g : \mathbf{R} \rightarrow \mathbf{R}$ 是单调增加的下凸函数. 则复合函数 $g \circ f : A \rightarrow \mathbf{R}$ 是下凸函数.

6. 设 $f_i(x)$ 是凸集 S 上的下凸函数, $i = 1, 2, \cdots, n$,又 $a_i \geqslant 0, \ i = 1, 2, \cdots, n$,则 $f(x) = \sum\limits_{i=1}^{n} a_i f_i(x)$ 是凸集 S 上的下凸函数.

7. 设 $f : (a, b) \rightarrow \mathbf{R}$ 是 (a, b) 上的下凸函数,且它在点 $x_0 \in (a, b)$ 处达到最大值,证明函数 $f(x)$ 在 (a, b) 是常值.

8. 设 $K \subset \mathbf{R}^n$ 是一凸集, $f(x)$ 是 K 上的下凸函数,且对于 $x \in K, f(x) \geqslant 0$. 证明函数 $f^2(x)$ 也是 K 上的下凸函数,并用例子说明条件 $f(x) \geqslant 0$ 不能省略.

9. 求函数 $f(x) = x + \dfrac{1}{x} (x > 0)$ 的最小值.

10. 求函数 $f(x) = 3 - \sqrt{x^2 - 2x + 3}$ 的最大值.

11. 已知函数 $u = \dfrac{1}{x^2 + y^2}$ 定义在区域 $D : \dfrac{1}{9}(x - 4)^2 + \dfrac{1}{25}y^2 \leqslant 1$,试求函数 u 的最大值与最小值.

12. 求函数 $f(x) = x^2(1 - 3x)$ 在 $[0, 1]$ 内的最大值.

13. 求函数 $f(x) = x^2 + 8x + \dfrac{64}{x^3}(x > 0)$ 的最小值.

14. 在半径为 a 的半球内,求出体积最大的内接长方体的边长.

15. 已知渠道的横截面是等腰梯形,其面积为 A,问等腰梯形的底与高各是多大,才能使渠道的湿周(两腰与底长之和)最小.

学习指导

重、难点解析

重点:解函数极值问题的一般方法,泛函极值问题的变分方法,凸函数的理论.

难点:欧拉方程的导出,等周问题.

(一)关于凸集

若 S 是凸集,则 S 中任意两点的连线一定在 S 中.

当 $S \subset \mathbf{R}^1$ 时,一维的区间一定是凸集,反之,凸集 S 是一区间.

由凸集的性质知:(1)凸集的交集是凸集,凸集的并集未必是凸集,例如设 A, B 分别是两个圆,则 $A \cup B$ 的图形如图 6-6 所示.

显然它不是凸集.

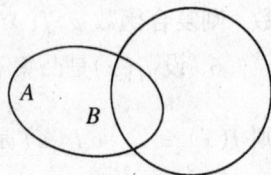

(2)两个凸集的线性组合是凸集.

(二)凸函数的判定方法

方法1 利用定义.若对于定义域中任意两点 x_1, x_2,有

$$f(\alpha x_1 + (1 - \alpha) x_2) \leqslant \alpha f(x_1) + (1 - \alpha) f(x_2),$$

或

$$f(\alpha x_1 + (1 - \alpha) x_2) \geqslant \alpha f(x_1) + (1 - \alpha) f(x_2),$$

则为下凸函数或上凸函数.

方法2 利用已知结论:基本初等函数的凸性.

方法3 利用函数的二阶导数:

(1)设 $f(x)$ 是一元二次可微函数,若 $f''(x) \geqslant 0$,则为下凸函数;若 $f''(x) \leqslant$

0,则函数 $f(x)$ 为上凸函数；

(2)设 $f(x)$ 是 $S \subset \mathbf{R}^n$ 中多元二次可微函数,对于任意两点 $x_1, x_2 \in S$,且有

$$x_2^T A(x_1) x_2 \geqslant (\leqslant) 0$$

则 $f(x)$ 是 S 中的下凸(上凸)函数.

其中 $A(x) = (a_{ij}(x)), a_{ij}(x) = \dfrac{\partial^2 f(x)}{\partial x_i \partial x_j}$ 为对称的 n 阶方阵. 称为 Hessian 矩阵.

(三)凸函数的极值

(1)利用结论:凸函数在有界凸多面体上的极值在凸多面体的顶点上达到.

(2)利用结论:n 个正数的几何平均不超过这 n 个正数的算术平均,即

$$(x_1 \cdot x_2 \cdots x_n)^{\frac{1}{n}} \leqslant \frac{1}{n}(x_1 + x_2 + \cdots + x_n)$$

常用此结论证明不等式,其步骤为:

(1)引入与之相关的函数；

(2)验证函数的凸性；

(3)利用结论证明不等式的成立.

例如　证明　不等式 $2e^{x+y} \leqslant e^{2x} + e^{2y}$.

证明　设 $f(x) = e^{2x}$,且有 $\forall x \in \mathbf{R}, f''(x) = 4e^{2x} > 0$. 所以 $f(x)$ 是严格下凸函数. 则有

$$f\left(\frac{x_1 + x_2}{2}\right) < \frac{1}{2}[f(x_1) + f(x_2)]$$

成立,即

$$e^{\frac{2x+2y}{2}} \leqslant \frac{1}{2}[e^{2x} + e^{2y}].$$

所以有

$$2e^{x+y} \leqslant e^{2x} + e^{2y}$$

成立.

(四)一般函数的极值求法

1. 关于极值存在的必要条件

由已知结论,对于开区间上的可导函数,极值点一定是函数的稳定点. 但是还需要说明两点:

(1)$f'(x_0) = 0$ 只是 $f(x)$ 在点 x_0 处取得极值的必要条件,而不是充分条件,事实上,我们熟悉的函数 $f(x) = x^3$ 在点 $x = 0$,导数等于零,但在该点并不取极

值.

(2)结论成立的前提之一是函数在 x_0 点可导,而导数不存在(但函数连续)的点也可能取到极值. 例如

$$f(x) = x^{\frac{2}{3}},$$

$$f'(x) = \frac{2}{3} x^{-\frac{1}{3}},$$

显然 $f'(0)$ 不存在,但在 $x = 0$ 处函数却取得极小值 $f(0) = 0$,如图 6 – 7:

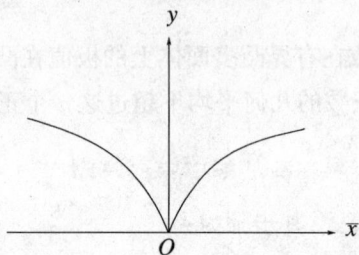

图 6 – 7

(3)极值的可疑点是函数的稳定点和不可导点.

同理,对于二元函数极值存在的必要性也有同样的说明.

2. 关于极值的充分条件

一元函数极值有两个判别方法,在运用中各有所长,第二判别法简便,但只适用于函数的稳定点且二阶导数不为零的点;第一判别法运用时相对要麻烦一些,但适用面宽,不但适于二阶导数不存在的点,同时也适于不可导的点.

3. 一般函数求极值的步骤

对于一元函数 $y = f(x)$,求极值的步骤是:

• 求 $f(x)$ 的导数 $f'(x)$;

• 解方程 $f'(x) = 0$,求出 $f(x)$ 在定义域内的所有稳定点;

• 找出 $f(x)$ 在定义域内的所有导数不存在的点;

• 利用极值存在的充分条件考察每一个稳定点和不可导点是否为极值点,是极大值点还是极小值点;

• 求出各极值点的极值.

二元函数无条件极值

• 求出偏导数 $f'_x(x,y)$ 及 $f'_y(x,y)$,找出偏导数不存在的点;解方程

$$f'_x(x,y) = 0, f'_y(x,y) = 0$$

找出所有稳定点;

• 利用二阶偏导的判别式 $\triangle = B^2 - AC$ 判定是否为极值点,是极大值点还是极小值点;

• 对求出的极值点确定极值.

二元函数条件极值(函数 $z = f(x,y)$ 在条件 $F(x,y) = 0$ 下的极值)

• 构造拉格郎日函数

$$G(x,y,\lambda) = f(x,y) + \lambda F(x,y);$$

• 解联立方程 $\begin{cases} G'_x = 0 \\ G'_y = 0, \\ G'_\lambda = 0 \end{cases}$ 求出稳定点 (x_0, y_0);

• 针对 $f(x,y)$ 判断 (x_0, y_0) 是否为极值点,是极大值点还是极小值点;或根据实际问题或几何意义直接判断;

• 求出极值 $f(x_0, y_0)$.

例题与练习

例 1 讨论函数 $f(x) = x \arctan \dfrac{1}{x}$ 的凸性.

[思路] 证明函数在定义域的二阶导数同号.

解 函数 $f(x) = x \arctan \dfrac{1}{x}$ 的定义域是 $(-\infty, 0) \bigcup (0, +\infty)$

$$f'(x) = \arctan \frac{1}{x} - \frac{x}{1+x^2}$$

$f''(x) = -\dfrac{1}{1+x^2} - \dfrac{1}{(1+x^2)^2} = -\dfrac{2}{(1+x^2)^2} < 0, x \in (-\infty, 0) \bigcup (0, +\infty)$,说明 $f(x)$ 在 $(-\infty, 0) \bigcup (0, +\infty)$ 是严格上凸的.

练习 讨论函数 $f(x) = \dfrac{2x}{1+x^2}$ 的凸性.

例 2 设 $f(x) = ax^3 + bx + c$,当 $a > 0, b > 0, c > 0$ 且 $a + b + c = 1$ 及 $|x| \le 2$ 时,求 $f(x)$ 的最大值.

[思路] 凸多面体上的凸函数的极值在凸多面体的顶点上达到.

解 $f'(x) = 3ax^2 + b$,因为 $a > 0, b > 0$,故 $f'(x) > 0$,即 $f(x)$ 在 $x = 2$ 时取得最大值. 设

$$F(a,b,c) = f(2) = 8a + 2b + c,$$

可知 $F(a,b,c)$ 的最大值应在以下 4 个顶点 $M_1(0,0,0)$, $M_2(1,0,0)$, $M_3(0,1,0)$, $M_4(0,0,1)$ 中的某个顶点达到,即 $F(1,0,0) = 8$ 是最大值.

练习   设 $f(x) = 2ax^2 + 3bx$,当 $|a| + |b| \leqslant 2$ 且 $|x| \leqslant 3$ 时,求 $f(x)$ 的最大值.

例 3   设 A,B,C 是三角形 $\triangle ABC$ 的三个内角,证明不等式

$$\cos A + \cos B + \cos C \leqslant \frac{3}{2}.$$

[思路]   试图证明 $f(x) = \cos x$ 是凸函数,再利用凸函数的性质就可证明这个不等式.

证明   设函数 $f(x) = \cos x$, $f''(x) = -\cos x < 0$, $x \in (0,\pi)$,这表明 $f(x) = \cos x$ 在 $(0,\pi)$ 内是严格上凸函数,且 $\frac{A}{3}, \frac{B}{3}, \frac{C}{3} \in (0, \frac{\pi}{2})$,则有 $\frac{A}{3} + \frac{B}{3} + \frac{C}{3} = \frac{\pi}{3}$,利用已知结论,有

$$\frac{1}{3}(\cos A + \cos B + \cos C) \leqslant \cos\left(\frac{A+B+C}{3}\right) = \cos\frac{\pi}{3} = \frac{1}{2}.$$

所以,不等式 $\cos A + \cos B + \cos C \leqslant \frac{3}{2}$ 成立.

练习   设 x_1, x_2, x_3, x_4 是 4 个正实数,且 $x_1 + x_2 + x_3 + x_4 = \pi$,证明不等式

$$\sin x_1 + \sin x_2 + \sin x_3 + \sin x_4 \leqslant 2\sqrt{2}.$$

例 4   求函数 $y = (x-5)^2(1+x)^{\frac{2}{3}}$ 的极值.

[思路]   依照求函数极值的步骤求解. 求 y',令 $y' = 0$,解得稳定点,判断稳定点是否为极值点,求出函数的极值.

解 $y' = 2(x-5)(1+x)^{\frac{2}{3}} + (x-5)^2 \frac{2}{3}(x+1)^{-\frac{1}{3}}$

$$= \frac{4(2x-1)(x-5)}{3\sqrt[3]{x+1}}.$$

令 $y' = 0$,解得稳定点 $x_1 = \frac{1}{2}$, $x_2 = 5$,又当 $x_3 = -1$ 时,y' 不存在.

当 $x < -1$ 时,$y' < 0$,当 $-1 < x < \frac{1}{2}$ 时,$y' > 0$,当 $\frac{1}{2} < x < 5$ 时,$y' < 0$,当 $x > 5$ 时,$y' > 0$.

因此,$x_3 = -1$, $x_2 = 5$ 为函数的极小值点,且 $f(-1) = 0$, $f(5) = 0$, $x_1 = \frac{1}{2}$

为函数的极大值点,且 $f\left(\dfrac{1}{2}\right) = \dfrac{81}{8}\sqrt[3]{18}$.

例 5　求函数 $y = x^2 e^{-x^2}$ 的极值.

[思路]　对于存在二阶导数的函数,利用第二判别法判断极值点更为方便.

解　$y' = 2x e^{-x^2} + x^2 e^{-x^2}(-2x) = -2x(x+1)(x-1)e^{-x^2}$,

令 $y' = 0$,解得稳定点 $x = -1$,　$x = 0$,　$x = 1$

$$y'' = 2(1 - 5x^2 + 2x^4)e^{-x^2},$$

且有 $y''\big|_{x=0} = 2 > 0$,　$y''\big|_{x=\pm 1} = -4e^{-1}$,由极值的第二判别法知：$x = 0$ 是函数的

极小值点,$y\big|_{x=0} = 0$. $x = -1$,$x = 1$ 是极大值点,极大值 $y\big|_{x=\pm 1} = e^{-1}$.

练习　求下列函数的极值

$(1) f(x) = \sqrt[3]{(2x - x^2)^2}$;

$(2) f(x) = x^2 e^{-x}$.

例 6　在坐标平面上,通过已知点 $(4,1)$,引一条直线(如图 $6 - 8$),要使直线在两坐标轴上的截距为正,且要使两截距之和为最小,求这条直线方程.

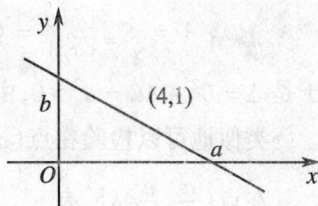

[思路]　首先把实际问题转化为数学问题,而后再利用求极值的方法求解问题.

图 $6 - 8$

解　设直线方程的斜率为 $k(k < 0)$,则直线方程为

$$y - 1 = k(x - 4).$$

设直线与 x 轴的截距为 a,与 y 轴的截距为 b,其和为 H. 将 $(a, 0)$ 代入方程得 $a = \dfrac{4k - 1}{k}$,将 $(0, b)$ 代入方程得 $b = 1 - 4k$.

$$H(k) = a + b = 4 - \frac{1}{k} + 1 - 4k = 5 - \frac{1}{k} - 4k,$$

$H'(k) = \dfrac{1}{k^2} - 4$,令 $H'(k) = 0$,即 $4k^2 = 1$,得 $k = \pm\dfrac{1}{2}$ 为稳定点,取 $k = -\dfrac{1}{2}$(因为两截距均为正,k 必须小于 0),

$$H''\left(-\frac{1}{2}\right) = -\frac{2}{k^3}\bigg|_{k = -\frac{1}{2}} = 16 > 0,$$

所以 $k = -\dfrac{1}{2}$ 时 H 最小. 由此可得直线方程为

$$y - 1 = -\frac{1}{2}(x - 4),$$

即
$$x + 2y - 6 = 0.$$

练习 在半径为 r 的半圆内,作一个内接梯形,其底为半圆的直径,其余三边为半圆的弦. 如图 6 - 9,问怎样作法可使内接梯形面积最大.

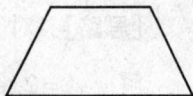

例 7 求函数 $z = xy(a - x - y)$ 的极值 $(a \neq 0)$

图 6-9

[**思路**] 依照二元函数求极值的步骤求解.

解 由极值存在的必要条件,令

$$z'_x = y(a - 2x - y) = 0,$$
$$z'_y = x(a - x - 2y) = 0,$$

解得稳定点 $(0,0)$,$(a,0)$,$(0,a)$,$(\frac{a}{3}, \frac{a}{3})$.

又 $z''_{xx} = -2y$,$z''_{yy} = -2x$,$z''_{xy} = a - 2x - 2y$,对于稳定点 $(0,0)$,

$$A = z''_{xx}\Big|_{(0,0)} = 0, C = z''_{yy}\Big|_{(0,0)} = 0, B = z''_{xy}\Big|_{(0,0)} = a,$$

于是 $\Delta = B^2 - AC = a^2 > 0$,由此可知函数在 $(0,0)$ 处没有极值.

类似地可以检验在点 $(a,0)$,$(0,a)$ 处无极值.

在点 $(\frac{a}{3}, \frac{a}{3})$ 处,有

$$A = z''_{xx}\Big|_{(\frac{a}{3}, \frac{a}{3})} = -\frac{2}{3}a,$$

$$C = z''_{yy}\Big|_{(\frac{a}{3}, \frac{a}{3})} = -\frac{2}{3}a,$$

$$B = z''_{xy}\Big|_{(\frac{a}{3}, \frac{a}{3})} = -\frac{a}{3}$$

于是 $\Delta = B^2 - AC = -\frac{1}{3}a^2 < 0$. 当 $a > 0$ 时,$A = -\frac{2}{3}a < 0$,这时函数有极大值 $f(\frac{a}{3}, \frac{a}{3}) = \frac{a^3}{27}$;

当 $a < 0$ 时,$A = -\frac{2}{3}a > 0$,这时函数有极小值 $f(\frac{a}{3}, \frac{a}{3}) = \frac{a^3}{27}$.

练习 求函数 $z = x^2 + y^2 - 2\ln x - 2\ln y$ 的极值.

例 8 在直角边分别为 a,b 的直角三角形中内接一矩形,求最大的矩形面

积.

[思路]　利用拉格朗日乘数法求解.

解　设矩形的边长分别为 x, y,则矩形面积 S 为

$$S = xy \quad (x \geqslant 0, y \geqslant 0).$$

x, y 的约束条件可由相似三角形对应边成比例求得:

$$\frac{b-x}{b} = \frac{y}{a}, \text{即} \frac{b-x}{b} - \frac{y}{a} = 0,$$

作辅助函数 $G(x, y, \lambda) = xy + \lambda\left(\dfrac{b-x}{b} - \dfrac{y}{a}\right)$,

解联立方程组 $\begin{cases} G'_x = y - \dfrac{\lambda}{b} = 0, \\[2mm] G'_y = x - \dfrac{\lambda}{a} = 0, \\[2mm] G'_\lambda = \dfrac{b-x}{b} - \dfrac{y}{a} = 0. \end{cases}$

解得惟一稳定点 $x = \dfrac{b}{2}, y = \dfrac{a}{2}$,因为问题本身存在最大内接矩形的面积,所以

$x = \dfrac{b}{2}, y = \dfrac{a}{2}$ 为最大值点,对应的最大矩形面积为

$$S = xy = \frac{1}{4}ab.$$

例 9　求函数 $z = xy$ 在条件 $x + y = 2$ 下的极值.

解法 1[思路]　将此问题化为无条件极值问题求解.

解　由 $x + y = 2$ 可得 $y = 2 - x$,代入 $z = xy$ 得 $z = x(2-x) = 2x - x^2$,只需求 $z = 2x - x^2$ 的极值,令 $z' = 2 - 2x = 0$,解得惟一稳定点 $x = 1$,又 $z'' = -2 < 0$,说明当 $x = 1$ 函数 $z = xy$ 在条件 $x + y = 2$ 达到极大值,且极大值点为 $(1,1)$,对应的极大值为 $z = 1$.

解法 2[思路]　利用拉格朗日乘数法求解.

解　设拉格朗日函数

$$G(x, y, \lambda) = xy + \lambda(x + y - 2).$$

解联立方程组 $\begin{cases} G'_x = y + \lambda = 0, \\ G'_y = x + \lambda = 0, \\ G'_\lambda = x + y - 2 = 0. \end{cases}$

解得惟一稳定点 $x = 1, y = 1$,又因为问题本身存在极大值,所以 $x = 1, y = 1$ 是函

数 $z = xy$ 在条件 $x + y = 2$ 下的极值为 $z\Big|_{(1,1)} = 1$.

注意:(1)函数的极值与函数的条件极值是两个不同的概念,一个函数可以无极值,但在一定的条件下可以有条件极值.

(2)求解条件极值时,一般可以用拉格朗日乘数法. 但是要注意,在利用拉格朗日乘数法引进的辅助函数

$$G(x, y, \lambda) = f(x, y) + \lambda F(x, y)$$

已不是二元函数了,故不能再利用二元函数极值的充分条件去判断稳定点是否为极值点,此时可以根据实际问题进行判别.

(3)对于二元函数的条件极值问题,往往可以转化为一元函数求极值的问题,例如例9.

练习 求函数 $z = x + y$ 在条件 $\dfrac{1}{x} + \dfrac{1}{y} = 1$ 下的极值 $(x > 0, y > 0)$.

自我检测题

1. 若 $f(x)$ 在 $\mathbf{R}$ 上是严格下凸的,则对于 $\forall x_1, x_2 \in \mathbf{R}$ 和 $\forall t \in (0, 1)$,有不等式＿＿＿＿成立.

2. 若 $f''(x) < 0$,则 $f(x)$ 在 $\mathbf{R}$ 上是严格＿＿＿＿的.

3. 若 $S \subset \mathbf{R}^n$,且对于 $\forall x_1, x_2 \in S$ 及 $\forall t \in (0, 1)$,有

$$x_1 = tx_1 + (1 - t)x_2 \in S$$

则称集合 S 是＿＿＿＿集.

4. 有界闭凸集 S 上的下凸函数 $f(x)$ 的最大值必在 S 的( )达到.

A. 内部   B. 外部

C. 边界 ∂S D. 可能在内部也可能在边界 ∂S

5. 下列结论不正确的是( ).

A. 凸集的交集是凸集

B. 凸集的并集是凸集

C. 凸集内任意两点的连线仍在其内部

D. 凸集的线性组合是凸集

6. 下列结论正确的是( ).

A. $f(x)$ 的极值点一定是稳定点

B. $f(x)$ 的稳定点一定是极值点

C. $f(x)$ 的不可导点一定不是极值点

D. 可微函数的极值点一定是稳定点

7. $x = 0$ 不是函数(　　)的极值点．

A. $y = \sqrt[3]{x^2} - 1$ 　　　　　　　　B. $y = e^{-x} + e^x$

C. $y = x - \sin x$ 　　　　　　　　　　D. $y = (1 - x)e^x$

8. 函数 $f(x,y) = x^3 - 12xy + 8y^3$ 在稳定点 $(2,1)$(　　)．

A. 取得极大值 　　　　　　　　　B. 取得极小值

C. 不取极值 　　　　　　　　　　D. 无法判断是否取得极值

9. $f'_x(x,y) = 0, f'_y(x,y) = 0,$ 是函数 $f(x,y)$ 在点 (x_0, y_0) 处取得极值的(　　)．

A. 必要条件 　　　　　　　　　　B. 充分条件

C. 充分必要条件 　　　　　　　　D. 既非充分也非必要条件

10. 若点 (x_0, y_0) 是函数 $f(x,y)$ 的一个稳定点,且在点 (x_0, y_0) 有二阶连续的偏导数,则函数在点 (x_0, y_0) 处取得极小值的充分条件是(　　)．

A. $\Delta = [f''_{xy}(x_0, y_0)]^2 - f''_{xx}(x_0, y_0)f''_{yy}(x_0, y_0) = 0$

B. $\Delta = [f''_{xy}(x_0, y_0)]^2 - f''_{xx}(x_0, y_0)f''_{yy}(x_0, y_0) > 0$

C. $\Delta = [f''_{xy}(x_0, y_0)]^2 - f''_{xx}(x_0, y_0)f''_{yy}(x_0, y_0) < 0$ 且 $f''_{xx}(x_0, y_0) > 0$

D. $\Delta = [f''_{xy}(x_0, y_0)]^2 - f''_{xx}(x_0, y_0)f''_{yy}(x_0, y_0) < 0$ 且 $f''_{xx}(x_0, y_0) < 0$

答案:

1. $f(tx_1 + (1-t)x_2) \leqslant tf(x_1) + (1-t)f(x_2)$

2. 上凸

3. 凸

4. C　5. B　6. D　7. C　8. B　9. D　10. C

习 题 答 案

习 题 一

1. 提示：$A \subset B \Leftrightarrow \forall x \in B$，有 $x \in A$.

2. 提示：设 $\emptyset_1$ 与 $\emptyset_2$ 均是空集，往证 $\emptyset_1 = \emptyset_2$.

3. 提示：利用定义.

4. 提示：利用定义.

5. 提示：利用定义.

6. 提示：利用定义.

7. 提示：利用定义.

8. 提示：利用组合公式.

9. $A \times B = \{(a, 甲), (a, 乙), (a, 丙), (a, 丁), (b, 甲), (b, 乙), (b, 丙), (b, 丁)\}$.

10. 提示：在证明充分性($\Leftarrow$)时，可采用反证法.

11. 提示：利用定义.

12. 提示：在充分性的证明中，较难的一步是证明 $R(A) \bigcap R(B) \subset R(A \bigcap B)$. 事实上，对于 $z \in R(A) \bigcap R(B)$，则存在 $x \in A, y \in B$，使 $(x, y) \in R$ 且 $(y, z) \in R$，我们有结论 $x = y$，否则 $z \in R(\{x\}) \bigcap R(\{y\})$，这与 $R(\{x\}) \bigcap R(\{y\}) = \emptyset$ 矛盾. 这就表明 $x \in A \bigcap B$ 且 $z \in R(A \bigcap B)$.

13. $F_1(a) = 0, F_1(b) = 0, F_1(c) = 0; F_2(a) = 1, F_2(b) = 0, F_2(c) = 0;$

   $F_3(a) = 0, F_3(b) = 1, F_3(c) = 0; F_4(a) = 0, F_4(b) = 0, F_4(c) = 1;$

   $F_5(a) = 1, F_5(b) = 1, F_5(c) = 0; F_6(a) = 1, F_6(b) = 0, F_6(c) = 1;$

   $F_7(a) = 0, F_7(b) = 1, F_7(c) = 1; F_8(a) = 1, F_8(b) = 1, F_8(c) = 1.$

在这 8 个映射中，没有单射. $F_2, F_3, F_4, F_5, F_6, F_7$ 都是满射.

14. 提示：利用定义.

15. 提示：利用定义.

考虑如下的例子:$\sin:\mathbf{R}\to\mathbf{R}$. 选取 $A=\{0\}$,则 $A=\{0\}\subset\sin^{-1}(\sin 0)=\{k\pi\mid k$ 是整数$\}$,且 $\{0\}\neq\{k\pi\mid k$ 是整数$\}$;选取 $B=\mathbf{R},\sin(\sin^{-1}B)=\{\sin x\mid -1\leqslant x\leqslant 1\}$ $\subset B$,且 $\sin(\sin^{-1}B)\neq B$.

16. 提示:与 12 题证明相似.

17. 提示:利用定义.

18. 提示:利用定义.

19. 提示:利用定义.

20. 提示:在充分性($\Leftarrow$)的证明中,可采用反证法. 假设 $f:X\to Y$ 不是单射,则存在 $x_1,x_2\in X,x_1\neq x_2$,但 $f(x_1)=f(x_2)$. 选取 $A=\{x_1\}$,则有 $A\neq f^{-1}\circ$ $f(A)$.

21. 提示:在必要性的证明中,利用定义即可. 在充分性的证明中,需要证明 f 是既单又满的映射. 令 $A=\varnothing$,则可得 f 是满射. 为了证明 f 是单射,可采用反证法.

22. 提示:利用定义.

23. 提示:利用定义.

24. 提示:利用定义.

25. 提示:利用定义.

26. 提示:利用定义.

27. $A_1=\{e,c,a\},A_2=\{d,c,a\},A_3=\{d,b,a\}$ 是 X 的全序子集,X 的最大元是 a,最小元是 d 与 e.

28. X 中的极大元有 $2,3,5$,极小元有 $10,9,8,6$.

29. 设 $x_i(0,i),i\in\mathbf{N}$ 是平面上的点,$y_1(1,0)$. 令 $A_n=\{x_0,x_1,\cdots,x_n\},B_0$ $=\{x_0,y_1\}$. 对于集合 $X=\{B_0,A_0,A_1,\cdots,A_n,\cdots\}$ 中的任意两个元素 x,y,规定 $x<y\Leftrightarrow x\subset y$,则该集合 X 中有极大元 B_0,但没有最后元.

习　题　二

1. 提示:利用除法的定义与运算的定义.

2. 提示:利用乘法对加法的分配律与加法结合律.

3. 提示:利用 2 题的结果.

4. 提示:与 $\sqrt{2}$ 是无理数的证明方法相同.

5. 提示:证明$\sqrt{6}$是无理数.

6. 提示:证明存在充分大的自然数 k,使得$\dfrac{m^2}{n^2}+2\dfrac{m}{n}\dfrac{1}{k}+\dfrac{1}{k^2}<2$.

7. 提示:令 $a=\sqrt[3]{8},b=\sqrt[3]{7}$,则$\sqrt[3]{60}=\sqrt[3]{4(a^3+b^3)}$,于是比较$\sqrt[3]{4(a^3+b^3)}$与 $a+b$ 的大小,可计算得
$$4(a^3-b^3)-(a+b)^3=3(a+b)(a-b)^2>0.$$

8. 提示:利用数学归纳法.

9. 提示:利用数学归纳法.

10. 提示:令 $x_{2k}=\underbrace{1.0\cdots001}_{2k}$,$x_{2k+1}=\underbrace{0.9\cdots99}_{2k+1}$,则数列$\{x_n\}$收敛于 1,但不稳定于 1.

11. 提示:利用 $\lim\limits_{n\to\infty}q^n=0,0<q<1$.

12. 提示:如同 11 题.

13. 提示:如同 11 题.

14. 提示:数列$\{a_n\}$单调有界,极限 $a=2$.

15. 提示:利用柯西收敛准则.

16. 提示:利用极限定义.

17. (1)上确界为 10,下确界为 -10;　　(2)上确界为$\dfrac{1}{5}$,下确界为 $-\dfrac{1}{3}$;

(3)上确界为 2,下确界为 1;　　(4)上确界为 1,下确界为 -1;

(5)上确界为$\sqrt{2}$,下确界为 $-\sqrt{2}$;　　(6)上确界为 4,下确界为 0;

(7)无上确界,下确界为 0;　　(8)上确界为 1,下确界为 0.

18. 提示:证明集合$\{x_n\mid n\in\mathbf{N}\}$有界.

19. 提示:设 $\beta_1=\sup E,\beta_2=\sup E$,证明 $\beta_1=\beta_2$.

20. 提示:利用定义.

21. 提示:可采用反证法.

22. 提示:利用定义.

23. 提示:$\sup\{a_n\mid n\in\mathbf{N}\}+\sup\{b_n\mid n\in\mathbf{N}\}$是集合$\{a_n+b_n\mid n\in\mathbf{N}\}$一个上界.

24. 提示:略.

25. 提示:提取公因数 i^n 后计算.

26. 提示:设 e 是一个 n 次单根,则其余的 n 次单根可以表成$e^2,\cdots,e^n$,其和为 S,即

$$S = e(1 + e + e^2 + \cdots + e^{n-1}),$$

且 $e^n = 1$,可推出 $S = 0$.

27. 提示:利用定义.

28. 提示: $|z_1|^2 = |z_2 + z_3|^2 = |z_2|^2 + |z_3|^2 + 2\mathrm{Re}(z_2\bar{z}_3)$

$$-\frac{1}{2} = \mathrm{Re}(z_2 \cdot \bar{z}_3) = \cos\theta$$

其中 θ 是 Z_2 与 Z_3 的夹角,即 $\theta = \frac{2}{3}\pi$.

29. 提示:利用定义.

30. 提示:利用定义.

31. 提示:利用共轭复数的性质可得.

32. 提示:利用代数基本定理.

习 题 三

1. $f(f(x)) = \dfrac{x-1}{x}$.

2. $f(x) = \dfrac{a}{a^2 - 1}\left(ax - \dfrac{1}{x}\right)$.

3. $f(x) = -x^2$.

4. $f(x) = 3\ln\dfrac{t+1}{1-t}$.

5. $f(x) = x^2 - 5x + 6, f(x-1) = x^2 - 7x + 12$.

6. (1)错;(2)对;(3)对;(4)错.

7. 提示:利用 $||a| - |b|| \leqslant |a - b|$.

8. 提示:利用 $\max\{f(x), g(x)\} = \dfrac{1}{2}\{f(x) + g(x) + |f(x) - g(x)|\}$.

9. 略.

10. 提示:由 $\lim\limits_{x \to a^+} f(x) = A$ 知,当 $x \in (a, a+\delta)$ 时,$|f(x)| \leqslant |A| + 1$;

由 $\lim\limits_{n \to +\infty} f(x) = B$ 知,当 $x \in (x_0, +\infty)$ 时,$|f(x)| \leqslant |B| + 1$.

11. 提示:利用有理数集 **Q** 在实数集 **R** 中的稠密性质.

12. 提示:$f(0) = 0$,由于 $f(x)$ 在点 $x = 0$ 连续,对于任意的 $\varepsilon > 0$,存在 $\delta > 0$,当 $|y| < \delta$ 时,$|f(y)| < \varepsilon$.

13. 提示:可采用反证法. 假设存在 $x_1, x_2 \in (a, b)$, $x_1 \neq x_2$, 使 $f(x_1) = g(x_1)$, $f(x_2) = -g(x_2)$, 则 $g(x_1)g(x_2) < 0$, 故有 $x_0 \in (a, b)$, 使 $g(x_0) = 0$, 从而有 $f(x_0) = 0$, 这与 $f(x) \neq 0$ 矛盾.

14. 提示:令 $\varphi(x) = f(x) - g(x)$, 对 $\varphi(x)$ 利用零点值定理.

15. 提示:利用零点值定理.

16. (1)切线方程: $x + y = 2$, 法线方程: $y = x$.

    (2)切线方程: $12x - y = 16$, 法线方程: $x + 12y = 98$.

    (3) 切线方程: $x + y + 2 = 0$, 法线方程: $y = x$.

17. $f(x) = x^2$.

18. $f'(0)$.

19. $f'(a)$.

20. $(1)f'(a), (2)f'(a), (3)2f'(a), (4)\dfrac{1}{2}f'(a)$.

21. 提示:可利用定义证明.

22. $(1)\Delta y = \Delta x + \Delta x^2; \mathrm{d}y = \mathrm{d}x$.

    $(2)\Delta y = 10\Delta x + 6(\Delta x)^2 + (\Delta x)^3; \mathrm{d}y = 10\mathrm{d}x$.

    $(3)\Delta y = \sqrt{1 + \Delta x} - 1; \mathrm{d}y = \dfrac{1}{2}\mathrm{d}x$.

23. 提示:应用拉格朗日中值定理.

24. $(1)24; (2)4\sqrt{3} - \dfrac{10}{3}\sqrt{2}; (3)\dfrac{3}{8}\pi^2 + 1; (4)\dfrac{\sqrt{3}}{2};$

    $(5)\dfrac{\pi}{8}; (6)2; (7)1; (8)\dfrac{6}{25};$

    $(9)\dfrac{25}{9}; (10)\dfrac{1}{3}; (11)\dfrac{1}{3}(2 - \ln3); (12)\dfrac{\pi}{4} - \dfrac{1}{2}$.

25. (1)做变换 $x^2 = t$; (2)做变换 $x = 1 - t$.

26. 提示:利用定积分的定义与连续函数的性质.

27. 提示:利用 26 题的结果.

28. 提示:利用 27 题的结果.

29. 当 $x \in (-\infty, -\dfrac{1}{2})$ 时, $f(x)$ 单调增加;当 $x \in (-\dfrac{1}{2}, +\infty)$ 时, $f(x)$ 单调减少.

30. 当 $x \in (-\dfrac{1}{2}, \dfrac{5}{4})$ 时, $f(x)$ 单调减少;当 $x \in (\dfrac{5}{4}, 3)$ 时, $f(x)$ 单调增加.

31. (1) $f(x)$ 的偶函数.

　　(2) 当 $x \in (0, \frac{\pi}{4})$ 时, $f(x)$ 单调增加; 当 $x \in (\frac{\pi}{4}, \frac{\pi}{2})$ 时, $f(x)$ 单调减少.

　　由于 $f(x)$ 是以 $\frac{\pi}{2}$ 为周期的周期函数, 故其他的单调区间即可讨论清楚.

32. 提示: 利用定义.

33. 提示: 利用定义.

34. 提示: 利用定理 3.4.6.

35. 对于 $\varepsilon > 0$, $f(x)$ 在 $(-\infty, -1-\varepsilon] \bigcup [-1+\varepsilon, +\infty)$ 上有界.

36. 对于 $\varepsilon > 0$, $f(x)$ 在 $(-\infty, -\varepsilon] \bigcup [\varepsilon, +\infty)$ 上有界.

37. 提示: 2π 是 $f(x)$ 的一个正周期.

38. 提示: 利用反证法.

39. 提示: 利用反证法.

40. 提示: $f(a+x) = f(a-x)$, 且 $f(b+x) = f(b-x)$,

　　于是 $f(x + 2(b-a)) = f(b + (b + x - 2a)) = f(b - (b + x - 2a))$

$$= f(2a - x).$$

41. 提示: 利用反证法.

42. 提示: 寻找整系数多项式, 使其为根.

习　题　四

1. 提示: 先对于 $x, y \in \mathbf{Q}$, 证明 $a^x < a^y$, 再对于 $x, y \in \mathbf{R} - \mathbf{Q}$, 利用有理数逼近.

2. 提示: 先证 $\frac{t}{1+t} \leqslant \ln(1+t) \leqslant t$,

令 $t = \frac{1}{x}$, 可得: $\qquad \frac{x}{1+x} \leqslant \ln[(1+\frac{1}{x})^x] \leqslant 1$,

进一步可得: $\qquad E(\frac{x}{1+x}) \leqslant (1+\frac{1}{x})^x \leqslant E(1)$.

3. 提示: 分 $x \leqslant a$ 与 $x > a$ 两种情况讨论.

4. 提示: 只需证 $f(x)$ 在 $\mathbf{R}$ 上连续.

5. 提示: (1) 先证 $f(1) = 0$, 次证 $f(-1) = 0$;

(2)利用 $f(-1)=0$ 的结果.

6. 提示: $\ln^2 a - \ln^2 b > 0$.

7. 提示: 计算 $f(x)+f(-x)$.

8. 提示: 即证

$$\frac{1}{9}(1+2^x+4^x a)^2 < \frac{1}{3}(1+2^{2x}+4^{2x}a).$$

9. 提示: 设 $x > y$, 只需证 $(1+(\frac{y}{x})^\beta)^{\frac{1}{\beta}} < (1+(\frac{y}{x})^\alpha)^{\frac{1}{\alpha}}$, 可令 $a = \frac{y}{x}$, 则 $0 < a < 1$.

设 $f(t) = (1+a^t)^{\frac{1}{t}}$, 即证当 $0 < \alpha < \beta$ 时, $f(\beta) < f(\alpha)$, 故只需证 $f'(t) < 0$.

10. 提示: 可证 $f(0)=1$, 先证 $f(x)$ 在点 $x=0$ 连续, 然后证 $f(x)$ 在 **R** 上连续.

11. 提示: 由 $f(x+y) = f(x) + f(y)$, 对于 $x \in \mathbf{Q}$, 有 $f(x) = f(1)x$.

根据 $f(x) = f(1)f(x)$, 得 $f(1) = 1$, 即

若 $x \in \mathbf{Q}$, 有 $f(x) = x$, 当 $x > 0$ 时, $f(x) = f(\sqrt{x})f(\sqrt{x}) > 0$;

若 $x > y$, 则 $f(x) - f(y) = f(x-y) > 0$, 即 $f(x)$ 单调.

进一步可证对于 $x \in \mathbf{R}$, 有 $f(x) = x$.

12. 提示: 对于 $b > 0$, 令 $f(x) = \log_b \varphi(b^x)$, 可以证明 $f(x+y) = f(x) + f(y)$, 即 $f(x) = ax$. 进一步可得 $\varphi(x) = x^a$.

习 题 五

1. 提示: 分两种情形:

(1)若 $a=0$, 则 $\cos x = 0$, $x = k\pi + \frac{\pi}{2}$, $k \in \mathbf{Z}$, 可得 $-B = C$.

(2) $a \neq 0, b \neq 0$, 则 $\tan x = -\frac{b}{a}$.

利用公式 $\sin 2x = \frac{2\tan x}{1 + \tan^2 x}$, $\cos 2x = \frac{1 - \tan^2 x}{1 + \tan^2 x}$.

2. $A = \sqrt{3}$, $\varphi = \frac{2}{3}\pi$.

3. 提示: $(\sin x + \sin y)^2 + (\cos x + \cos y)^2 = 2 + 2\cos(x-y)$.

4. 当 $a > \frac{\pi}{2\lambda}$ 时, $f(x)$ 单调增加; 当 $a \leq 0$ 时, $f(x)$ 单调减少.

5. 提示:利用数学归纳法.

6. 提示:利用绝对收敛级数的比值判别法证明.

7. 提示:利用关系 $s(x) = c(\lambda - x)$.

8. 略.

9. 略.

10. 提示:参见《微积分学教程》(菲赫金哥尔茨著),第三卷第三分册P.441.

习 题 六

1. 提示:$x\ln x$ 是下凸函数.

2. 提示:e^x 是下凸函数.

3. 提示:x^n 是下凸函数.

4. 提示:$\sin x$,$\cos x$ 是$\left[0, \dfrac{\pi}{2}\right]$上的上凸函数.

5. 提示:利用下凸函数定义.

6. 提示:利用下凸函数定义.

7. 提示:利用反证法.

8. 提示:利用下凸函数定义.

9. $x = 1$ 是 $f(x)$ 的最小值点,最小值是 2.

10. $x = 1$ 是 $f(x)$ 的最大值点,最大值是 $3 - \sqrt{2}$.

11. 当 $x = 1$,$y = 0$ 时,u 有最大值1;当 $x = 6\dfrac{1}{4}$,$y = \pm\dfrac{5}{4}\sqrt{7}$时,$u$ 有最小值 $\dfrac{1}{50}$.

12. $x = \dfrac{2}{9}$是 $f(x)$ 的最大值点,最大值是 $\dfrac{4}{243}$.

13. $x = 2$ 是 $f(x)$ 的最小值点,最小值是 28.

14. $\dfrac{2}{\sqrt{3}}a, \dfrac{2}{\sqrt{3}}a, \dfrac{1}{\sqrt{3}}a$.

15. 底为$\dfrac{2\sqrt{A}}{\sqrt[4]{27}}$,高为$\dfrac{\sqrt{A}}{\sqrt[4]{3}}$.

数学分析专题研究教材索引

参 考 文 献

1. 刘玉琏,傅沛仁. 数学分析讲义. 北京:高等教育出版社,1994

2. 刘玉琏,苑德新. 数与函数. 北京:人民教育出版社,1992

3. 高夯. 高观点下的中学数学——分析学. 北京:高等教育出版社,2001

4. 熊金城. 点集拓扑讲义. 北京:高等教育出版社,1986 年

5. 沈燮昌,邵品琮. 数学分析纵横谈. 北京:北京大学出版社,1991

6. 张学铭,李训经,陈祖浩. 最优控制系统的微分方程理论. 北京:高等教育出版社,1991

7. 方嘉琳. 集合论. 长春:吉林人民出版社,1982

8. 冯德兴. 凸分析基础. 济南:科学出版社,1995

9. 闵嗣鹤,严士健. 初等数论. 北京:人民教育出版社,1983

10. 田开璞. 初等代数的现代数学基础. 济南:山东教育出版社,1996

11. 查鼎盛等. 初等数学研究. 南宁:广西师范大学出版社,1994

12. 孙熙春. 从现代数学看中学数学. 北京:中国林业出版社,1991

13. M. 斯皮瓦克著. 严敦正等译. 微积分. 北京:人民教育出版社,1982

14. M. 布朗著. 张鸿林译. 微分方程及其应用. 北京:人民教育出版社,1982

15. C.И. 诺渥塞洛夫著. 郑醒华等译. 三角学专门教程. 北京:高等教育出版社,1956

16. C.И. 诺渥塞洛夫著. 张禾瑞等译. 代数与初等函数. 北京:高等教育出版社,1956 年